十四五 普通高等学校能源动力类专业"十四五"创新教材

U0669087

能源类

大学生创新创业实践 与学科竞赛指南

主　编◎孙志强

副主编◎张建智　杨培志　饶政华　王洪才

中南大学出版社
www.csupress.com.cn
·长沙·

图书在版编目(CIP)数据

能源类大学生创新创业实践与学科竞赛指南／孙志强
主编. —长沙：中南大学出版社，2022.12
ISBN 978-7-5487-5114-4

Ⅰ. ①能… Ⅱ. ①孙… Ⅲ. ①能源工业－大学生－
创业－指南 Ⅳ. ①G647.38-62

中国版本图书馆 CIP 数据核字(2022)第 181715 号

能源类大学生创新创业实践与学科竞赛指南

孙志强　主编

□出 版 人	吴湘华	
□责任编辑	刘颖维	
□责任印制	李月腾	
□出版发行	中南大学出版社	
	社址：长沙市麓山南路	邮编：410083
	发行科电话：0731-88876770	传真：0731-88710482
□印 　装	湖南蓝盾彩色印务有限公司	

□开　　本	787 mm×1092 mm 1/16	□印张 12.25	□字数 310 千字
□版　　次	2022 年 12 月第 1 版	□印次 2022 年 12 月第 1 次印刷
□书　　号	ISBN 978-7-5487-5114-4		
□定　　价	52.00 元		

内容提要

Introduction

　　本书以新时代经济社会发展对能源人才的需求分析为切入点，阐释了构建"学—研—创—赛—产"为主线的大学生创新创业能力培养体系的基本内涵和重要价值，介绍了创新创业的基本原理、主要方法及知识技能。本书从指导能源类大学生创新创业实际需求出发，对能源学科主要的创新创业训练计划、学科竞赛项目进行了梳理，特别甄选了近年来中南大学优秀的立项项目和竞赛作品供读者参考。

　　本书内容丰富，图文并茂，适用范围广，可作为高等学校能源与动力工程、能源与环境系统工程、新能源科学与工程、储能科学与工程、建筑环境与能源应用工程、新能源材料与器件等能源类专业的教学用书，也可作为其他相关专业的教学参考书和高等学校普及性创新创业素质教育用书。

前 言
Foreword

创新是社会进步的灵魂，创业是推动经济社会发展、改善民生的重要途径。纵深推进大众创业、万众创新，是深入实施创新驱动发展战略的重要支撑。青年大学生充满活力、富有想象力和创造力，是大众创业、万众创新的生力军，支持大学生创新创业具有重要意义。近年来，越来越多的大学生投身创新创业实践，但也面临知识储备不足、综合能力不高、基本训练缺乏等问题，创新创业的动力和热情容易受到挫伤。在高等教育培养环节中，学科竞赛是大学生开展面向学科专业创新创业训练最重要的途径之一，有助于增强创新精神、创业意识和创新创业能力，促进大学生全面发展，实现大学生充分和高质量就业。

能源是人类文明进步的重要物质基础和动力，事关国计民生和国家安全。为实现我国经济社会持续健康发展，急需大力开发清洁能源，推动能源技术和产业革命，促进能源绿色低碳转型，保障碳达峰碳中和目标实现。在此背景下，培养大批富有创新精神和创业意识的高层次能源科技人才成为高等教育的重要任务。本书从指导能源类大学生创新创业实践的具体需求出发，求精、求新、求实，力求形成完整的内容体系和针对性的专门指导。本书共分为4章：第1章分析了新时代经济社会发展对能源人才需求的特点，阐释了"学—研—创—赛—产"五位一体的大学生创新创业能力培养体系的基本内涵和重要意义；第2章对创新创业的基本原理、主要方法及知识技能进行了简要的整理和分析；第3章和第4章分别介绍了全国大学生创新创业训练计划和适合能源类大学生参加的主要学科竞赛，并甄选了近年来中南大学优秀的立项项目和竞赛作品，以期为能源类大学生开展创新创业训练和学科竞赛提供有益的参考与帮助。

本书由孙志强负责整体构思策划，对各章节的编写提出具体要求，并对全书内容进行修改、审核和定稿。张建智、杨培志、饶政华、王洪才负责编写书稿内容，具体分工为王洪才第1.1节、第1.2节，杨培志第1.3节、第2.5节至第2.8节、第4.3节、第4.4节，饶政华第2章，张建智第3章、第4.1节、第4.2节。王婷巍参与了本书的资料搜集、编辑排版和统稿等工作。

本书得到了高等学校能源动力类教学研究与实践项目重点项目（NDJZW2021Z-12）、湖南省学位与研究生教育改革研究重点项目（2019JGZD012）、湖南省普通高等学校教学改革研究项目(2019-44)的资助,还得到了国家和湖南省一流本科专业建设点项目(能源与动力工程、新能源科学与工程、建筑环境与能源应用工程)的支持。在编写过程中,本书参考和引用了有关文献和资料,特别是第3章和第4章选用了中南大学能源类大学生的部分优秀作品案例,在此特向各位作者及指导教师致以真挚的谢意!

特别感谢浙江可胜技术股份有限公司将其版权所有的摄影图片授权给编者作为本书封面使用。

由于编写时间仓促,加之编者水平有限,书中难免存在不足之处,敬请读者批评指正。

编者

2022 年 8 月 31 日

目 录

Contents

第 1 章

能源类大学生创新创业能力培养

本章结合当前经济社会发展对能源人才的需求，分别从新时代的人才培养、能源变革对人才的需求、"学—研—创—赛—产"五位一体本科人才培养体系三个方面阐述了培养扎根祖国大地、服务经济社会可持续发展目标、兼具科技报国情怀与清洁低碳理念的高层次人才的背景及路径，为能源类大学生开展创新创业实践与学科竞赛提供指引。

1.1 新时代的人才培养

当今时代，人类社会步入了一个科技创新不断涌现的重要时期，也步入了一个经济结构加快调整的重要阶段。随着新一轮世界科技革命和产业变革的日益临近，全球竞争格局面临着深刻调整，我国与科技发达国家在很多领域的竞争正逐渐从隐性化走向显性化。从长远来看，国际竞争的基础是人才之间的竞争。为了应对日趋激烈的国际竞争以及渐趋复杂的国内发展挑战，必须从基础性、前瞻性、战略性和全局性出发，培养新时代科技人才。

1.1.1 基本要求

新时代对人才提出了新要求，新时代需要一大批"志存高远、德才并重、情理兼修、勇于开拓，在火热的青春中放飞人生梦想，在拼搏的青春中成就事业华章"的青年人才。新时代的人才，既要有爱国情怀，又要有国际视野。爱国是人世间最深层、最持久的情感。作为中华儿女，要有民族自豪感和文化自信心，要真正地"把自己的理想同祖国的前途、把自己的人生同民族的命运紧密联系在一起，扎根人民，奉献国家"。随着新时代的中国日益走近世界舞台中央，随着中国深度参与全球治理体系改革和建设，中国将为解决人类问题贡献更多的智慧和方案，因此，新时代的人才应该具有国际视野，具有国际对话与跨文化沟通的能力。青年人才应该清晰地认识到自己肩负的历史使命与责任担当，不断拓宽自己的国际视野，学习国际交流与合作的本领，为构建人类命运共同体，为人类社会实现可持续发展作出自己应有的贡献。

新时代的人才，既要有青春梦想，又要有实干精神。青年最富有朝气，最富有梦想，是未来的领导者和建设者。世界的未来属于年轻一代。全球青年有理想、有担当，人类就有希望，推进人类和平与发展的崇高事业就有源源不断的强大力量。理想指引人生方向，信念决定事业成败。没有理想信念，就会导致精神上"缺钙"。实干精神是青春梦想的最佳拍档。做人做事，最怕的就是只说不做，眼高手低。不论学习还是工作，都要面向实际、深入实践，实践才能出真知；都要严谨务实、苦干实干，一分耕耘一分收获。青年要努力成为有理想、有学问、有才干的实干家，在新时代干出一番事业。空谈误国，实干兴邦，青年要从自身做起，从点滴小事做起，用勤劳的双手、一流的业绩创造属于自己的精彩人生。

新时代的人才，既要有健康体魄，又要有学习热情。青年强，则国家强。青年强是多方面的，既包括思想品德、学习成绩、创新能力、动手能力，也包括身体健康和体魄强壮。青年正处于学习的黄金时期，应该把学习作为首要任务，把学习作为一种责任、一种精神追求、一种生活方式，树立梦想从学习开始、事业靠本领成就的观念，让勤奋学习成为青春远航的动力，让增长本领成为青春搏击的能量。建成社会主义现代化强国，发展是第一要务，创新是第一动力，人才是第一资源。青年大学生应该拥有学习的热情，勤于学习、善于学习，不仅向书本学习，而且向实践学习、向他人学习，让学习成为自己的行为方式和生活方式。

1.1.2 基本特征

确定新时代人才培养目标，必须认清新时代人才培养目标定位的基本特征，认清其本质属性。具有全球竞争力的人才必然是具有国际属性的优质高端人才，不仅要求人才自身的职业能力、职业素养的国际性，而且要求人才的职业思维、职业理念的国际性。尤其是近年来，随着"一带一路"倡议的推进，我国与沿线国家的政治、经济、贸易往来不断扩大，对人才的专业知识水平和外语实践应用能力的要求也越来越高，对于跨国文化交际的能力也更加重视。

构建具有全球竞争力的人才制度体系是根据我国社会发展和国际社会需求提出的有中国特色的人才培养目标理念，出发点和落脚点都是我国经济和社会发展的现实需求和长远规划。因此，新时代具有全球竞争力的人才必然被深深地打上中国属性的标志。这一目标，要求新时代人才培养必须立足于中国国情，利用好中国国情，服务好中国国情。

时代在进步，社会在发展，知识日新月异，发展与日俱增，新时代人才要想成功立足，挑战自我，必须具有创新意识和创新精神。新时代人才培养目标定位必须综合考虑人才发展的潜在特质、不断进取和提升的可能性，着眼未来，面向世界，实现人才培养的国际化创新和持续性创新。

世界各国是合作关系，同时也是竞争关系。培养具有新时代全球竞争力的人才最终是要服务于国家利益的，不仅要求人才本身具有国际视野和专业技能，而且也强调人才的归属。人才的培养必然是服务于国家的需求，因而新时代人才本身的工作内容和目标也必然带有竞争性，具体表现为人才所在组织、团体、国家之间的竞争。

1.1.3 基本素养

《国家中长期教育改革和发展规划纲要（2010—2020 年）》提出，把创新人才培养模式，形成各类人才辈出、拔尖创新人才不断涌现的局面列为教育改革与发展的任务。我国坚持教育优先发展，统筹推进世界一流大学和一流学科建设，开创了人才建设的新时代。人才是实现民族振兴、赢得国际竞争主动的战略资源。新时代的发展需要新人才，新人才也需要新时代这个"大舞台",从新时代到新人才,乃大势所趋!

第一,新时代人才要有自主学习、终身学习的意识和能力。知识如汪洋大海,人类对知识的渴望也是永无止境的。新时代的人才不仅要积极学习自然科学知识,而且要学好人文社会科学知识,只有不断学习新的知识,及时了解和掌握新的信息技术,才能适应现代社会的需要。

第二,新时代人才要有劳动精神和专业实践的工作能力。幸福是奋斗出来的,一切文明成果都是靠劳动获得的。所以,新时代的人才要树立劳动的观念,热爱劳动,积极参加劳动,用自己勤劳的双手去解决生活中的实际问题,去为社会服务。

第三,新时代人才要有跨学科、跨文化、跨语言交流和合作的能力。无论是从事现代化的生产和建设,还是科学研究,都必须依靠群体的共同努力才能完成。我国航空航天事业之所以取得辉煌的成就,是千千万万个科研技术人员集体合作共同奋斗的结果。有句口号叫"我为人人,人人为我",这八个字道出了个人与社会之间密不可分的关系,说明为何个人不可能离开社会而独立生存与生活。所以,要学会奉献,帮人即帮己,要乐于奉献,善于付出。

第四,新时代人才要有开展科学研究与就业创业实践的创新思维和能力。创新是经济社会发展的第一动力。在大众创业、万众创新的背景下,新时代的人才必须具备创新意识和创新思维,必须要有创新的勇气和决心,唯有不断创新,才能更好地为经济社会发展作出自己应有的贡献。

第五,新时代人才要有良好的思想道德修养和强烈的社会责任感。新时代的人才必须具备良好的思想品德、健康的心理和健全的人格,力求做到不损人利己、不损公肥私,不骄不躁、不卑不亢,勤俭廉洁、淳朴谦诚,严以律己、宽以待人。

1.2　能源变革对人才的需求

当前,人类社会正面临着以人工智能、虚拟现实、物联网和生命科学等为代表的第四次工业革命。第四次工业革命不仅会全面改变人类的生活和工作模式,还将对全球竞争格局产生长远而深刻的影响。为应对全球竞争格局的新变化,我国提出了创新、协调、绿色、开放、共享的发展理念,积极推进能源生产和消费革命战略,增强自主创新能力,实现科技、能源、经济紧密结合。实现能源生产和消费方式根本性转变,必然离不开大量高水平的科技创新人才。

1.2.1　我国能源发展现状与趋势

能源的开发利用是我国经济社会发展的重要组成部分。进入 21 世纪以来,我国经济的快速增长带动了对能源资源需求的迅速增加,给生态文明建设及国际气候谈判带来了巨大的挑战。要建成清洁低碳安全高效的现代能源体系,必须立足我国能源发展实际,认清全球产业链重构、科技竞争激烈化、能源转型进程加快等发展趋势,解决建设现代能源体系、增强能源自主创新能力、推进能源低碳转型、完善能源供需体系、增强煤炭清洁低碳保障能力、提升油气储备与调峰能力、提高新型电力系统灵活性等主要问题。

1. 发展现状

（1）能源生产。

随着增产保供政策持续推进，我国能源生产总量稳步增长，能源安全供应能力进一步增强。图1-1给出了2012—2021年我国能源生产总量及增速。我国一次能源生产总量由2012年的35.1亿吨标准煤增长到2021年的43.3亿吨标准煤，最高年增速超过6%。

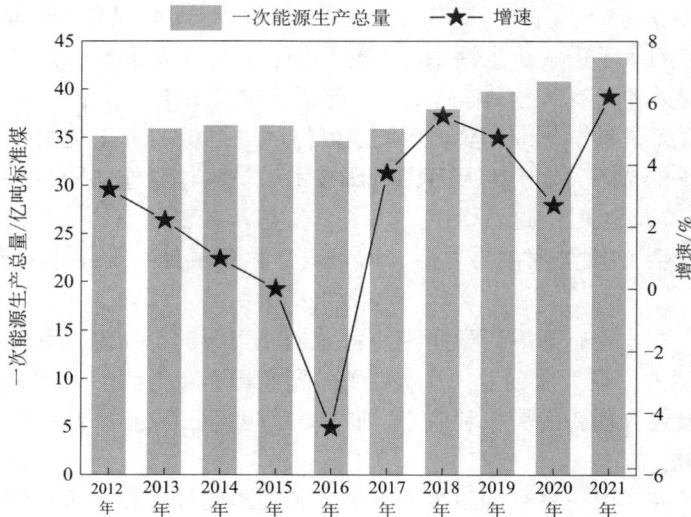

图1-1　2012—2021年我国能源生产总量及增速

表1-1列出了2012—2021年我国主要能源品种的生产量。2021年，原煤产量41.3亿吨，原油产量19888.1万吨，天然气产量2075.8亿立方米，发电量85342.5亿千瓦时。近10年来，不同品种能源生产总量占比呈现不同趋势，原煤生产总量占比持续下降，2021年较2012年下降8.6个百分点；原油生产总量占比略有下降，2021年较2012年下降1.9个百分点；天然气生产总量占比略有提升，2021年较2012年提升2个百分点。能源生产结构持续优化，在相当长的时期内，煤炭的比重将逐步降低，但煤炭的主体能源地位短期内难以改变。

表1-1　2012—2021年我国主要能源品种生产量

年份	原煤产量/亿吨	原油产量/万吨	天然气产量/亿立方米	发电量/亿千瓦时
2012年	39.5	20747.8	1106.1	49875.5
2013年	39.7	20991.9	1208.6	54316.4
2014年	38.7	21142.9	1301.6	57944.6
2015年	37.5	21455.6	1346.1	58145.7
2016年	34.1	19968.5	1368.7	61331.6

续表1-1

年份	原煤产量 /亿吨	原油产量 /万吨	天然气产量 /亿立方米	发电量 /亿千瓦时
2017 年	35.2	19150.6	1480.4	66044.5
2018 年	37.0	18932.4	1601.6	71661.3
2019 年	38.5	19101.4	1761.7	75034.3
2020 年	39.0	19476.9	1925.0	77790.6
2021 年	41.3	19888.1	2075.8	85342.5

（2）能源消费。

近 10 年来，我国能源消费总量处于低速增长状态，以较低的能源消费增速支撑着经济的中高速发展。图 1-2 给出了 2012—2021 年我国能源消费总量及增速。我国能源消费总量由 2012 年的 40.2 亿吨标准煤增长到 2021 年的 52.4 亿吨标准煤，最高年增速超过 5%。

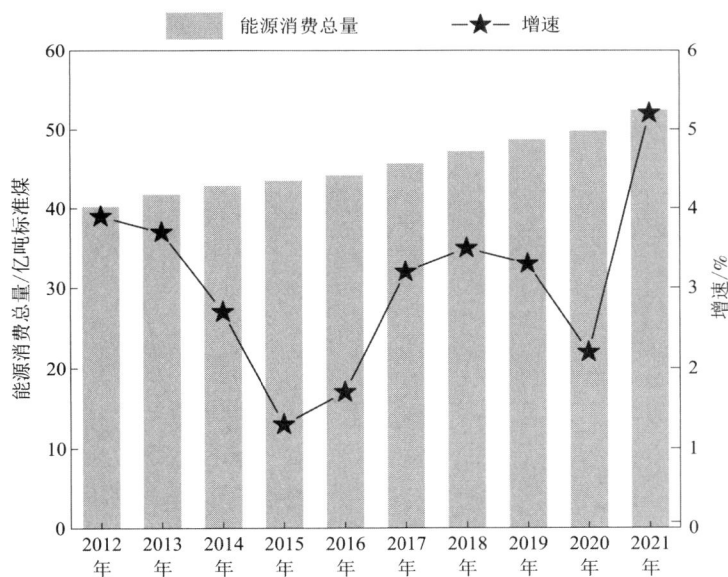

图 1-2　2012—2021 年我国能源消费总量及增速

表 1-2 列出了 2012—2021 年我国主要能源品种的消费量。2021 年，煤炭消费总量为 29.3 亿吨标准煤，石油消费总量为 9.7 亿吨标准煤，天然气、水电、核电、风电等消费总量为 13.4 亿吨标准煤。近 10 年来，不同品种能源消费占比呈现不同趋势，能源消费结构向清洁低碳加快转变。2021 年，天然气、水电、核电、风电、太阳能发电等清洁能源消费量占能源消费总量的 25.5%，比 2012 年提高了约 11 个百分点。

表 1-2 2012—2021 年我国主要能源品种消费量

年份	煤炭消费总量/亿吨	石油消费总量/亿吨	天然气消费总量/亿吨	水电、核电、风电等消费总量/亿吨
2012 年	27.5	6.8	1.9	3.9
2013 年	28.1	7.1	2.2	4.3
2014 年	27.9	7.4	2.4	4.8
2015 年	27.4	7.9	2.5	5.2
2016 年	27.0	8.1	2.7	5.8
2017 年	27.1	8.4	3.1	6.2
2018 年	27.4	8.8	3.6	6.6
2019 年	28.1	9.2	3.9	7.5
2020 年	28.3	9.4	4.2	7.9
2021 年	29.3	9.7	13.4	

（3）能源效率。

近年来，我国经济结构不断优化升级，经济从要素驱动、投资驱动转向创新驱动，经济发展方式正从规模速度型粗放增长转向质量效率型集约增长，能源利用效率不断提高。图 1-3 给出了 2012—2021 年万元国内生产总值能耗降低率。

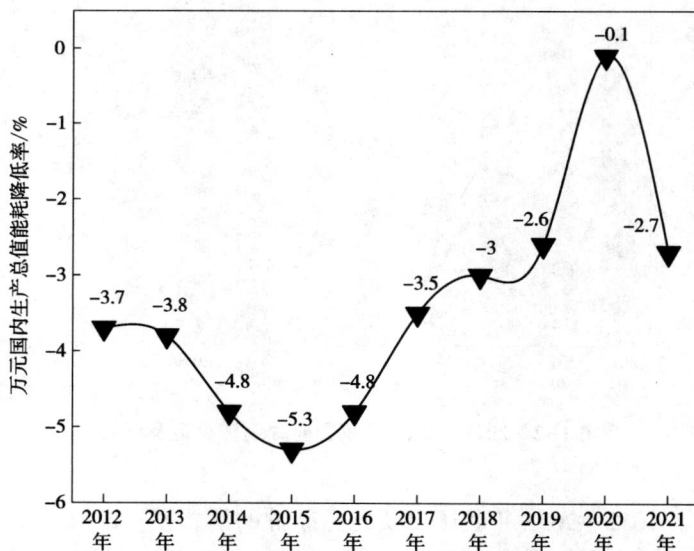

图 1-3 2012—2021 年万元国内生产总值能耗降低率

2021 年，全国万元国内生产总值能耗比上年下降 2.7%。其中，重点耗能工业企业单位电石综合能耗下降 5.3%，单位合成氨综合能耗与上年持平，吨钢综合能耗下降 0.4%，单位电解铝综合能耗下降2.1%，每千瓦时火力发电标准煤耗下降0.5%。我国持续推动燃煤发电机组节能降耗改造，截至2021年底，火电平均供电煤耗降至302.5克标准煤/千瓦时，比2012年下降了6.9%；持续加强工业各领域节能降耗，依法依规淘汰落后产能，加快推广节能工艺技术设备和电能替代。2021年，水电、风电、光伏发电平均利用率分别约达98%、97%和98%，核电年均利用小时数超过7700小时。

2. 存在的不足

区域性供需矛盾将持续存在。我国能源供需总体平衡，但局部地区季节性和阶段性的失衡仍存在。2020年，在新冠肺炎疫情冲击下，我国经济持续低迷，能源需求断崖式下跌，供过于求导致大宗商品价格大幅下跌，一度出现负油价的失衡状态。2021年，全球疫情得到有效控制后，经济强劲复苏推动能源需求快速反弹，而受疫情冲击的部分能源产品供给不能快速满足需求变化，导致供不应求的现象仍然不同程度存在，我国局部地区某些时段出现了用能用电紧张的状况。一定时期内，这种局部地区局部时段的电力短缺与全国电力装机利用率下降、煤炭有效产能不足等现象将会并存。

核心技术及装备存在短板。当今世界新一轮科技革命和产业变革深入发展，全球应对气候变化行动加速，能源产业发展进入新一轮革命周期。我国能源领域的一些核心设备和关键零部件主要依靠进口，一些核心技术仍掌握在美国、日本、德国等发达国家手中，在能源细分产业的多个环节仍存在"卡脖子"技术问题。从实现"双碳"目标的要求来看，我国在电力基础设施网络安全、智能电网、先进核电、智慧矿山、煤炭清洁利用和新能源核心技术研发等重点领域仍存在薄弱环节，在氢能产业链关键技术和装备、天然气上游勘探开发、现代煤化工等方面还需要加强技术攻关，持续解决技术短板。

新型电力系统建设任务艰巨。"十四五"时期，我国新能源发电装机规模将保持增长，"三北"地区大型风光基地、西南地区水电基地和东部沿海地区海上风电基地将大规模入网，迫切需要加快电力系统灵活性和智能性改造，加快推动储能技术的发展与商业化应用，消除可再生能源并网发电对电力系统稳定性和安全性构成的隐患，构建新型电力系统。目前，我国新型电力系统在技术成熟度和商业运用成本方面面临一些难题。在能源生产格局方面，需要综合考虑存量优化、增量布局、环境影响等因素，推动能源供应体系实现多能互补及与经济社会系统实现整体优化，为支撑经济高质量发展提供有力的能源供给保障。在能源需求方面，要加强需求管理，以提高能源利用效率为目的，通过市场化和智能化等多种手段，以更低的经济和环境成本来满足能源消费需求。在能源体制机制与能源市场建设方面，需要让市场在能源资源配置中真正发挥决定性作用，同时充分发挥政府在市场环境、规划引导、绿色低碳等方面的监管、调控和引导作用。

能源安全风险呈现多元化。我国原油和天然气对外依存度分别超过70%和45%，高度依赖油气进口成为我国保障能源安全的短板。"十四五"时期，油气发展仍面临对外依存度会有所升高、储备和调峰能力不足等问题。目前我国储气能力约为年消费量的5.7%，远低于12%~15%的世界平均水平。"十三五"期间，天然气管道建设的总里程与《中长期油气管网规划》中的规划目标相比，存在一定差距。从目前的基础和建设能力来看，实现"十四五"时期建设目标的难度仍然很大。"十四五"时期，煤炭、石油、天然气仍将是我国的主体能源，其中，石油、天然气由于对外依存度较高而存在传统性安全风险；风电和光伏发电的不稳定以及电力网络性特征，使其存在有别于传统能源安全的风险，这些风险更加具有不确定性和隐蔽性。

低碳转型发展成本增加。在"双碳"目标的政策导向下，全球正在加快推进能源低碳转型，风能、太阳能等新能源需求大幅增长，供应紧张的局面将会长期存在。煤炭和石油也进入了涨价的快车道。在能源生产成本升高的情况下，能源行业发展的经济效益有所下降，在能源转型过程中，能源价格上涨趋势会较为明显，同时能源转型的难度和市场选择的余地也会有所增加。我国能源需求规模巨大，在以煤为主体能源的基础上推进能源低碳转型，实现"双碳"目标承诺，不仅需要承担上涨的能源供应成本，还需要承担可再生能源大规模上网的技术成本、经济成本和制度成本。

3. 发展趋势

从国际来看，当今世界正经历"百年未有之大变局"，国际力量对比深刻调整，保护主义、单边主义政策日趋成为西方国家的主要选项。新冠肺炎疫情造成的全球供应链、产业链和价值链的断裂，客观上助推了经济民族主义的发展，全球化进程出现放缓甚至倒退的趋势，全球产业链、价值链本土化和区域化趋势凸显。在这种情况下，未来世界经济将面临诸多不稳定与不确定性。在全球经济复苏的驱动下，全球能源市场有望进入新的增长期。

从国内来看，我国进入经济高质量发展的新阶段，深入贯彻新发展理念、构建新发展格局是应对新发展阶段机遇和挑战的战略选择。在供给侧，需要我国尽快建立和完善现代产业体系，从而形成具有更强自主研究能力的创新体系、更绿色低碳的产业体系、更高水平的对外开放、更平衡的区域发展阶段、更公平分配的社会制度。在需求侧，需要通过完善国内经济循环体系来强化国内大循环的主导作用，随着经济稳定恢复，能源需求预计会较快增长。

从行业来看，我国能源行业进入了关键发展阶段，一方面，要进行能源绿色低碳转型，构建现代能源体系，提高能源利用效率；另一方面，要平衡国内市场与国际市场的关系，保障能源安全。总体看来，我国预期会继续控制化石能源消费总量，提升新能源消费比例。

1.2.2 能源行业的人才需求

人才是能源生产和消费革命的基础条件，能源发展方式的转变也对能源人才的培养提出了全新要求。在化石能源为主体、非化石能源快速发展的转型发展时代，以什么节奏、何种方式培养适应行业变迁的人才，是关系能源转型能否实现的关键问题。结合当前经济社会的发展形势，对能源相关主要行业的人才需求进行了分析。

化石能源领域。在相对富煤及贫油、少气的背景下，煤炭占我国一次能源消费的比例依然很大，我国石油和天然气的对外依存度持续攀升，油气安全是我国面临的重要安全问题之一。保障化石能源的开发利用，首先要加强基础前沿理论研究，实现油气资源的更有效预测。无论面对何种资源，从地球系统科学的角度认识、研究其分布，对下一步勘探开发都起着重要的基础性作用。其次要加强变革性技术研发，通过理论与技术共同进步，在未来提高勘探开发效率、降低勘探开发成本。

　　新能源与可再生能源领域。新能源的发展会带来能源部门和相关产业制造部门大量的人才需求。水电方面，我国目前正处在水电建设的高峰时期，新的社会发展环境对水电建设提出了新的更高要求，更需要一大批水电方面的人才。核电方面，一台百万千瓦级核电机组大约需 4 年以上建设高峰期，需要各类专业技术和管理人员上千人，其中相当数量人员应是具备相关经验的高端人才。随着我国风电的快速发展，风电领域的人才需要进一步研究解决电网接入运行难等问题，需要在风电开发规划和建设管理、风电开发与电网的协调、风电设备技术和生产能力、大规模风电发展的技术和产业配套条件、财政税收价格政策支持等方面进行深入研究，以促进风电产业又好又快发展。

　　新能源汽车领域。近几年因受到政策的推动和消费者的更多关注，新能源汽车销量快速增长，由此带来的是新能源汽车人才的缺乏。新能源汽车企业需求的人才类型及相关职业能力与传统汽车企业对人才的技术、营销等方面要求大同小异，但对人才应具有的相关能力提出了更高、更广、更严格的要求。除熟练的专业技能之外，随着新能源汽车的快速发展，还要求技术人才具备可持续发展的能力。从总体分析来看，新能源汽车人才需求主要体现在以下三个方面：技术和研发类人才、生产和检测类人才、营销和售后服务类人才。

　　节能与能源管理领域。社会对节能人才的需求很大，根据对用能单位的调查，我国专业节能人才的需求量在 50 万人以上。目前我国从事节能与能源管理工作的专业人才匮乏，还有不少企业没有专职的能源管理人员；即使有专职人员，也存在能源管理人员节能意识不强、专业技能欠缺以及人员配置偏少等问题。这些原因导致企业对能源的控制和管理薄弱，严重阻碍了节能工作的开展和能源利用效率的提高。要解决这些问题，必须在科学方法的指导下充分挖掘企业节能潜力，以技术手段和管理手段促进能源利用效率的提高。

　　能源互联网领域。传统能源观将电能视为效率最高的二次能源，考虑更多的是电能传输和利用的问题，狭隘地认为电能无限可获取，而不考虑发电侧的一次能源消耗以及碳排放问题。能源互联网倡导清洁能源开发、配置与利用，而风能、太阳能等清洁能源的间歇性、波动性、分散性等特征使得发电形态发生根本性变化，只有通过能源互联网以电能形式外送分配才能合理地解决能源消纳问题。这就要求认清能源开发和利用的特征，即任何国家和地区都难以实现能源绝对独立，如此才能理解全球能源互联网建设的深刻内涵。同时，要树立全球环境观，深刻认识环境保护的紧迫性和全球性，将构建以清洁能源为支撑的能源互联网作为环境治理的根本途径。

　　低碳相关领域。低碳技术涉及电力、交通、建筑、冶金、化工、石化、汽车等诸多领域。低碳技术人才主要致力于加快低碳技术开发与应用，包括碳捕获和封存技术、替代技术、减量化技术、再利用技术、资源化技术、能源化技术、生物技术、新材料技术、绿色消费技术、生态恢复技术等，更大限度地提高资源生产率及能源利用率。国内企业对相关低碳人才和劳动力的需求较大。另外，由于在实施低碳技术方面具有的巨大减排潜力，许多知名跨国企业和技术咨询机构也都看好中国市场，并积极在我国设立分支机构或开展合作，吸引大批低碳技术人才进入这一领域。

1.3 "学—研—创—赛—产"五位一体人才培养

1.3.1 本科阶段创新型人才培养

本科教育阶段是培养创新型人才的重要阶段,通过改革本科人才培养模式培养创新型人才成为国际高等教育发展的趋势和热点。作为汇聚和培养创新型人才的主阵地,高等院校的教育改革发展日益受到世界各国尤其是西方发达国家的重视。高等院校是教育系统中培养创新型人才的主要力量,而本科教育在创新型人才培养中处于基础性地位,没有一流的本科教育,就没有一流的研究生教育。发达国家已逐步提高了对本科教育的重视程度,不断创新本科人才培养模式,大力提高本科教育质量。

早在20世纪80年代,美国高等教育界就不断发表关于本科生教育质量的研究报告,如1984年的《投身学习:发挥美国高等教育的潜力》和1987年的《学院:美国本科生教育的经验》。这两份报告对当时美国的本科生教育质量提出了批评和预警,如后者把美国本科生教育喻为"一所被割裂的房子"。报告引起了美国高校尤其是研究型大学的关注,并引发了研究型大学本科生教育的改革与重建。1995年,由卡内基教学促进基金会资助并成立了研究型大学本科生教育全国委员会。该委员会在1998年发布了题为《重建本科生教育:美国研究型大学发展蓝图》的报告(通称"博耶报告"),提出了10条改革和创新本科生培养模式的建议,如建立以研究为本的学习标准,建立以探索为本的新生年,消除跨学科教育的障碍;把交流与沟通技能和课程学习结合起来,等等。博耶报告发表后,对当时美国研究型大学的本科生教育改革和培养模式创新产生了很大影响,一些研究型大学还将其作为本科生教育改革的指导性文件。进入21世纪,在以上研究报告的建议及推动下,美国许多研究型大学在各自办学理念及本校校情的基础上,纷纷对本科生培养模式进行了改革创新,形成了个性化和多元化的人才培养模式。虽然各校的培养模式改革不尽相同,却具有一些共同的趋势。如在人才培养理念上更强调通才教育和创新精神的培养,注重建立以研究为基础的教学制度体系,课程体系强调知识的广度和基础性并开设大量跨学科课程,等等。

英国高校本科人才培养模式也经历了一场深刻的变革,这场变革的目标在于立足"能力教育",实施"基于行动的学习"。变革的指导思想和教育理念就是要对英国高校传统的以传授知识和培养智力为主的教育思想进行修正。为此,在本科人才培养模式上,英国提出要开展自主性、探究性学习,进一步提高交叉学科课程的比例,在教学中更加凸显学生的主体地位,并加大导师的指导力度,训练和提高学生批判性思辨能力,培养学生自主思考、自主选择和自我负责的能力,提高社会适应和团队工作等综合能力。

在日本,本科教育改革更多的是因国家战略的变化——20世纪90年代提出的"科学技术创新立国"战略。为实现新战略,日本政府将教育当作根本动力,从而引发了高等教育变革。在《关于教育改革的第四次咨询报告》中,提出教育改革要铲除教育根深蒂固的弊病——划一性、封闭性,确立重视个性的原则,从根本上重新认识教育的目的、内容、方法、制度等。为促进创新型人才的培养,东京大学、京都大学等大学纷纷开始本科教育个性化改革，如自由选择专业、开设大量选修课和实行小班研讨教学，积极构建创新型人才培养模式。

在我国，改革开放后，随着经济的高速发展，大学扩招使高等教育规模迅速扩大，高等教育毛入学率迅速提高，我国快步跨入了高等教育大众化阶段。与此同时，一方面，我国传统的专业化培养模式难以满足经济社会发展对人才的需求，高等教育大众化中的精英教育和创新型人才培养受到影响；另一方面，在教育部实施的人才培养模式创新实验区工程中，如何进一步改革和完善高校创新型人才培养模式，又成为新的课题。

2007 年，经国务院批准，教育部和财政部联合发布《关于实施高等"学校本科教学质量与教学改革工程"的意见》（下称"质量工程"），旨在深化本科教学改革和提高本科教育质量。该工程被誉为"211 工程"和"985 工程"之后，我国在高等教育领域实施的又一项重要工程。"质量工程"将高校本科"人才培养模式改革取得突破，学生的实践能力和创新精神显著增强"作为关键目标，通过"择优选择 500 个左右人才培养模式创新实验区，推进高等学校在教学内容、课程体系、实践环节等方面进行人才培养模式的综合改革，以倡导启发式教学和研究性学习为核心，探索教学理念、培养模式和管理机制的全方位创新"。2007 年就有 220 个人才培养模式创新实验区获得批准，目前全国已建立了 501 个人才培养模式创新实验区。相应地，地方政府也纷纷立项资助，使得各级各类人才培养模式创新实验区如雨后春笋，纷纷涌现。2009 年，教育部又联合中组部、财政部启动实施"基础学科拔尖学生培养试验计划"，该计划旨在培养数学、物理、化学等基础学科的拔尖人才，通过选择一批高水平研究型大学作为该计划的承担学校，支持这些项目承担学校的本科人才培养模式改革，构建个性化、特色化培养模式，形成基础学科优秀人才成长的专门通道。在《国家中长期教育改革和发展规划纲要（2010—2020 年）》确立全面提高高等教育质量和人才培养质量的发展目标，再次强调"创新型人才培养模式"之际，我国正在迅速兴起一场空前的本科人才培养模式变革运动。

1.3.2　五位一体培养体系的内涵

"学—研—创—赛—产"五位一体本科人才培养体系是在创新教育理念和思想指导下，为实现创新型人才培养目标，采取特定的教育教学组织形式和运行机制，形成特定的培养体系、内容、方法和手段。"学—研—创—赛—产"形成了一个闭环，以产业结合提供实践基地，以创新为驱动，以竞赛为纽带，以教研为理论依据，以教学为指导，全面培养本科生综合素质，使其在"学—研—创—赛—产"五位一体的培养模式下实现全面发展。

在该模式中，"学"是前提，指专业技术学习，是着眼于创新和提高能力的学习，是适应时代要求的智慧型学习，而不仅仅是拥有知识的学习。在学习理念和方式方法上，更多的是国际化学习、瞄准世界科学前沿的学习、勇创世界高峰的学习、跨学科学习、自主性学习、个性化学习、连通式学习、泛在学习、发现式学习、融合式学习和社会化学习，该模式要求学习者在积累知识的过程中必须学会凝练科学问题，勤于思考，找出解决问题的途径，达到创新的目的。本科生的课程学习要更加开放，既要把握前沿的学术知识，又要到实践中体验、提炼、挖掘现实问题，要在一线锻造专业能力。新时代的本科生要特别注重发挥互联网的优势，善于利用 MOOC、国家级精品视频公开课、国家级精品资源共享课等各种优质的开放教育资源，开展高水平的自主学习，在研究中学习，在创新创造中学习，在解决实际问题中学习，在开放互联中学习，在深度参与中学习。

"研"是基础，指专业技术研究，积极参与专业技术研究开发、推广和创新。这里所说的"研"，是着眼于创新创造的研究，是解决实际问题的研究，是追踪科学前沿的研究，是为了揭示新规律、产生新理论、诞生新方法、指导新实践的研究，是着眼于国际竞争的研究，是能产生原始创新的研究，要特别加强跨学科的交叉研究。

"创"是关键，指创新行为，在前人的基础上，提出自己的新意，包括新思想、新观念、新设计、新意图、新做法、新方法等。立足于解决现实问题，挑战现有理论，突破现存方法，追求原始技术突破，引导新市场，形成新产品等。要由过去的纸上谈兵、小修小改、无足轻重、似是而非、闭门造车的创新，转变为分量重、意义大、创新度高的创新。

"赛"是动力，指学科竞赛，旨在培养学生将理论与实践相结合的能力。竞赛是对学生创新思维能力和设计技能的检验，通过组织参与各级各类学科竞赛，增强学生的学习兴趣和动力。要根据对人才的培养要求，将学科竞赛内容与国家产业发展或行业(企业)的实际需求相结合，将学科竞赛转化为实践教学的有机组成部分，使实践教学更具针对性和创新性，更好地对接社会实践的需求，使学科竞赛为人才实践能力培养服务。

"产"是目的，指将自身所学技术应用于行业(企业)研发、生产、建设、管理、服务一线，产生社会效益和经济效益。这是学校教育与生产一线工程实践教育的有机结合，充分调动社会教学资源，使学生的学习进入一个先进的、科学的发展通道，接受实践的洗礼，接触科学生产的工作，领悟其中蕴含的知识，锻炼工作能力，开阔眼界。最终，学生才能更快地适应社会，成为社会需要的人才。

1.3.3　五位一体培养体系的作用

构建"学—研—创—赛—产"五位一体的协调育人机制，是高等教育发展的必然之路，既能推动高校教育改革、提高教师教学水平，也能提高学生创新创业能力，为企业输送优秀人才。

首先，传统高校教学环境比较封闭，科研项目与市场脱节，成果转化相对滞后。而"学—研—创—赛—产"一体化犹如桥梁，建立起高校和企业之间的联系。通过"学—研—创—赛—产"一体化，高校师生走进企业，了解市场，获取大量信息，能够更好地选择科研课题和科研项目，克服教学、科研脱离社会实际需要的倾向。为适应企业对人才、科技成果的需要，高校也必然要对原有学科体系进行优化，相应地会对学科体系划分、专业设置等方面进行调整和改革。其次，长期以来，我国在知识创新资源和科技投入上存在大量浪费，其中一个重要原因就是"学—研—创—赛—产"之间没有得到很好的结合。通过"学—研—创—赛—产"一体化，高校用人才和技术支持企业，企业以资金和帮扶等形式支持学校，形成学校、机构、企业三方互动，从而实现共同受益的目标。学校不再单纯依靠财政补贴，而是自力更生谋求发展，不仅增加了高校的办学经费，减少了国家财政负担，更重要的是在财政创收上走出了一条自强之路，有利于促进学校良性发展。

"学—研—创—赛—产"一体化，使导师能通过学生创新、竞赛的成果对自己的教学过程进行思考与总结，看到教学上的优势与不足，从而促进导师对教学方法进行科学研究，对教学实践过程中的所有步骤进行分析，改善在教学过程、教学方法、教学工作的组织和管理上存在的问题，改革课程设置、更新教学内容、整合教学方法，整理出一套新的教研理论，提高自己的教学水平。

"学—研—创—赛—产"一体化，为学生在学习理论知识的同时提供了实践机会。通过在生产实践、服务实践、管理实践中加深对理论知识的了解和把握，增强学生运用理论知识解决实际问题的能力，并使学生在实践中发现问题、研究问题、解决问题，从而激励学生在实践中不断探索、不断创新。通过竞赛检验实践能力和创新能力，反思自身的不足之处，将竞赛成果转化为参赛经验，在不断地迭代中完善自我，在竞赛作品中融入自己的创新性思考，总结出自己的创新性见解，不断提高自身的创新能力。

"学—研—创—赛—产"一体化，促使高校看清就业市场人才需求，使高校站在全新的角度和立场研究未来社会所需要的人才。以学生为根本、以教师为依托、以市场为导向、以企业为指引，对学生进行培养，使学生成为理论过硬、实践操作熟练、具有创新能力的高素质优秀人才。这样，在校大学生既锻炼了适应工作的能力，也成长为更加符合企业用人标准的专业人才。

第 2 章

创新创业基础知识

本章分为创新和创业两个部分的基础知识，前者包含创新过程中的创新精神、创新思维与常用技法等，后者包含创业过程中的创业精神、创业者、创业机会识别、创业计划编制等。本章介绍了创新和创业的基本原理和方法，重点阐述创新创业过程的有关知识与技能，为创新创业实践的开展做好知识储备。

2.1 创新基本理论

2.1.1 创新的概念

创新是指以现有的思维模式提出有别于常规或常人思路的见解为导向，利用现有的知识和物质，在特定的环境中，本着理想化需要或为满足社会需求，而改进或创造新的事物、方法、元素、路径、环境，并能获得一定有益效果的行为。《辞海》里讲"创"是"始造之也"，首创、创始之义；"新"是初次出现，才、刚之义。因此，创新有三层含义，一是抛开旧的，创造新的；二是在现有基础上改进更新；三是指创造性、有新意。所改进或创造的新"事物"既包括自然科学和社会科学，也泛指具体实物以外的方法、元素、路径、环境等。

任何创新都必须是一种"首创"活动，根据参照对象的不同而分为狭义创新和广义创新两种类型。狭义创新相对于其他人或全人类来说，这个活动是第一个的，具有真正的推动社会进步意义，比如瓦特改进了蒸汽机，推动了世界从农业为主到工业为主的重大转变；爱因斯坦创立了相对论，奠定了现代物理学的基础。广义创新虽然相对于其他人不是第一个，但相对于自己来说是首创，比如企业推行了新的工作方法、进行了某些方面的技术改进等。

创新是以新思维、新发明和新描述为特征的一种概念化过程。人类社会的任何领域都是不断发展的，需要开展创新性活动。创新突出体现在三大领域：学科领域(表现为知识创新)、行业领域(表现为技术创新、工程创新)、职业领域(表现为管理创新)。创新是人类特有的认识能力和实践能力，是人类主观能动性的高级表现，受人类自我实现本能的支配，是推动人类进步和社会发展的不竭动力。

创新的本质就是要突破思维定式、常规戒律，发现或产生某种新颖、独特的有价值的新事物、新思想的活动。因此，创新总是超前于社会认识的。创新本身也是做前人或他人没有做过的事情,实现创新的过程和方法都需要探索,这带来了不确定性和技术上的难度。此外,由于创新的超前性,创新行为可能得不到他人的理解和支持,甚至遭到反对,并制造了艰难的创新环境。

创新是人的一种创造性实践行为,要完成一个创新,不但要提出见解,还要实施;而实施过程中就要与社会产生联系,产生社会性。随着现代社会分工的细化,这种社会性更加突出。任何"事物"最好的创新永远是下一个。任何学科、行业、部门都是人为划分的结果,既然是人为划分,就可以人为打破。不同学科和行业的专业知识是有着很大差别的,但创新的规律是一样的,而且跨学科、跨行业的创新往往能诞生超乎寻常的结果。在创新面前人人平等,谁都可以成为创新的强者,没有任何人是权威。很多时候,对权威的过分迷信可能会对创新造成巨大的阻碍。

2.1.2 创新的类别

按照内容不同,创新可分为知识创新、技术创新、工程创新、管理创新和社会创新等。每一类创新又可细分为更多的方面,如技术创新又可分为产品创新、服务创新、业务流程创新、业务模式创新、文化创新等。

知识创新是指通过科学研究(包括基础研究和应用研究),获得新的基础科学和技术科学知识的过程。知识创新的目的是追求新发现、探索新规律、创立新学说、创造新方法、积累新知识。知识创新是技术创新的基础,是新技术和新发明的源泉,是促进科技进步和经济增长的革命性力量。知识创新包括科学知识创新、技术知识创新,特别是高新技术创新和科技知识系统集成创新等。总之,知识创新为人类认识世界、改造世界提供新理论和新方法,为人类文明进步和社会发展提供不竭的动力。

技术创新是指生产技术的创新,包括开发新技术或者将已有的技术进行应用创新。技术创新是应用创新的知识和新技术、新工艺,采用新的生产方式和经营管理模式,提高产品质量,开发生产新的产品,提供新的服务,占据市场并实现市场价值。因此,技术创新也是一种经济概念。它是科技与经济、教育、文化等的有机结合,而不是一个纯粹科技范畴内的概念。技术创新是一种产生效益的创造性活动,创新者必须具备 3 个条件:要有眼光,能看到潜在的价值所在;要有胆量,敢于大胆实施一些冒险性的计划;要有组织能力,能动员社会力量来实现生产要素的重新组合。

工程是人类为了构建一个新的存在物,按一定规则对相关的技术实施的集成性活动。工程创新有多方面的具体内容和多种不同的表现形式:工程理念创新、工程观念创新、工程规划创新、工程设计创新、工程技术创新、工程经济创新、工程管理创新、工程制度创新、工程运行创新、工程维护创新、工程退出机制创新(例如矿山工程在资源枯竭后的退出机制)等。工程创新活动需要对多个学科、多种技术在更大的时空上进行选择、组织和优化,这就是说工程不可能依靠单一的技术。工程创新的集成性还反映在工程活动中,包括物质要素、技术要素、经济要素、管理要素和文化要素等多种要素的集成。

管理创新是指组织形成某一创造性想法并将其转换为有用的产品、服务或作业方法的过程。管理创新是在特定的时空条件下,通过计划、组织、指挥、协调、控制、反馈等手段,对系统所拥有的生物、非生物、资本、信息、能量等资源要素进行再优化配置,并实现人们新诉求的生物流、非生物流、资本流、信息流、能量流目标的活动。企业管理创新,最重要的是在组织高管层面有完善的计划与实施步骤,对可能出现的障碍与阻力有清醒认识,并采取必要措施激发创新。

社会创新指的是能够满足社会目的并取得实效的新想法。社会创新是指开发出更为有效的服务、项目和组织来满足社会需求,涉及的领域包括卫生、住房、教育和养老,这需要政府和企业付出较大的努力。社会创新的过程往往是城市、国家、政府及企业设计和开发新的更有效的方法,以应对城市扩展、人口老龄化、就业、能源节约、环境保护等迫切问题。要改善政府和企业的社会行为方式,需要通过教育来加强公民服务意识的培养,以促进社会的和谐统一。

2.2 创新精神

2.2.1 创新精神的内涵

创新精神是指要具有能够综合运用已有的知识、信息、技能和方法,提出新方法、新观点的思维能力和进行发明创造、改革、革新的意志、信心、勇气和智慧。精神是行动的先导,有了创新精神才可能有创新行动。精神转化为行动的现实就是人们的创新过程或能力,创新精神的大小、强弱,决定着创新的力度与结果。恩格斯称赞"思维者的精神"为"世界上最美丽的花朵"。因此,培养大学生的创新精神,对于培养其创新能力具有重要的意义。创新精神是创造者与普通人的最大区别。一个真正的创新者一般都具备以下特征:虚心好学,坚持不懈;善于发现问题、分析问题和解决问题;敢想、敢干、敢于实践;百折不挠。

创新动机是创新精神的基本要素,是个体在面对创新情境时的心理倾向,是创新行为发生与运行的驱动力。主体创新动机愈强,其创新行为就愈积极。因此,要培养大学生的创新精神,首先要培育其创新需要或动机。人力资源理论一般把创新动机分为外在动机与内在动机。外在动机是指奖惩等外部因素的刺激或激励,内在动机是指兴趣与好奇心等内部因素的驱动。前者属于制度的性质,其动力的大小取决于制度的优劣与强度;后者属于心理与素质的范畴,更多地取决于学校、家庭与社会的教育。

大学生创新的动机可划分为功利型、爱国型和爱好型三种基本形式。企业、个人为追求利益而进行技术、管理等方面的创新,是市场经济的一般规律或本质属性。市场经济推动了技术进步,而技术进步又推动着经济社会的发展。当前,技术创新已经成为国家之间、企业之间竞争的主要形式,并且有日益激烈的趋势。就在校大学生来说,参加创新活动,其实大多数人也是带有一定的功利性的,如获得竞赛奖金、学分与证书等。对大学生的这种意识与行为不能予以简单的否定,因为功利型的创新动机是客观存在的,也是科技创新的重要原动力之一。

当然,创新精神还是有价值性的,对于功利型创新动机的意识与行为必须予以引导与教育。要教育学生树立正确的世界观、价值观、人生观,在正确处理国家、社会利益的条件下合法、诚实地追求自己的利益。强烈的爱国心与使命感是创新活动永不衰竭的动力,即爱国型或使命型创新动机。这是一种更高程度、更高层次、更受人们尊重的创新精神。古今中外，具有这种精神与行为的科学家可以说是不胜枚举。中国人民从"站起来"到"富起来"再到"强起来"的发展进程中，始终贯穿与凝聚着知识分子为国为民无私奉献、艰苦奋斗、勇于创新的精神和贡献。当前，加强爱国主义与责任感、使命感的教育，既是高校政治思想工作的要求，也是新时代条件下培养大学生创新精神、提高创新能力的需要。

爱好型创新动机是由个体的兴趣、爱好与好奇心引发的创新欲望。兴趣爱好与好奇心会使人长期不知疲倦、不厌其烦地专注甚至沉迷于对某种事物的探索。这是创新的原动力之一，对于创新具有神奇的驱动作用。从理论看，兴趣先于认知，作用于认知，认知取决于兴趣，反作用于兴趣，同时推动和产生新的兴趣。从科技发展的历程看，不少成果的取得可以证明，兴趣在人类创新的活动中发挥了巨大的作用。从科学家的体验看，爱因斯坦有名言曰"兴趣是最好的老师"，孔子亦云"知之者不如好之者，好之者不如乐之者"。

2.2.2　创新精神的培养

创新精神属于科学精神和科学思想范畴，是进行创新活动必须具备的一些心理特征，包括创新意识、创新兴趣、创新胆量、创新决心，以及相关的思维活动。

创新精神的培养要注意：一要提倡独立思考、不人云亦云，当然，这并不是不倾听别人的意见、孤芳自赏、固执己见、狂妄自大，而是要团结合作、相互交流，这是当代创新活动不可少的方式；二要提倡胆大、不怕犯错误，这不是鼓励犯错误，只是出现错误认知是科学探究过程中不可避免的；三要提倡不迷信书本、权威，这并不是反对学习前人经验，因为任何创新都是在前人成就的基础上进行的；四要提倡大胆质疑，而质疑要有事实和思考的根据，并不是虚无主义地怀疑一切。总之，要用全面、辩证的观点看待创新精神。

大学生要培养自己的创新精神，要做到对所学习或研究的事物充满好奇心。好奇心包含着强烈的求知欲和追根究底的探索精神。要想在茫茫学海获得成功，就必须有强烈的好奇心。对所学习或研究的事物能提出问题，说明在思考问题。正像爱因斯坦说的那样："我没有特别的天赋，只有强烈的好奇心。"我国伟大的地质学家李四光小时候常常一个人靠着家乡的一些来历不明的石头出奇地遐想，好奇地自问，为什么这里会出现这些孤零零的巨石？它们是借助什么力量到这儿来的？后来李四光走遍了全中国山山水水，做了大量的考察与研究，终于断定这些怪石是冰川的漂砾，是第四纪冰川的遗迹，从而纠正了国外学者断定中国没有第四纪冰川的错误理论。

要做到对所学习或研究的事物有怀疑态度。不要认为被人验证过的都是真理，许多科学家对旧知识的扬弃，对谬误的否定，无不是从怀疑开始的。比如，天文学家哥白尼通过对行星的不断观察、分析计算，得出结论：太阳是宇宙的中心，地球围绕太阳转。日心说和以往科学家所接受的地心说相左，是像常人那样接受地心说还是坚持自己，是相信权威还是忠于实践，哥白尼给出了自己的回答，出版了自己的著作《天球运行论》。再比如，2003 年，SARS 刚出现时，中国许多医学权威都认为 SARS 病毒是衣原体病毒；但钟南山院士另有发现，他大胆质疑，屡次坚持自己的观点，认为是冠状病毒，为当时快速确诊、救治病人立下大功。怀疑是内在的创造潜能，它激发人们去钻研、去探索。事物在不断地变化，有些知识这时候适用，将来不一定适用；而现有的知识不一定没有缺陷和疏漏。老师不是万能的，任何教师所传授的专业知识都不能说全部是绝对准确的。对待我们所学习或研究的事物，我们应做到不要迷信任何权威，应大胆地怀疑。这是我们创新的出发点。

要做到对所学习或研究的事物有求异观念。创新不是简单的模仿，要有创新精神和创新成果，就必须要有求异的观念。求异实质上就是换个角度思考，从多个角度思考，并把思考的结果进行比较。例如，1840 年，一个德国年轻人迈尔作为随船医生去了爪哇，发现那里的病人的静脉血比他预计的要红得多，因此开始思考动物热问题，由此萌发了能量的所有形式可以互相转换的想法。1842 年，迈尔写了《论无机自然界的力》一文，以比较抽象的推理方法提出了能量守恒与转化原理。迈尔文章的思辨风格没有得到学界的认可，第一次投稿时被一家科学杂志退了回来，后来虽然在另一家杂志上刊登了，但也没有引起注意。此后，迈尔继续阐述他的能量守恒和转化原理，但依然得不到人们的理解。直到 1871 年，他终于得到了应得的荣誉，被英国皇家学会授予科普利奖章。

要做到对所学习或研究的事物有冒险精神。创造实质上是一种冒险，因为否定人们习惯了的旧思想可能会遭受公众的反对。冒险不是那些危及生命和肢体安全的冒险，而是一种合理性冒险。例如，由于经典物理学中关于黑体辐射的关系式在短波段与实验差距很大，普朗克决心找到一个与实验结果相符的新公式。经过艰苦努力，他终于在 1900 年大胆提出了与经典物理学连续性概念根本不同的新假说，即能量子假说。普朗克公式因为缺乏理论依据而在当时不为人们所接受。在 1905 年爱因斯坦的光量子研究得到公认后，普朗克公式才为人们所接受。普朗克定律正确地揭示了黑体辐射能量光谱分布的规律，奠定了热辐射理论的基础。大多数人都不会成为伟人，但我们至少要最大限度地挖掘自己的创造潜能。如果没有强烈的追求创新的欲望，那么无论怎样谦虚和好学，最终都是模仿或抄袭，只能在前人划定的圈子里周旋。要创新，我们就要坚持不懈地努力，就要有克服困难的决心，不要害怕失败。

要做到对所学习或研究的事物永不自满。很多具有创造性思想的人从不会停止自己创新的脚步，积极去思考另一种可能比这种思想更好的思想，或在一种成功的思想基础上继续产生新思想，从而在创新的路上越走越远。例如，法国著名数学家、物理学家傅立叶于 1822 年出版了专著《热的解析理论》，推导出著名的热传导方程。这部经典著作将欧拉、伯努利等人在一些特殊情形下应用的三角级数方法发展成内容丰富的一般理论，三角级数后来就以傅立叶的名字命名。傅立叶应用三角级数求解热传导方程，为了处理无穷区域的热传导问题又导出了现在所称的"傅立叶积分"，这一切都极大地推动了偏微分方程边值问题的研究。然而，傅立叶的工作意义远不止于此，他促使人们对函数概念做修正、推广，特别是引起了对不连续函数的探讨；三角级数收敛性问题更刺激了集合论的诞生。因此，《热的解析理论》影响了整个 19 世纪分析严格化的进程。

2.2.3　创新团队的建立

大学生除了要培养自己的创新精神，还要明白创新不是一个人的事，而是一个组织、一个团队一起集思广益，共同探讨新思路、新想法的行为。要想实现创新，集体的力量永远大于个人的力量，最好是能组建一支创新团队。那么，什么样的团队才具备创新团队的条件呢？一般来说，创新团队需要有以下三种人。

第一种是有想法的人。我们在开展创新活动时，一定要有创新的想法。一个能有想法、有思路的人十分重要，对于能否引领和开展创新活动起到很关键的作用。我们经常遇到很多人，当问他们对一件事有什么想法时，回答最多的答案是没什么想法，没什么想法其实也就是不去想，或是不敢想。而要想创新，就需要有创造性的想法，有创新性的思维。创新团队一定是由一些有想法、有思路的人组成的，这些人的不同想法在一起发生碰撞时，就会激出火花、产生灵感、启发他人，而往往这个时候就会产生创新的想法，启发出一些创新的思路。

第二种是敢于创新的人。当前，我们不仅需要有创新的意识、创新的思维，更需要有创新的精神。只有敢于创新、勇于创新，才有可能去开展创新活动，才有可能去尝试创新。如果没有创新的勇气、没有创新的胆量，也不可能较好地开展创新活动、有好的创新作为。所以，创新团队一定要吸收那些敢于创新的人，邀请他们加入创新团队，共同形成创新想法，一起去尝试创新行为。

第三种是善于归纳总结的人。创新团队里会经常组织各种形式的创新活动，头脑风暴会议可能随时召开。大家你一言我一语的，说得都很热闹，想得也很美好，但是散会后若没有人把大家讨论的亮点和创新点记录下来，清楚地梳理出来，时间长了就很容易忘记。所以，创新团队十分需要一个善于归纳总结的人。这个人能把大家的创新思路、创新点记录下来，形成一个研讨摘要、会议纪要或创新研讨的小结，并针对归纳总结出来的东西提炼出下一步创新的建议和方案，为今后的创新奠定基础。

2.3　创新思维

创新思维，即创造性思维，是人类思维的高级形式。创新思维以不断发展变化的动态社会为基础，不局限于某一种思维模式，是一种灵活多变的富于探索性的、以不断变化的现实为标准的思维形式。

2.3.1　创新思维的特征

创新思维的特征表现为求异性、突发性、专一性和敏捷性。

求异性是指在认识过程中着力于发掘客观事物之间的差异性、现象与本质的不一致性、已有知识与客观实际相比而具有的局限性等。它是对常见现象和人们已有的习以为常的认识持怀疑、分析、批判的态度，在怀疑、分析和批判中去探索符合实际的客观规律。也就是说，要学会用"新眼光"去看待问题，突破思维的惯性。一个好的创意会让人产生眼前一亮的感觉，这就源于创新思维的新奇，也就是求异性。

突发性又称偶然性、意外性，即思维在时间上以一种突然降临的情景标志着某个突破的到来，表现一个非逻辑性的品质，这是在长期量变基础上的爆发性的质的突破。在这一过程中，往往存在着对于形成创造性成果有关键、决定作用的突发性思维转折点，在"山穷水尽"时突然"柳暗花明"。这种突发性和偶然性表现在思想火花的迸发没有固定的时机，它的出现带有极大的随机性。创意的迸发不分场合、地点和时间，任何事物和事件都会给你带来灵感，让你在思维领域产生突破。一个新思想，可以是在阅读他人文章时由于某段论述而突然萌发的；也可以是在工作、运动甚至娱乐时由某一场景得到启发而迸发出来的；还可以是在与人讨论问题时突然受到启发而产生的。

专一性是指导引思维目标的确定性，是导引思维过程中已有概念、事物在显意识与潜意识两个层次的集中与凝聚的特征。好创意的产生不是毫无根据的胡思乱想，它需要专一的目标、持之以恒的思考、坚持不懈的努力，以达到量变产生质变的必然结果。创新思维心理学实验证明：当人的活动具有专一目标时，效率高；而当"一心二用"时，效率会大大降低。专一的目标越鲜明、越强烈，思维活动就越易集中，聚集于一个突破点上，从而产生聚焦突破效果。

思维的敏捷性是良好心理品质的前提。敏捷性是指在短时间内迅速调动思维的能力，要具备积极思维、周密考虑、准确判断的能力，就必须依赖于观察力以及良好的注意力等优秀品质。只有具备对事物敏锐的洞察力和反应能力，才能从众多事物中发掘到潜在的好点子、找到创新的起点。

2.3.2 创新思维方法

1.发散思维

发散思维又称辐射思维、放射思维、扩散思维或求异思维，是指大脑在思维时呈现的一种扩散状态的思维模式。它表现为思维视野广阔，思维呈现出多维发散状，即可以从不同方面思考同一问题。发散思维指的是"求多"，如"一题多解""一事多写""一物多用"。发散思维是多向的、立体的和开放型的思维。

发散思维的模式是给出一个问题，在一定时间内，以该问题为中心，向四面八方做辐射状积极思考，无任何限制地探寻各种各样的答案。发散思维的特点是突破头脑中固有的逻辑框架，从给定的信息中产生众多的信息输出，由一种想到多种，促使思路转移、跳跃或前进，得到众多具有新意的答案。发散思维的实质，就是要突破常规，打破旧框框的限制，提供新思路、新思想、新概念及新办法。所以不少心理学家认为，发散思维是创造性思维的一个最主要的特点，是测定一个人和一个团队创造力的主要标志之一。

发散思维具有流畅性、变通性和独创性等特征。流畅性是发散思维的基础，指在短时间内表达出的不同观点和设想的数量，衡量的是思维发散的速度，可以看成衡量发散思维的"量"的指标。变通性是指多方向、多角度思考问题的灵活程度，是衡量发散思维的"质"的指标，表现了发散思维的灵活性，是思维发散的关键。变通性使世界上没有什么是不可能的。"不可能"标志着思维的中断，变通性使思维可以继续进行下去，表现出一种内在毅力和事物发展的希望。独创性是指产生与众不同的新奇思想的能力，是发散思维的本质，表现发散思维的新奇成分，也是思维发散的目的。

2.收敛思维

收敛思维又称聚合思维、集中思维、求同思维、综合思维或辐辏思维，是指以某个思考对象为中心，尽可能运用已有的经验和知识，将各种信息重新进行组织，从不同的方面和角度将思维集中指向这个中心点，从而达到解决问题的目的。

收敛思维的主要特征是封闭性、连续性、求实性和聚焦性。发散思维的思考方向是以问题为原点指向四面八方的，具有开放性；收敛思维则是把许多发散思维的结果由四面八方集合起来，选择一个合理的答案，具有封闭性。发散思维的过程，是从一个设想到另一个设想时，可以没有任何联系，是一种跳跃式的思维方式，具有间断性；收敛思维的过程则相反，是一环扣一环的，具有较强的连续性。发散思维所产生的众多设想或方案，一般来说多是不成熟的，也是不切实际的。对发散思维的结果，必须进行筛选，而收敛思维就可以起到这种筛选作用。被选择出来的设想或方案是按照实用的标准来决定的，应当是切实可行的，这样，收敛思维就表现出了很强的求实性。聚焦性就是围绕问题进行反复思考，有时甚至停顿下来，使原有的思维浓缩、聚拢，形成思维的纵向深度和强大的穿透力。在解决问题的特定指向上思考，积累一定量的努力，最终达到质的飞跃，顺利解决问题。

发散思维和收敛思维，是人们进行创造活动时运用的两种不同方向的思维。发散思维与收敛思维在思维方向上的互补，以及在思维过程上的互补，是创造性解决问题所必需的。发散思维向四面八方发散，收敛思维向一个方向聚集。在解决问题的早期，发散思维起到更主要的作用；在解决问题的后期，收敛思维则扮演着越来越重要的角色。

3. 聚合思维

聚合思维也称求同思维，指的是把各种信息聚合起来思考，朝着同一个方向而得出一个正确答案的思维。求同是聚合思维的主要特点，即聚合思维是利用已有的知识经验或常用的方法来解决问题的某种有方向、有范围、有组织、条理性强的思维方式。聚合思维的具体方法很多，常见的有抽象与概括、归纳与演绎、比较与类比、定性分析与定量分析等。

抽象是指抽取客观事物的一般和本质属性的思维方法。概括是指把抽象出来的个别事物的本质属性连接起来，推及其他同类事物上去，从而归结全类事物的共性的思维方法。抽象与概括都是从具体共同性的事物中揭示其本质意义的思维活动。

归纳是指从特殊事物推出一般结论的推理方法，即从许多个别事实中概括一般道理。演绎是指从一般到特殊，即用已知的一般原理考察某一特殊的对象，推演出有关这个对象的结论的思维方法。在认识过程中，归纳和演绎是相互联系、相互补充的。

比较是指在认识事物的过程中，确定思维对象的相同点和不同点的思维方式。类比是一种从已知到未知，探求和发现新知识的思维方法，它使人预感到由经验所发现的某种事物具有某种特性，进而推论同类的别的事物也具有同样的特性。类比以比较为基础。

定性分析就是对研究对象进行"质"的方面的分析，运用归纳和演绎、分析与综合以及抽象与概括等方法，主要凭借分析者的直觉和经验，对获得的各种材料进行思维加工，从而对分析对象的性质、特点和发展变化规律作出判断的一种方法。定量分析就是通过统计调查法或实验法，建立研究假设，收集精确的数据资料，然后进行统计分析和检验的研究过程。

4. 逆向思维

逆向思维也称求异思维，是对司空见惯的似乎已成定论的事物或观点反过来思考的一种思维方式。在创造中，人们经常使用具有挑战性、批判性和新颖性的逆向思维来启发思路。逆向思维的本质是知识和经验向相反方向转移，是对习惯性思维的一种自觉冲击。所以，这种从对立的、倒的、相反的角度去想问题的方式往往能打破常规，破除由经验和习惯造成的僵化的认知模式，因而能为创新扫清障碍。因此，要敢于反其道而思之，让思维向对立面的方向发展，从问题的相反面深入地进行探索，树立新思想，创造新形象。

与常规思维不同，逆向思维是反过来思考问题，是用绝大多数人没有想到的思维方式去思考问题。其实，对于某些问题，尤其是一些特殊问题，从结论往回推，倒过来思考，从求解回到已知条件，反过来想或许会使问题简单化。因此，逆向思维的结果常常会令人大吃一惊，喜出望外，别有所得。

逆向思维的主要特征有普遍性、批判性和新颖性。逆向思维在各种领域、各种活动中都有适用性，由于对立统一规律是普遍适用的，而对立统一的形式又是多种多样的，有一种对立统一的形式，相应地就有一种逆向思维的角度，所以，逆向思维也有无限多种形式。不论哪种方式，只要从一个方面想到与之对立的另一个方面，都是逆向思维。

逆向是与正向比较而言的，正向是指常规的、常识的、公认的或习惯的想法与做法；逆向思维则恰恰相反，是对传统、惯例、常识的反叛，是对常规的挑战。它能够克服思维定式，破除由经验和习惯造成的僵化的认识模式。

循规蹈矩的思维和按传统方式解决问题虽然简单，但容易使思路僵化、刻板，摆脱不掉习惯的束缚，得到的就往往是一些司空见惯的答案。由于受过去经验的影响，人们容易看到熟悉的一面，而对不熟的一面视而不见。逆向思维能克服这一障碍，结果往往出人意料，给人耳目一新的感觉。

5. 联想思维

联想思维是指由某一事物联想到另一事物而产生认识的心理过程，即由所感知或所思考的事物、概念或现象的刺激而想到其他的与之有关的事物、概念或现象的思维过程。简单来说，联想思维就是通过思路的连接把看似毫不相干的事件(或事项)联系起来，从而得到新的成果的思维过程。联想思维是人们经常用到的思维方法，是一种由一事物的表象、语词、动作或特征联想到他事物的表象、语词、动作或特征的思维活动。通俗地讲，联想一般是由某人或者某事而引起的相关思考，人们常说的"由此及彼""由表及里""举一反三"等，就是联想思维的体现。

联想思维的形式一般分为接近联想、类比联想和相反联想。

接近联想是指由一个事物或现象的刺激想到与它在时间相伴或空间相接近的事物或现象的联想，即由此及彼。甲、乙两事物在空间或时间上接近，在审美主体的日常生活经验中又经常联系在一起，已形成巩固的条件反射，于是会由甲联想到乙，而引起一定的表象和情绪反应。例如人们经常见某景、睹某物、游某地，而想到与此景、此物、此地有关的人和事。

类比联想是指由一个事物或现象的刺激想到与它在外形、颜色、声音、结构、功能和原理等方面有相似之处的其他事物与现象的联想。世界上纷繁复杂的事物之间是存在联系的，这些联系不仅仅是与时间和空间有关的联系，还有很大一部分是属性的联系。联想通常表现为事项之间的跳跃性连接，在这一思维过程中，它受到逻辑的制约，反过来又常常受到联想的支持，否则思维流程就会被堵塞。

相反联想是指由一个事物、现象的刺激而想到与它在时间、空间或各种属性上相反的事物与现象的联想，如由黑暗想到光明，由放大想到缩小，等等。相反联想使人的联想更加丰富。同时，由于人们往往习惯于看到正面而忽视反面，因而相反联想能使人的联想更加多彩，更加富于创新性。

联想思维的主要特征包括目的性和方向性、形象性和概括性。联想思维是从一定的思考对象出发，有目的、有方向地想到其他事物，以扩大或加强对思考对象某方面本质和规律的认识或解决某一问题。联想思维是反映事物某方面本质的理性认识活动，是后天培养训练发展起来的。联想思维想到的通常不是某个具体的形象，而是带有事物一般特征的形象，即联想思维具有概括性。

6. 灵感思维

灵感思维是人们借助直觉启示猝然迸发一种领悟或理解的思维形式，是指人们在科学研究、科学创造、产品开发或问题解决过程中突然涌现的使问题得到解决的思维过程。灵感是新东西，即过去从未有过的新思想、新念头、新主意、新方案、新答案。灵感思维是三维的，它产生于大脑对接收到的信息的再加工，储存在大脑中的沉睡的潜意识被激发，即凭直觉领悟事物的本质。诗人、文学家的"神来之笔"，军事指挥家的"出奇制胜"，思想战略家的"豁然贯通"，科学发明家的"茅塞顿开"等，都说明了灵感的这一特点。它是经过长时间的思索，问题还是没有得到解决，但是突然受到某一事物的启发，问题一下子就解决了的思维方法。所谓"众里寻他千百度，蓦然回首，那人却在，灯火阑珊处"，描述的就是这样一种意境。

灵感思维是在无意识的情况下产生的一种突发性的创造性思维活动，它具有突发性和偶然性的显著特征。灵感往往是在出其不意的刹那间出现，使长期苦思冥想的问题突然得到解决。在时间上，它不期而至，突如其来；在效果上，让人突然领悟，意想不到。这是灵感思维最突出的特征。灵感在什么时间可以出现，在什么地点可以出现，或在哪种条件下可以出现，都使人难以预测而带有很大的偶然性，往往给人以"有心栽花花不开，无心插柳柳成荫"之感。灵感的产生往往是闪现式的，而且稍纵即逝，它所产生的新线索、新结果或新结论，常常使人感到模糊不清。

7. 想象思维

想象思维是人体大脑通过形象化的概括作用，对脑内已有的记忆表象进行加工、改造或重组的思维活动。想象思维可以说是形象思维的具体化，是人脑借助表象进行加工操作的最主要形式，是人类进行创新及其活动的重要的思维形式。想象思维有再造想象思维和创造想象思维之分。再造想象思维是指主体在经验记忆的基础上，在头脑中再现客观事物的表象；创造想象思维则不仅再现现成事物，而且创造出全新的形象。文学创作中的艺术想象属于创造性想象，是形象思维的主要形式，存在于整个过程之中，即作家根据一定的指导思想，调动自己积累的生活经验，进行创造性的加工，进而形成新的完整的艺术形象。

想象思维的主要特征有形象性、概括性和超越性。想象思维是借助形象或图像展开的，不是数字、概念或符号。所以，我们可以根据他人的描述，在头脑中塑造出各种各样的形象。比如，我们可以在读小说时想象出人物和场景的具体形象。想象思维是对外部世界的整体把握，概括性很强。爱因斯坦说："想象力比知识更重要，因为知识是有限的，而想象力概括着世界上的一切，推动着进步，并且是知识进化的源泉。"想象中的形象源于现实而又不同于现实，它是对现实形象的超越，正是借助这种对现实形象的超越，我们才产生了无数发明创造。

8. 组合思维

组合思维又称联结思维或合向思维，是指把多项貌似不相关的事物通过想象加以连接，从而使之变成彼此不可分割的、新的整体的一种思考方式。组合，不是简单的加法，而是一种创新。这种思维方式是将两个看似不相干的事物进行组合，使整体具有单个事物所不具备的性质。知识体系的不断重新组合是人类知识不断丰富发展的主要途径之一。

组合是思维的积极发散，不是偶然的巧合。它对对象在空间上进行拓展思考，从多方位、多角度探索组合的可能性，是将具有不同功能的产品组合到一起，使之形成技术性能更优或具有多功能的技术实体的方法。例如，将两种或两种以上技术原理有机地结合起来，组成一种新的复合技术或技术系统。组合要求有广博的知识，丰富的实践经验，灵通的市场信息；要善于积累，勤于思考，让思维触角向四处延伸，引发"共振"。可以说，组合的道路四通八达，组合的方法层出不穷。

2.4 创新技法

创新技法是创造学家根据创造性思维发展规律和大量成功的创新实例总结出来的原理、技巧和方法。

2.4.1 联想法

从一个事物想到另一个事物，从一个概念想到另一个概念，从一种方法想到另一种方法，从一种形象想到另一种形象的心理过程，就叫作联想。联想法就是利用联想的原理和方法产生自由联想或强制联想，以此来解决问题。自由联想是不受拘束地随意想象，例如，由大象想到蚂蚁，由蚂蚁想到树叶，等等。强制联想则是有意识地限制联想的主体和方向。

1. 图片联想法

通过看到一张图片而自然产生的联想，称为图片联想。图片联想不用概念作刺激物进行联想、类比，而是用图画作为刺激物，发挥人的视觉想象力，在图形和待解决的问题之间产生联想，进行类比，获得创造性设想。

图片联想法利用视觉刺激人的大脑更加直接、生动，使人更容易直接从形象思维进入问题，更符合人类思维的过程。此外，图片给人的视觉刺激非常丰富，因此有利于打破概念束缚，有助于人们产生大量的联想；而不像语言概念作为刺激物，容易使人陷入抽象概念的束缚，趋于习惯性的思维。

图片联想法的操作程序分为三步：第一步是明确要解决的问题，并给出一张图片；第二步是根据图片产生联想（远离要解决的问题），然后根据以上线索进行强制联想，把图片中的元素与要解决的问题联系起来，提出解决问题的新联想；第三步是联想结束后，看下一张图，重复第二步的过程。使用图片联想法时，挑选合适的图片很重要，最好是选择与要解决的问题关系很远又具有视觉冲击力的图片。

2. 相似联想法

相似联想法是在性质上或形式上相似的事物之间进行联想，从而诱发创造性设想的方法。应用相似联想方法可将表面上差别很大，但本质上相似的事物联系起来，有助于将创造思想从某一领域引导到另一领域。根据事物的不同构成和不同属性，相似联想法可分为性质相似(不同事物在本质属性上的相像)、结构相似(不同事物在组成部分搭配和排列上的相像)和原理相似(不同事物在原理、功能上的相像)。

3. 二元坐标联想法

二元坐标联想法是借用平面直角坐标系在两条数轴上标点，列出元素，按序轮番地对元素进行两两组合，然后选出有意义的组合物的创新方法。二元直角坐标系由两条轴正交组成，横坐标和纵坐标可以确定平面上的一个点，如果用坐标代表不同的事物，那么一对事物就在平面上对应一个联想点。这样，人们借助坐标系将已知事物之间建立起联系，把无数原来不容易或不可能形成联系的事物关联起来，对联想点进行预测判断和推理剖析，形成新念头、新形象、新设想。最后，经过可行性分析，确定成熟的发明创造课题。

二元坐标联想法的操作过程为：在数轴上列出联想元素；用联想线连接所有元素，编制联想图；进行联想和判断，并将结论用自己明白的符号画在联想的交点处；对上一步有意义的联想进行可行性分析。

4. 焦点法

焦点法是以要解决的问题作为焦点，强制地把随机选出的要素结合在一起，以促进新设想产生的方法。焦点法的操作程序为：确定主题 A，即焦点；随意挑选一个与主题相去甚远的事物 B 作为刺激物；列举 B 的所有属性；以 A 为焦点，强制性地把 B 的所有属性与 A 联系起来产生强制联想。

联想的结果有的可能很荒唐，有的则具有一定的价值，如果与预期目标相差太远，可进一步进行自由联想，最后归纳结果，选出可行的方案。

2.4.2　类比法

类比法也叫类推法，是指由一类事物所具有的某种属性，可以推测与其类似的事物也应具有这种属性的推理方法。其结论必须由实验来检验，类比对象间共有的属性越多，则类比结论的可靠性越大。所谓类比，就是根据两个或两类事物在某些方面相似或相同而推出它们在其他方面也可能相似或相同的一种逻辑方法。运用这种方法，既借助于已有事物，又不受已有事物的束缚，创新者凭借自己的想象力，在广泛的范围内把不同事物联系起来进行类比，异中求同，同中见异，从而提出富有创造性的新构想。对于某一具体创新项目或某一创新关键问题来说，如果已经认识到它与某些现存事物有相似的基本特征，那么，就可以应用这类已知事物的技术来解决所要创新项目中的问题。

直接类比法是指从自然界的现象中或人类社会已有的发明成果中寻找与创造对象(外形、结构、功能等)相类似的事物，并通过比较启发出创造性设想。直接类比法简单、快速，可避免盲目思考，类比对象的本质特征越接近则创新的成功率越高。直接类比法分为三种。第一种是结构类比，如 2008 年北京奥运会的主体育场"鸟巢"，整个体育场的结构如同孕育生命的"巢"和摇篮，寄托着人类对未来的希望。第二种是功能类比，如导航机器人就类比了蚂蚁的路径整合功能。第三种是外形类比，如科学家通过仿生的原理设计出具有某些特殊功能的材料、器件等。

拟人类比法又称亲身类比法，即把自身与问题的要素等同起来，从而帮助我们得出更富创意的设想。在这个过程中，人们将自己的感情投射到对象身上，把自己变成对象，体验一下作为它会有什么感觉。亲身类比，最简单的做法是设身处地进行想象——当我是这个因素时，在所要求的条件下会有什么感觉或会采取什么行动。如果我们故意用"自我欺骗"的方式，通过移情和拟人化，把自身的感官与问题对象联系起来，进行拟人类比，能使我们获得不一样的看待问题的角度，并且易于获得关于问题的全新感受和深刻见解，能帮助我们最终产生创造性设想。

幻想类比法就是用超现实的理想、梦幻或完善的事物类比创意对象的创造性思维方法，通过幻想一步一步地分析，从中找出合理部分，逐步达到发明目的。"嫦娥奔月"的美丽幻想就从很大程度上推动了人类登月、探月计划的实现；科幻影视作品中的运载工具和通信工具，将来也可能会从幻想变成现实。

2.4.3　缺点列举法

缺点列举法就是通过发现事物的缺点和不足，并将其一一列举出来，而后找出改进的重点，提出新的设计方案。缺点就是问题，解决问题就能促使事物发展。随着社会的发展与时代的进步，各种事物也会产生新的缺点，因而只有不断列举缺点，创造发明的思路才能源源不断。

缺点列举法的操作步骤为：首先选定研究对象，研究对象应相对小些、简单些，如果研究主体过大，可以把它分解开来；接着分析事物，要确定与课题相关的信息种类，如材料、功能结构等，才能对事物进行系统分析；最后列举缺点，要从多角度去观察事物，按研究主体的各个表征，如功能、性能、结构、形状、工艺、材料、经济、美观等，发挥人们的发散性思维能力，尽量列举其缺点和不足。

2.4.4　检核表法

检核表法是奥斯本提出的一种创新思维方法，是通过罗列产品设计中的诸多相关问题，进而对这些问题进行回答和分析而获得创意的创造方法。检核表法实际上是一种变维思维的方法，它为人们的思考提供了步骤。人们根据检核项目，从不同的视点、角度，一路想问题，使思维更具扩散性，也有利于深入地发掘问题并有针对性地提出更多的可行性设想或方案。如表 2-1 所示，奥斯本检核表从 9 个维度的多种问题，帮助我们拓宽想象，思考问题和解决问题。

表 2-1　奥斯本检核表

序号	检核内容	具体内容说明
1	有无他用	现有的发明有无其他用途？稍加改变后有无其他用途？
2	能否借用	现有的发明能否引入其他的创造性设想？能否从别处得到启发和借鉴？现有发明能否引入其他的创造性设想之中？
3	能否改变	现有的发明能否做某些改变？如改变一下形状、颜色、味道、型号、运动形式，或改变一下意义，改变一下会怎样？

续表2-1

序号	检核内容	具体内容说明
4	能否扩大	现有的发明能扩大使用范围、延长使用寿命、添加一些功能从而提高价值？
5	能否简化	现有的发明能否缩小体积、减轻重量、降低高度、压缩、分割、化小，或略去某些零件、去掉某些工序
6	能否替代	现有的发明有无代用品，包括材料、制造工序、方法等的代用？
7	能否调整	现有的发明能否更换一下型号、顺序？
8	能否颠倒	现有的发明能否颠倒过来使用（如上与下、左与右、正与反、前与后、里与外等）？
9	能否组合	现有的一些发明能否组合在一起？

检核表法的应用步骤为：明确问题，根据创新对象明确需要解决的问题；接着进行检核讨论，根据需要解决的问题，参照表中列出的问题，运用丰富的想象力，强制性地核对讨论，写出新设想；最后是筛选评估，对新设想进行筛选，将最有价值和创新性的设想筛选出来。

应用检核表法的注意事项为：要联系实际一条一条地进行检核，不要有遗漏；要多检核几遍，效果会更好，或许会更准确地选择出所需创新、发明的方面；在核检每项内容时，要尽可能地发挥自己的想象力和联想力，产生更多的创造性设想。

进行检核思考时，可以将每大类问题作为一种单独的创新方法来运用。检核方式可根据需要而有所不同，一人检核也可以，多人共同检核也可以。集体检核可以互相激励，产生头脑风暴，更有希望创新。

2.4.5　六顶思考帽法

六顶思考帽法也称平行思维，是用来帮助思考者一次只做一件事的思维方法。这种方法把思考过程分为 6 个重要的环节和角色，每一个角色与一项特别颜色的"思考帽子"相对应。

"帽子"有 6 种颜色，不同的颜色代表不同的思维方式。白色思考帽代表中立、客观，戴上白色思考帽，人们关注的是客观的事实和数据。黄色思考帽代表积极、正面，戴上黄色思考帽，人们从正面考虑问题，表达乐观的、满怀希望的、建设性的观点。黑色思考帽代表谨慎、负面，戴上黑色思考帽，人们可以运用否定、怀疑、质疑的看法，合乎逻辑地进行批判，尽情发表负面的意见，找出逻辑上的错误。蓝色思考帽代表冷静、归纳，戴上蓝色思考帽的人，负责控制各种思考帽的使用顺序，规划和管理整个思考过程，并负责得出结论。红色思考帽代表直觉、情感，戴上红色思考帽，人们可以表现自己的情绪，还可以表达直觉、感受、预感等方面的看法。绿色思考帽代表创意、巧思，戴上绿色思考帽，人们可以发挥创造性思考、头脑风暴、求异思维等功能。

思考者要学会将逻辑与情感、创造与信息等区分开来，戴上任何一项帽子都代表一种特定类型的思考方式。当人们使用平行思维时，便能够跳出原有的认知模式和心理框架，打破思维定式，通过转换思维角度和方向来重新构建新概念和新认知。它将思维从不同侧面和角度进行分解，分别进行考虑，而不是同时考虑很多方面。

典型的六项思考帽法在实际中的应用步骤为：陈述问题事实(白帽)；提出解决问题的建议(绿帽)；评估建议的优缺点，列举优点(黄帽)、列举缺点(黑帽)；对各项选择方案进行直觉判断(红帽)；总结陈述，得出方案(蓝帽)。

2.4.6 头脑风暴法

"头脑风暴"最早是精神病理学上的用语，是相对于精神病患者的精神错乱状态而言的，现在转而为无限制的自由联想和讨论，其目的在于产生新观念或激发创新设想。头脑风暴法又称智力激励法、自由思考法。

联想是产生新观念的基本过程。在集体讨论问题的过程中，每提出一个新的观念，都能引发他人的联想，相继产生一连串的新观念，产生连锁反应，形成新观念堆，为创造性地解决问题提供了更多的可能性。在不受任何限制的情况下，集体讨论问题能激发人的热情。人人自由发言，相互影响、相互感染，能形成热潮，突破固有观念的束缚，最大限度地发挥创造性思维能力。

在有竞争意识情况下，人人争先恐后、竞相发言，不断地开动思维机器，力求有独到见解、新奇观念。心理学的原理告诉我们，人类有争强好胜心理，在有竞争意识的情况下，人的心理活动效率可增加50%或更多。在集体讨论解决问题的过程中，个人的欲望自由，不受任何干扰和控制，是非常重要的。

为顺利实施头脑风暴法，应遵循：与会者可以自由地、任意地提出解决问题的设想，不受任何限制；与会者不分职务、资历、性别、年龄、专业，一律平等；与会者相互之间不许质询、赞扬、批评和评论；鼓励人人多谈想法，数量越多越好，而不求质量，数量多了质量自然会提高。

头脑风暴法的实施通常采用以下流程。一是会前准备。参与人、主持人和课题任务"三落实"，会议前要明确主题，并提前通报给与会人员，让与会者有一定准备；选好主持人，主持人要熟悉并掌握该技法的要点和操作要素，摸清主题现状和发展趋势；参与者要有一定的训练基础，懂得该会议提倡的原则和方法。会前可进行柔性训练，即对缺乏创新锻炼者进行打破常规思考、转变思维角度的训练活动，以减少思维惯性，将其从单调的紧张工作环境中解放出来，使其以饱满的创造热情投入激励设想活动。二是设想开发。由主持人公布会议主题并介绍与主题相关的参考情况；与会者突破思维惯性，大胆进行联想；主持人控制好时间，力争在有限的时间内获得尽可能多的创意性设想。三是设想分类与整理。设想一般分为实用型和幻想型两类。前者是指目前技术工艺可以实现的设想，后者指目前的技术工艺还不能完成的设想。四是完善实用型设想。对实用型设想，再用脑力激荡法去进行论证、进行二次开发，进一步扩大设想的实现范围。五是幻想型设想再开发。对幻想型设想，再用头脑风暴法开展进一步开发，这样就有可能将创意的萌芽转化为成熟的实用型设想。这是头脑风暴法的一个关键步骤，也是该方法质量高低的明显标志。

2.4.7　TRIZ 法

"TRIZ"一词是俄文"发明问题解决理论"的首字母对应转换为拉丁字母的缩写，英文名称为 theory of inventive problem solving，中文音译为"萃智"。TRIZ 法的基本思想为大量发明创造所包含的基本问题和矛盾是相同的，只是技术领域不同而已。它将先前发明所涉及的有关知识进行提炼和重新组织，形成一种系统化的理论知识，可以用来指导后来者的发明创造、创新和开发。TRIZ 法打破了人们思考问题时片面性和惰性的制约，避免了传统创新过程的试错法带来的盲目性和局限性，明确指出了解决问题的方法和途径。

TRIZ 法通过对百万件专利的详细研究，提出用 39 个通用工程参数来描述技术矛盾。在实际应用 TRIZ 法时，首先要把组成矛盾双方的性能用该 39 个通用工程参数来表示，这样就将实际工程技术中的矛盾转化为一般的标准的技术矛盾。TRIZ 法研究人员在对全世界专利进行分析研究的基础上，提出了 40 条解决技术矛盾的发明创新原理，如表 2-2 所示。

表 2-2　TRIZ 法的 40 条发明创新原理

序号	原理名称	序号	原理名称	序号	原理名称	序号	原理名称
1	分割	11	预先应急措施	21	紧急行动	31	多孔材料
2	抽取	12	等势性	22	变害为利	32	改变颜色
3	局部质量	13	逆向思维	23	反馈	33	同质性
4	非对称	14	曲面化	24	中介物	34	抛弃与修复
5	合并	15	动态化	25	自服务	35	参数变化
6	多用性	16	不足或超额行动	26	复制	36	相变
7	套装	17	维数变化	27	廉价替代品	37	热膨胀
8	重量补偿	18	振动	28	机械系统的替代	38	加速强氧化
9	增加反作用	19	周期性动作	29	气动与液压结构	39	惰性环境
10	预操作	20	有效运动的连续性	30	柔性壳体或薄膜	40	复合材料

TRIZ 法解决问题的基本流程为：对待解决的实际问题作详尽的分析并提取存在的矛盾；将该矛盾转化为 TRIZ 法中的某种通用问题模型；利用 TRIZ 法工具得到 TRIZ 法提供的通用形式的解；把 TRIZ 解具体化为针对该实际问题的具体解。

2.5　创业基本理论

2.5.1　创业的概念

创业是一种可以组织并且是需要组织的系统性工作，主要包括：采取主动行动；将社会资源和经济机制进行组织或重组，从而使资源在不同情境下变为实际的产出；接受失败和风险。同时，我们还要认识到创业在营利性和非营利性的环境中都可以发生。尽管人们倾向于假定创业活动是为营利而进行的，但是创业也会发生在社会服务机构、民间艺术组织或其他类型的非营利性组织中。同时，创业可以发生在各类企业和其他组织的各个发展阶段，即创业可以出现在新老企业，大小企业，私人企业、非营利组织或公共部门。

创业对创业者个体自我价值实现及社会发展都具有重要的作用与价值。对创业者个体而言，创业活动有助于创业者将创业欲望转化为现实，在创业过程中，创业者将学识、经验和能力付诸实践，转化为生产力。创业活动有助于提升创业者的个人综合素质，创业活动独有的创新性、开创性特点，使创业者不得不面对市场调研、经济条件分析、经营策略、领导者素质等多方面挑战，需要创业者在生产、策划、销售等多个环节不断创新，在市场的激烈竞争中不断迎接各方面的挑战，在应对挑战和创造机会的过程中，创业者的能力和素质得到提升。创业活动有助于提升创业者的抗压、抗挫折能力，创业中不可预知的风险有利于培养创业者的创新意识与挑战精神。

对社会发展而言，创业是一种多元化、广泛性的社会实践活动。创业使市场活动的主体得以不断增加，拓宽了就业渠道，创造了就业机会。创业者通过提高技术研发能力、更新升级产品、提高服务水平等方式，满足了消费人群的多方需要。创业活动提高了知识能力转化为生产力的效率，有利于提高市场活力，推动经济结构转型，从而有助于促进经济增长。

2.5.2　创业的类型

随着创业活动日趋普遍，创业活动的类型也呈现出多样化的趋势。创业类型的划分方式有很多，所依据的标准也不尽相同。

依据创业目的的不同，可将创业分为机会型创业和生存型创业。机会型创业是指创业的出发点并非谋生，而是为了抓住和利用市场机遇。它以创造新的需要或满足潜在需求为目标，因而会带动新产业发展。生存型创业是指为了谋生而自觉或被迫地创业，大多偏于尾随和模仿，因而往往会加剧市场竞争。

依据创业起点不同，可将创业分为创建新企业和既有组织内创业。创建新企业是指创业者从无到有创建全新企业的过程。这个过程充满了机遇和刺激，但风险和难度也很大，创业者往往缺乏足够的资源、经验和支持。既有组织内创业是指在现有组织内有目的的创新过程。以企业组织为例，可指公司由于产品、营销以及组织管理体系等方面的原因，在企业内进行重新创建的过程。

依据创业者数量不同，可将创业分为独立创业和合伙创业。独立创业是指创业者独自创办自己的企业。其特点在于产权归创业者个人所有，而且企业由创业者自由掌控，决策迅速，但创业者要独自承担风险，创业资源整合比较困难，并且受个人才能限制。合伙企业是指与他人共同创办企业。其优势和劣势正好与独立创业相反。

依据创业项目性质不同，可将创业分为传统技能型创业、高新技术型创业和知识服务型创业。传统技能型创业是指使用传统技术、工艺的创业项目。这些独特的传统技能项目在市场上表现出经久不衰的竞争力。高新技术型创业是指知识密集度高，带有前沿性和研究开发性质的新技术、新产品创业项目。知识服务型创业是指为人们提供知识、信息等内容的创业项目。当今社会，会计师事务所、工程咨询公司等各类知识性咨询服务机构不断增加并细化。这类项目投资少、见效快，竞争也日渐激烈。

依据创业方向及风险不同，可将创业分为依附型创业、尾随型创业、独创型创业和对抗型创业。依附型创业可分为两种情况：一是依附于大企业或产业链而生存，在产业链中明确自己的角色，为大企业提供配套服务；二是特许经营权的使用，例如利用知名品牌效应和成熟的经营管理模式，通过连锁、加盟等方式进行创业。尾随型创业，即模仿他人创业。行业内已经有同类企业或类似经营项目，新创企业尾随他人之后，学着别人做。独创型企业是指提供的产品和服务能够填补市场空白，大到独创商品，小到商品的某种技术。对抗型创业是指进入其他企业已经形成垄断地位的某个市场，与之对抗较量。

依据创业方式不同，可将创业分为复制型创业、模仿型创业、安定型创业和冒险型创业。复制型创业是在现有经营模式的基础上进行简单复制的过程。模仿型创业是一种在借鉴现有成功企业经验基础上进行的重复性创业。这种创业虽然很少给顾客带来新创造的价值，创新的成分也很少，但对创业者自身命运的改变还是较大的。这种形式的创业具有较高的不确定性，学习过程长，犯错误的机会多，试错成本也较高。不过，创业者如果具有较高的素质，只要他得到专门的系统培训，注意把握市场进入契机，创业成功的可能性就比较大。安定型创业是一种在比较熟悉的领域所进行的不确定因素较小的创业。这种创业形式强调的是个人创业精神最大限度的实现，而不是对原有组织结构进行设计和调整。冒险型创业是一种在不熟悉的领域进行的不确定性较大的创业。这种创业对创业者具有较大的挑战，其个人前途的不确定性也很高。通常情况下，那些以创新的方式为人们提供具有自主知识产权的新产品、新服务的创业活动，便属于冒险型的创业。

依据创业主体不同，可将创业分为个体创业和公司创业。个体创业主要指不依附于某一特定组织而开展的创业活动。公司创业主要指在已有组织内部发起的创业活动。这种创业活动既可以由组织自上而下发动，也可以由员工自下而上推动，但无论推动者是谁，公司内的员工都有机会通过主观努力参与其中，并在创业中获得报酬，得到锻炼。从创业本质来看，个体创业与公司创业有许多共同点，但是由于创业主体在资源、禀赋、组织形态和战略目标等方面各不相同，两者在创业的风险承担、成果收获、创业环境、创业成长等方面存在较大差异。

2.5.3　创业要素

创业是一项巨大而复杂的工程，创业者作为其中最关键、最具有能动性的要素，其能力和素质直接关系创业活动的成败，即创业者的能力和素质对于创业活动以及创业者本身具有十分重要的意义。在创业行动开始之前，创业者必须清醒地了解成功创业者的素质以及成功创业者的共同特征，必须真实认真地审视自己，评价自己是否具备创业素质和能力。

创业团队是由少数技能互补的创业者组成的群体，为了实现共同的创业目标，在能使彼此担负责任的程序规范下，为达成高品质的创业结果而共同努力。当创业者决定创业，选定了创业项目后，最重要的任务就是组建创业团队。创业需要有志同道合的伙伴互相支持，分工合作。在创业成功的公司中，有 70%属于团队创业。建立优势互补的团队是企业人力资源管理的关键。

创业机会是指具有较强吸引力、较为持久、有利于创业的商业机会，创业者据此可为客户提供有价值的产品或服务，在过程中使自身获益。

创业资源是指能够支持创业者创业活动的一切东西。创业资源是成功创业的必备要素。创业成功的关键是具有资源的使用权并能控制或影响资源部署。资源整合能力的强弱，不仅是衡量创业者、企业家能力的主要指标，更直接关乎其所创办企业的成长及发展前景。

创业所需的资源包括有形资源与无形资源。创业所需资源有两个来源，一是自有资源，二是外部资源。创业者获取资源通常有两种策略，即依靠自有资源战略和整合他人资源战略。

创业的主体是创业者，承担创业责任。创业活动的重要驱动因素是创业机会，创业过程的主导者是创业团队，创业成功的必要保证是创业资源。图 2-1 给出了创业要素之间的关系模型——蒂蒙斯模型。蒂蒙斯模型在创业领域有着深远的影响。

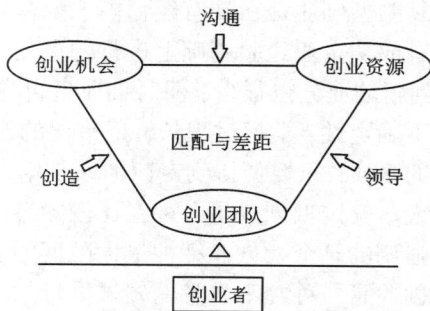

图 2-1　蒂蒙斯模型

首先，该模型简洁明了地提炼出创业的关键要素：创业者、创业团队、创业机会及创业资源。这 4 个要素是任何创业活动都不可或缺的。若没有创业者，就无法组成创业团队。若没有创业机会，创业活动就成了盲目的行动，根本谈不上创造价值。创业机会普遍存在，但若没有创业者/创业团队识别和开发创业机会，创业活动也不可能发生。合适的创业者/创业团队把握住了合适的机会，还需要有创业资源，若没有创业资源，创业机会就无法被开发利用。

其次，该模型突出了要素之间匹配的思想。在创业活动中，不论是创业者/创业团队，还是创业机会，抑或是创业资源，都没有好和差之分，最重要的是匹配和平衡。这里说的匹配，既包括创业机会与创业者/创业团队之间的匹配，也包括创业机会与创业资源之间的匹配。创业者/创业团队、创业机会、创业资源之间的平衡和协调，是创业成功的基本条件。

再次，该模型具有动态特征。创业的 4 个要素很重要，但不是静止不变的。随着创业过程的开展，其重点也会相应地发生变化。创业过程实际上是创业的 4 个要素相互作用，由不平衡向平衡方向发展的过程。成功的创业活动，不仅要对创业者及其创业团队、创业机会、创业资源做出最适当的搭配，而且要使其在事业发展过程中始终处于动态的平衡状态。

2.5.4　创业过程

广义的创业过程通常包括一项有市场价值的商业机会从最初的构思到形成创业，以及创业的成长管理的过程。狭义的创业过程往往只是指新企业的创建。在大多数研究中，创业过程常指广义上的含义。换言之，创业过程包括创业者从产生创业想法到创建新企业或开创新事业并获取回报，涉及识别机会、组建团队、寻求融资等活动。

从创业成长的特点出发，创业过程可以划分为创意期、种子期、启动期、成长期、扩张期、成熟期六个阶段。

首先是创意期。创意期的企业离实体企业尚有较大距离，不管是创业机会还是商业模式，又或者团队构成，都还停留在创业萌芽状态，都还是创业者大脑中模糊的概念。创业者可能埋头于从纷杂的市场信息和个人网络资源中搜索有意义的创意。未来什么时候企业能够创立起来，这时候创业者还不能回答。创业者跨越过创意阶段的标志是创业方向和目标市场的大致确定。

其次是种子期。这一时期创业者已经初步选定适合的创业机会。为了使创业机会成为现实，创业者需要开始寻找合适的合作伙伴，吸收必要的有形及无形资源，构建可能的商业模式。此时企业尚未创建，更不涉及组织结构的问题，只是几个志同道合的创业伙伴走到一起组成创业团队，进行相关技术的研究开发和前期准备活动。

再次是启动期。启动期属于企业的正式成立阶段。此时企业的创业机会基本明确，企业已经有了一个处于初级阶段的产品，可以初步投入市场，企业也组建成功，拥有一个分工较明确的管理队伍，组织结构初步形成。在企业搭建之后，创业者就要规划必要的竞争策略来应对市场压力，同时创业者之前所设想的商业模式也初步接受市场的检验。这一阶段企业的资源仍然相对匮乏，由于缺乏良好的运营记录以及充裕的资金支持，大量的新创小企业在这一阶段都不能赢得足够的顾客，无法获得企业生存必要的现金流。当企业的资金枯竭时，创业者只能选择出售企业，或者直接宣告破产。

接着是成长期。过启动期之后，企业初步摆脱了生存问题，开始考虑盈利问题，创业机会的潜在价值得到进一步的开发，企业的资源也较之前充裕多了。由于企业的发展，团队成员也对企业的未来更加充满信心。随后，创业者将面对迅速增长的管理事务，需要考虑将组织制度规范化。这一阶段创业者的主要挑战是企业下一步的发展规划，创业者开始有意识地从公司战略的层面思考企业发展目标，同时旧的商业模式也需要进一步调整。如果管理团队的能力无法满足战略需要，则需要吸收新的团队成员。

而后是扩张期。在这一阶段，企业初步确定了发展目标和公司战略。基于新的战略，企业可能需要发展新的商业模式，创业者可能希望组建自己的销售队伍，扩大生产线，进一步开拓市场。此时，企业逐步形成经济规模，产品开始拥有一定的市场占有率。在扩张期，创业者不仅立足于原有的创业机会，也试图开发相关产品和相关项目。这一阶段的企业拥有的资源较为丰富，运营风险程度比之前的发展阶段大大降低，企业的管理制度基本到位，并且可能成为风险投资热衷的投资对象。

最后是成熟期。随着企业逐步发展壮大，企业开始步入成熟期，企业的核心产品已在市场上占有较大份额，盈利额剧增。成熟期的企业组织结构非常完善，甚至可能出现组织创新的惰性和障碍。此时，为了保持企业的竞争力和创业的活力，创业者需要积极拓展新的发展渠道。尽管企业正如日中天蓬勃发展，但经营中存在的潜在风险和管理者可能的失当举措会使企业出现衰退的端倪。对于企业来讲，在这一阶段筹集资金的最佳方法之一是通过发行股票上市。成功上市得到的资金一方面可为企业发展增添后劲，使企业拓宽运作范围和扩大规模，另一方面也可为风险投资的退出创造条件。

2.6 创业精神

创业精神是创业者在主观意识中形成的有关创业活动的认识、想法、观念、情感与态度，是创业者在创业过程中重要行为特征的高度凝练，主要表现为勇于创新、敢担风险、团结合作、坚持不懈等。

2.6.1 创业精神的本质内容

创业精神的本质涵盖多个方面，主要包括以下四个基本内容。

勇于创新、开拓进取。创业是创业者在主观意愿引导下的自觉行为过程，需要根据自身的条件积极主动地寻求机遇，克服各种不利因素，争取个人能力价值的发展空间，有所作为、有所成就。创业过程充满艰辛与竞争，要获得成功就必须具备开拓创新的精神。"千里之行，始于足下"，创业者在创业过程中，无论是采用完全独立创业还是加盟连锁等方式，都要经历企业从无到有的发展过程。因此，创业者首先必须具备突破常规、勇于创新的精神，不断开拓进取。要发现新商机、推广新理念、开发新产品、研发新技术、组建新组织、开辟新市场、完善新服务，将自己的创业兴趣、创业理想勇于付诸实践。创新是创业的本质核心。

敢担风险、沉着应对。创业是机遇与挑战并存的活动，不担当一定的风险直接获得收益的经营仅是个别案例，并且这样的企业也不会有广阔的发展前景。创业过程本身具有不可抗的动态性和复杂性。在市场经济的大潮中，创业的发展受资金、经济杠杆、供求关系等多方面因素的制约。同时，创业者虽然拥有开拓进取的无限渴望与激情，但他们作为"年轻"的管理者，在经营理念、销售经验、市场商机判断等方面仍存在诸多不足。这些因素导致创业者的创业过程必然经历诸多风险，这些风险不仅包括经济方面，还包括精神方面。创业风险是不可预知、难以避免的，甚至是创业的致命因素。企业发展不可能一帆风顺，风险无可避免，许多创业者的成功之道是险中求胜，或是失败之后的痛定思痛、东山再起。在创业过程中要避免幻想躲避一切风险，只想稳中求胜的想法，对于不可避免的风险应该勇于担当。尤其是身处逆境时，要保持头脑清醒、心态平和、戒骄戒躁，克服悲观绝望的情绪，在处理过程中沉着应对、冷静分析，尽量使不利因素的影响降到最低。具备应对风险的良好心理素质与心态是创业者成功的必备条件之一。

团结合作、艰苦奋斗。企业作为完整的市场运作个体，它的构成包括生产、销售、策划、财务、技术研发等多个部门的通力合作，创业者不可能完全依靠自身的单打独斗成为经营管理各方面的多面手。创业者作为创业计划的倡导者和主要实践者，还需要财务管理、市场营销等方面的合作者为其提供创业所需的各项技术支持和帮助。作为创业团队的一个成员，他需要合作者提供对企业发展、策略调整、理念更新等方面的不同建议。"兄弟同心，其利断金"，只有坚持团队合作的精神，共同奋斗、群策群力，创业者才能实现自己的创业目标。国家与地方对创业的相关政策与资金支持、企业生存环境、企业内部人际关系与团队合作，是企业不可或缺的"软环境"，团队成员的相互信任、协助与分享有利于凝聚共同意识，推动企业发展。

坚持不懈、勇往直前。创业者创办的企业规模大小各异、经营方针百花齐放，有些企业虎头蛇尾，曾经轰动一时，最后的结果是昙花一现；有的企业虽无风光无限、谁与争锋的迅猛势头，却是步步为营，稳扎稳打，逐步提升。创业者之所以能够投身于创业，是他们在创业之初对自己有足够信心，相信"爱拼才会赢"，相信"一分耕耘一分收获"。但是在创业过程中不可预知的各种挫折、风险使很多创业者失去了曾经的自信和理想。许多人在未成功之时，就因为迷茫而丧气，因为困难而退缩，因为挫折而放弃。如果创业者在挫折面前不能坚持不懈、持之以恒，就只能面对创业失败的结局。创业者应有恒心、有毅力，面对困难与挫折不气馁、不言败，要有坚持不懈的精神与气魄，敢于勇往直前。

2.6.2　创业精神的激励作用

一是有助于鼓舞士气。多数创业者具有较高的文化知识水平与相应的技术能力，通常具有以下素质：思维活跃、缜密，视野宽广，易于接受新鲜事物；乐观开朗，精力充沛，对未来的自身发展充满信心和期待；有想法，有热情，有勇气，有创新意识。这些都是年轻创业者的优势条件。但是在面对困难和挫折时，许多年轻的创业者往往更容易气馁、无助、失落、彷徨，甚至消沉绝望，而自信、自主、自强、自立的心理品质很难在书本理论中获得。创业精神提倡的创新、果敢、坚毅、勇于奋斗、不轻言失败，有助于创业者不断完善、调整自身的兴趣、性格、能力、价值观等多方面的心理要素，有助于个体在职业生涯发展中不断成熟。

二是锻炼创业者解决实际问题的能力。创业之路充满了艰险和曲折，创业者需要时刻准备面对无法预知的风险和毫无征兆的打击，经历相应的实践考验，这可以逐步锻炼他们沉着面对问题、冷静分析问题、全面解决问题的能力。创业活动中经历的诸多风险使得创业者的心态和情绪不再大起大落，使他们有足够的信心与勇气去面对生活中的挫折和打击。

三是为创业者披荆斩棘不断向前提供精神动力。创业精神是创业者百折不挠的力量源泉，是企业诞生的原动力，是企业发展壮大的助推剂。

四是为推动社会经济发展提供智力支撑。创业精神将在新时期发挥更大的作用，可以加快转变经济增长方式与经济结构转型，促进经济又好又快发展。

创业的兴趣与意愿是创业者投身创业过程、激发创业精神的主要来源之一，是产生创业热情的主观因素。创业活动需要创业者具有一定的创业兴趣和意愿，具备一定的创业知识和相关技能。这些前提条件的形成不仅需要个人的主观努力，客观上更需要社会环境的熏陶与培养。其中，学校教育的作用尤为重要，创新思维课程与创业基础课程应纳入学校的必修课程中。学校教育使个体在短时期内大量汲取文化知识的优秀成果、创业的经验和教训、从事社会活动的实践和启示，通过知识的学习，个体将所学内容为我所用，应用于自己的创业实践活动。应利用学校实验室模拟实践、借助大学生创业孵化基地、参加创业计划大赛等方式，激发自己的创业兴趣，培养创业精神。我国高校承办的创业计划大赛中，涌现出了许多大学生创业佼佼者，起到了很好的示范作用。在社会环境方面，政府的重视、资金的支持、健全的法制、科技的创新、高效的管理、优质的服务，以及榜样力量的示范等条件，都是培育创业者创业精神的重要条件。

2.7　创业者

2.7.1　创业者的含义与类型

迄今为止，对于创业者没有一个统一公认的定义，事实上也不可能有统一的定义。综合前人观点，创业者的定义包括以下几个要点：首先，创新性地建立一个新组织，不是完全复制或模仿，或者在已有机构中基于创新提高效率的人；其次，在不确定的条件下，承担风险的同时就稀缺资源的协调做出判断性决策；再次，通过资源重组、开发新产品实现价值创造；最后，具备创业精神，通过发现新的机会和市场实现人生目标。在这样的创业者概念下，在全社会进一步倡导创新创业、鼓励创造的浓厚氛围下，成为创业者并不是遥不可及的事情，每个人都可以且应该努力成为一个创业者。

按照不同的分类标准，可以将创业者分为不同的类型。从创业意图角度，可以将创业者分为生存型、利益型和机会型三类。

生存型创业者是指为生活所迫，不得不开展创业活动的人群，比如下岗职工、失地农民、城市其他失业人员等。这类创业者的创业，多为科技含量较低的事业。

利益型创业者的目标就是为了获得盈利。他们就是喜欢创业，不计较自己能做什么、会做什么，可能今天做一件事，明天又会做毫不相干的另一件事，甚至其中有一些人，从来不考虑自己创业的成败得失。事实上，这一类创业者中仍有不少能够赚钱，创业失败的概率也并不会明显变高。

机会型创业者又可分为盲动型和冷静型两种。前者多数极为自信，容易冲动，他们中多数不太研究成功的概率，他们的创业行为容易失败，而一旦成功，往往能成就一番大事业。后者的特点是谋定而后动，不打无准备之仗，他们掌握了独特的资源，或是拥有专门的技术，而一旦创业，成功率通常很高，他们是创业者中的精英。

2.7.2　创业者的素质与能力

1. 素质要求

大量事实表明，创业者具有先天素质，并可以在后天被塑造得更好，某些态度和行为可以通过经验和学习获得、被开发或被提炼出来。

第一，健康体魄，充沛精力。几乎所有的企业家都认为良好的身体素质是成功创业的第一大前提。没有健康的体魄和充沛的精力，就不能适应创新企业外部协调和内部管理的繁重工作。创业包括艰苦的体力劳动和脑力劳动，创业之初，受资金、环境等各方面条件的制约，许多事情都需要创业者亲力亲为，加上长时间的工作、经营的风险与压力，若无充沛的体力、旺盛的精力，创业者必然力不从心，难以承受创业重任。

第二，积极心理，乐观向上。创业的成功很大程度上取决于创业者的心理素质：在团队合作过程中，思维和行为不受他人影响，能够独立地思考、判断、选择和行动；遇到诸多挫折、压力甚至失败时，积极做好心理调节，为实现目标不屈不挠、拼搏努力；遇到看不清摸不透的情况，善于克服盲目冲动和私利欲望；与创业环境的各种资源协调时，善于进行自我反思和角色转换，善于交往、合作、共事。

第三，创新思维，创业警觉。多数成功创业者认为他们比别人在机会识别上更警觉。这种警觉很大程度上是一种习惯性的创造性思维素质。创造性思维素质是指能够以较高的质量和效率获取知识，并能够根据市场需求灵活运用所学知识开发出新产品和新技术的思维方式。也就是说，创新既是一种对旧事物和旧秩序的破坏，也是一种对新事物和新秩序的创造。一个创业者成长的过程，就是不断否定自己的过去，承认自己的现在，追求自己未来的过程。

第四，知识积累，行业经验。创业需要经济、法律、管理等多方面的知识积累，对于一些高科技行业尤其如此。如财务上，创业者要掌握一定的知识，包括融资、管理现金流、信用证和托收、短期拆借、公开发行和私募基金以及会计等，才不至于在财务管理中出现漏洞，造成企业不可弥补的损失。隔行如隔山，在商业世界中，每一个行业在经营管理上都有一些特性，相关经验有助于创业者识别创业机会，更有助于创业者在行业内建立一定的社会关系网络。

2. 能力要求

有了创业素质可以产生创业行动，然而要想创业成功，仅有优秀的创业素质是远远不够的，还需要强大的创业能力。这种对能力的要求是通过创业者在创业行动中所表现出来的对知识的运用和把握以及以某种工作方式工作的行为特征来评价的。

第一，战略识别的能力。创业环境是复杂的，任何方案都不是完备和确定的，这就需要全局的战略眼光和战略决断能力。"竞争战略之父"波特提出的三种基本战略类型，一是成本领先，二是标新立异，三是术业专攻。

第二，不断学习的能力。新的技术革命使社会产业结构发生巨大变化，社会产业的新陈代谢向着技术型、知识密集型和智能型转化，这必然要求人们加快对新兴知识的学习。如果创业者取得一点点成就便沾沾自喜，放弃继续发展的机会或墨守成规，那么最终只能被时代淘汰。

第三，经营管理的能力。在创业能力中，经营管理能力是一种较高层次的能力，它从以下几个方面直接影响创业活动：一是涉及创业活动的每一个环节，包括规划、决策、实施、管理、评估、反馈；二是涉及创业活动中人的选择、组合及优化，并涉及群体控制的各个方面；三是涉及创业活动中资金的分配、使用、流动等环节和过程。因此，经营管理能力是一种较高层次的综合能力，是运筹性能力，直接提供效率和效益。

第四，开拓创新的能力。创新是一切创业活动的根源，是创业精神的价值核心。创新可以是创造出未曾有过的东西，也可以是发现一直都存在却被人忽视的东西。所以创业者尤其是大学生创业者，千万不要有这样的借口——"我不是技术专家，所以不会创新"。

第五，人际交往的能力。企业是社会的细胞，与社会的方方面面都有千丝万缕的联系，企业的发展离不开社会各界的支持与帮助，如企业需要与工商、税务、银行等部门打交道，其发展必须得到这些部门的支持。只有具备强大的沟通协调能力，妥善处理各种社会关系，才能创业成功。对于长期处于象牙塔的大学生创业者而言，更要学会走出校门，接触社会。

2.8　创业机会与创业计划

2.8.1　创业机会

1. 创业机会与创意

机会是创业的核心要素，任何创业活动的开展都离不开发现机会这一步骤，如何识别创业机会，如何成功利用机会的企业，是创业者在创业过程中需要重点考虑的问题。一般情况下，机会处于隐性存在的状态，由于信息不对称、个体特质等多方面因素的影响，机会的识别相当复杂，往往只有少数人发现机会而获得成功。

对创业机会的识别来自创意的产生。创意是指一种开创性的想法、思考或概念，它是任何一个时代的主题，一个好的创意有可能给拥有者带来巨大的发展空间，但应该清楚的是，并不是所有的创意都适合创业。同样的创意，不同的人可能有不同的开发途径，会抓住不同的创业机会，最终也会产生不同的效果。

理解创业机会和创意的区别和联系非常重要。创业家们常说，"好的创意是成功的一半"。实践中很多人创业失败的原因，大部分并不是创业者没有创意或者没有付出努力，而是没有利用好创意来抓住机会填补市场的某种需要。看到机会，产生创意并发展成清晰的商业概念，这是创业者识别创业机会并启动创业活动的基本前提。简言之，并不是所有的创意都能成为创业机会，创意是创业机会识别的前提，创业机会是适合创业的创意。在因产生商业创意而激动不已时，创业者一定还要了解该创意是否填补了某种需要，是否满足了创业机会的标准。

随着创业研究的不断深入，创业机会越来越成为研究者们关注的焦点。创业机会的本质是为了满足市场的需求，表现在能够为消费者或客户创造价值或增加价值的产品或服务之中，它不但需要创业者去发现，还要求创业者去实施、参与和开发。

好的创业机会应该有以下 4 个特征：第一，它能吸引顾客；第二，它能在你的商业环境中行得通；第三，它必须在机会之窗（指的是把商业想法推广到市场上去所花的时间，若竞争者已经有了同样的想法，并已把产品推向市场，那么机会之窗也就关闭了）存在期间被实施；第四，你必须有资源（人、财、物、信息、时间）和技能，才能创立业务。

就创业者所选择的创业机会来说，主要存在两个维度的特征：一是市场层面的特征，主要指创业者所面临的市场环境特征，包括市场的成长性、市场的规模、市场的竞争程度，以及是否拥有良好的市场网络关系等；二是产品本身的特征，主要指产品本身的技术优势，包括产品的技术是否存在进入壁垒、产品技术是否有成本优势、技术优势能否持久等。也就是说，评价一个创业机会的好坏，可以从市场和产品本身综合去判断。好的创业机会，必然具有特定的市场定位或优势明显的产品，专注于满足顾客需求，同时能为顾客带来增值的效果。

2. 创业机会的来源

关于创业机会的来源，蒂蒙斯认为主要来自改变、混乱或是不连续的状况，主要包括 7 个方面：法规的改变；技术的快速变革；价值链重组；技术创新；现有管理者或投资者管理不善；战略型企业家；市场领导者短视，忽视下一波客户需要。德鲁克则指出创业机会有 7 个来源，前 4 个机会来源于企业的内部，分别是出乎意料的情况——意外成功、意外失败、意外的外部事件；不一致——实际状况与预期状况之间的不一致或者与原本应该的状况不一致；以程序需要为基础的创新；产业结构和市场结构的改变，机会出其不意地降临到每个人身上。另外 3 个机会来源于企业或产业以外的变化，即人口的变化；认知、情绪和意义的改变；科学及非科学的新知识。

学者们对于创业机会的来源表述不一，但他们的观点还是存在一些共性的，如他们都提到创业机会往往是因为变化而出现，如知识技术变革、政治制度变革、人口变化、产业结构和市场结构变化等。变化是创业机会的重要来源，没有变化，就没有创业机会。当然，创业机会的来源还包括市场的不协调或混乱、问题的产生、信息的滞后、领先或缺口等其他各种各样的情况。

3. 创业机会的识别过程

对于创业者来说，创业机会识别的一般过程应该包括两个阶段，即机会搜索和机会开发阶段。这两个阶段在时间上存在先后顺序，在内部逻辑关系上存在着紧密的联系。其中，机会搜索阶段包括宏观环境分析、行业分析和产品分析，机会开发阶段则包括创业机会的核心特征分析和创业支持要素分析，最终完成企业商业模式的构建。

宏观环境分析是指创业者对整体宏观创业环境的分析，包括政治制度、经济结构、知识技术、人口结构、市场需求等。该阶段为创业机会搜索的准备阶段，不同的创业项目具备不同的创业背景，所定位的目标行业也因创业环境的不同而有所不同。宏观环境的分析是非常重要的，不仅有助于创业者从中发现创业机会，也直接或间接影响着创业者创业的方向。

行业分析和产品分析是机会搜索阶段的核心，创业机会所属行业的发展状况、市场是增长还是衰退、新的竞争者数量、产品的特性和功能、消费者需求的变化等，都需要创业者仔细考虑和思索，以便确定新创企业所在行业能获得的潜在市场规模。

在机会开发阶段，重点是对创业机会的进一步考察和分析，即对市场和产品的把握，通过分析现实世界中产品、服务、原材料等方面存在的缺陷或不足，找出改进或创造的可能性，回答什么情况下新创企业的产品或服务能够拥有独特的商业价值。

创业机会的核心特征分析需要创业者进一步考察当前的市场结构，充分调查市场竞争者的优势和劣势，明确企业自身的产品或服务的核心竞争力。创业支持要素是指创业者通过社会关系网络等分析各种创业资源，充分利用各要素，进一步分析产品或服务在市场运营的可行性，获取更多的支持。在机会开发阶段，创业者还需要就企业的整体情况来思考其商业模式，明确新创企业在未来发展过程中的盈利手段。可以说，之前一系列的过程都是为构建企业的商业模式做准备的，即创业者通过对环境、行业、产品、核心特征、支持要素等的分析后将创意变成有价值的新业务、产品或服务创意，这一阶段是创业机会识别的过程。

大学生在创业过程当中，首先要了解大学生创业的相关政策及法律，调查意向创业项目所属的行业和市场，确定创业项目，明确产品的核心竞争力，然后寻找和利用高校师生、亲友等提供的创业资源。随着机会的不断开发，创业者最终能够确定企业的商业模式，完成对创业机会的识别工作。

4. 创业机会的识别技巧

识别机会的第一种方法是观察当今社会经济发展的趋势、技术进步、政治活动与制度变革等。创业者要考察各种因素，观察它们的发展趋势，并研究它们如何创造具有商业价值的机会。优秀的创业者必须具备的能力之一，就是敏锐的观察力和引领变革潮流的强烈意愿，即要明白人们的日常生活中有什么需求，然后根据这些需求创造创新型的服务或者产品。

对创业者而言，对市场的敏锐度和对社会各种趋势的把握是创建企业的工具，对成功创建新企业至关重要。可以说，每种趋势都提供了新商业创意的可能性，如随着经济全球化的到来和互联网的飞速发展，电子商务、社交网络等逐渐成为潮流，技术的进步也为人们的生活带来了便利，挑选一件商品，只需轻轻点击鼠标放进"购物车"，就可以完成交易；出门旅行，打开网页，就可以了解你想要去的城市，可以预订机票、酒店、餐馆等，并能了解当地的风土人情，获得路线指南、旅行攻略等。再如，随着社会的不断发展，生活压力增大，人们对健康绿色食品、绿色生活方式的兴趣逐渐增长，绿色蔬菜采摘游、农家乐等在大城市成为白领们放松休闲的首选。这些变化也影响了创业者对创业机会的识别，影响了新服务、新产品或新业务的诞生，为创建新企业提供了基础。

创业最终要接受市场的检验，要满足顾客的需求，那问题就是需求，别人的问题就是你的机会。如果创业者平时多留心身边的人或事，善于发现和体会自己和他人在日常生活中的不便和难处，也就容易从牢骚满腹中发现创业机会。通过发现问题、分析问题进而找到解决问题的办法是识别机会的第二种方法。现实生活中，对于同样的问题，有人看到机会，有人看到问题，这就是思维方式的差别。例如，西南某地区啤酒经销商抱怨生意越来越难做，有些饭店白天送货不要，晚上不送货了又打电话要求送货，很烦人；而另一名刚开始创业的经销商就专门做别人不愿意做的晚上送货的生意，因为他没有稳定的客户，白天送货也没人要，慢慢地，那些客户觉得他的服务不错，就把白天送货的生意也交给他了。这名经销商就是从问题中找到了解决办法，进而慢慢占领了当地整个啤酒市场。

在"负面"中找到适合自己的创业机会。所谓"负面"，就是那些大家苦恼的事和困扰的事。因为是苦恼，是困扰，人们总是迫切希望解决，如果能提供解决的办法，实际上就是找到了机会。很多创业机会的识别，就在于创业者运用敏锐的视角、独到的眼光找到了解决问题的办法。这些可能变成机会的问题往往是人们容易忽略的，大众的牢骚，就很可能是你的机会。别人解决不了问题，才会发牢骚；你解决了，就是你的机会。创业者要识别创业机会，就要准备好成为一个多观察生活、多用心考虑顾客需求或潜在需求的人，把问题当资源，把问题当机会，进而提出合理的解决办法。

新产品的孕育，首先就是要通过市场空隙来发现创业机会。所谓市场空隙，就是指能够提供改进缺陷或缺点的产品或服务的市场。现代社会，市场竞争越来越激烈，随之涌现的众多企业巨头让传统市场大多处于饱和状态，创业者要善于去发现缝隙市场，找准细分的行业，打开新的局面。企业之间的不完全竞争状态，也导致市场存在各种现实需求，大企业不可能完全满足所有顾客的市场需求，这必然使中小企业具有市场生存空间。只有中小企业与大企业互补，才能满足市场上不同客户群的需求。也可以说，市场对产品差异化的需求是大中小企业并存的理由,细分市场以及系列化生产使得小企业的存在更有价值。

2.8.2　创业计划

创业计划是创业者叩响投资者大门的"敲门砖",通常创业计划是结合了市场营销、财务、生产、人力资源等职能计划的综合。计划是执行所有活动的第一步,如果没有计划和目标,在创业活动执行过程中,风险会相对提高。虽然创业计划并不一定能保证成功,但它可以提高创业成功率。一份优秀的创业计划往往会使创业者达到事半功倍的效果。

创业计划的好坏,往往决定了创业的成败,对初创企业来说,编制一份合理的创业计划尤为重要。当你选定了创业目标与确定了创业动机,并在资金、人脉、市场等各方面的条件都已准备妥当或已经累积了相当实力后,就必须提供一份完整的创业计划。创业计划是整个创业过程的灵魂,一个标准的创业计划至少有以下三个方面的作用。

第一,帮助创业者自我评价,理清思路。决定创业也就是选择了一个目标,要实现这一目标,达到成功创业的目的,还有一个艰巨的过程。从管理的角度来看,决策并确定目标,仅仅是完成管理的第一步。要实现决策目标,必须要有周密而严谨的计划、科学而有效的控制、准确而到位的分析。酝酿中的项目,往往很模糊,通过编写创业计划,对产品、市场、财务、管理团队等经营项目逐项进行分析和调研,能及早发现问题,进行事前控制,去掉一些不可行的项目,进一步完善可行的项目,增大创业成功率。创业者应该以认真的态度对自己所有的资源、已知的市场情况和初步的竞争策略进行尽可能详细的分析,并提出一个初步的行动计划,通过创业计划做到使自己心中有数。创业计划可以使创业者严格、客观、全面地从整体角度观察自己的创业思路,明确经营理念,以避免因企业破产或失败而可能导致的巨大损失。另外,在研究和编写创业计划的过程中,经常会发现创业机会并不完全与所期望的一样,此时,创业者应根据实际情况采用不同的策略使创业活动更加可行。因此,创业计划的编写过程就是创业者进一步明确自己的创业思路和经营理念的过程,也是创业者从直观感受向理性运作过渡的过程。

第二,帮助创业者凝聚人心,有效管理。一份完美的创业计划可以增强创业者的自信,当创业者创业信心不足时,通过编制创业计划,通过对市场的详细调查分析、对创业活动的具体分析安排、对未来财务成果比较准确的预计和测算,能够使创业者对未来进行合理估计与预测,从而增强创业的信心和勇气。因为创业计划提供了企业全部的现状和未来发展的方向,也为企业提供了良好的效益评价体系和管理监控标准,使创业者在管理企业的过程中对企业发展的每一步都能作出客观的评价,并及时根据具体的经营情况调整经营目标,完善管理方法。创业计划使创业者在创业实践中有章可循,创业计划通过描绘新创企业的发展前景和成长潜力,使管理层和员工对企业及个人的未来充满信心,并明确要从事什么项目和活动,从而使创业者了解将要充当什么角色,完成什么工作,以及自己是否胜任这些工作。因此,创业计划对于创业者吸引所需要的人力资源,凝聚人心,具有重要作用。

第三,帮助创业者对外宣传,获得融资。制订创业计划可使创业者发现所必需的资源,了解所需资金、设备、人员等各方面的情况。创业计划的阅读者包括可能的投资人、合作伙伴、供应商、顾客等。完善的创业计划可以使他人了解创业项目及创业构想,有利于寻求外部资源的支持。这不仅体现为创业计划有利于创业者与供应商、经销商等中介机构进行沟通,取得他们的信任与支持,为企业发展创造良好的外部环境,而且表现在创业计划是创业者融资的基础,创业者可以借着创业计划去说服他人合资、入股,甚至可以募得一笔创业基金。创业计划书的优劣是获得贷款和投资的关键。如何吸引投资者,特别是风险投资家参与创业者的投资项目,一份高品质且内容丰富的创业计划书至关重要,它将会使投资者更快、更好地了解投资项目,将会使投资者对项目有信心、有热情、有动力,促成投资者参与投资项目。创业计划书是在前期对项目调研、分析、搜集与整理相关资料的基础上,根据一定的格式和内容的具体要求编辑整理,它向读者全面展示公司和项目的目前状况、未来发展潜力等。

2.8.3 创业计划书

创业计划书是一份全方位的商业计划,其主要用途是递交给投资商,以便他们能对企业或项目做出评判,从而使企业获得融资。创业计划书是用以描述与拟创办企业相关的内外部环境条件和要素特点,为业务的发展提供指示图和衡量业务进展情况的标准。

一份优秀的创业计划书总体要求是要对市场做出最清晰的分析,对产品需求做出最准确的预测,对投资的收益做出最可信的阐释,对新企业的管理做出最周密的筹划。创业计划书的4个基本目标是:分析和确定创业机会和内容;说明创业者计划利用这一机会发展新的产品或服务所要采取的方法;确定实现创业目标所需要的资源,以及得到这些资源的具体方法;分析和确定企业能否成功的关键因素。总之,一份成功的创业计划书应满足以下5点要求。

第一,格式严谨。结构安排适当、完整,前后一致,风格统一。创业计划书必须有一个完整的结构,分项详细描述必要的内容和条款,要体现出所创企业的专业素质,使本计划更具说服力和可靠性。

第二,长度适中,重点突出。创业计划书应能对创业构思和盈利模式进行简洁、系统的描述,不要过于夸大其市场意义。创业计划书不在于写得多,而在于写得精,一定要在内容上突出创业项目的创新点和重点。不妨写成"电梯文本"式,投资者在电梯上上下下的几分钟内就能大致了解该项目的重点和特色。

第三,表达清晰明确。通过创业计划表达出创业的背景、团队近期或中长期目标;描述清楚细分市场,如行业有多大的吸引力、竞争状况如何等。创业计划书应是一个清晰的财富路径图,明确写出创业者在未来3~5年要达成的目标。

第四,突出管理团队核心成员的经验和能力。对投资者来说,最看重的是计划书中对创业团队的描述,特别是4C,即资质(character)、现金流(cash flow)、担保品(collateral)及权益贡献(equity contribution)。一份内容完整、思路清晰、具体可行的计划书应该是集体成果的结晶,应能体现团队合作精神。团队的经验、资源、能力状况决定了企业能走多远。

第五,有令人信服的财务计划。这是所提供产品或服务的营销方法、营销能力的有力证据,合理、详细地说明制造产品或提供服务的过程和相关成本,预测产品所能达到的发展水平,显示投资者在未来3~7年怎样从企业获得回报。值得注意的是,财务计划必须严格保密，严防落入竞争者手中。

一份创业计划书通常包括执行总结、产品(服务)设计与开发、市场分析、企业概况、营销计划、生产和运营、财务计划、管理团队、风险与对策、风险资本的退出以及附录等内容。

1. 执行总结

执行总结是整个创业计划的快照和高度精练，涵盖整个计划各部分的要点，可以向忙碌的投资者提供其应了解的新创企业独特性质的所有信息。投资者可能会先索要执行总结副本，这部分具有足够的说服力、吸引力，他才会要求阅读详尽的创业计划副本。执行总结一般不要超过两页，以便阅读者以最短的时间评审计划并作出判断。

执行总结部分最重要，虽然在形式上先于计划书的其他部分，但往往是在其他部分定稿之后才能撰写，以便形成准确的概述。该部分对于想要筹集到资金的创业者十分重要，因为投资者可能靠这个总结很快决定创业计划所描述的这个企业是否值得投资。因此，必须使这部分具有足够吸引力和说服力。执行总结部分要回答的关键问题有以下几个方面。

①企业理念：必须说明企业何时形成，它将做什么，其产品或服务有哪些独特之处，将要在市场上处于领先优势的专有技术和企业独具的能力等，确保描述的理念向人们传达一个信息——产品或服务将从根本上改变人们现在做某事的方式。

②商机和战略：概述存在着什么商机，为什么对此商机有兴趣以及计划开发此商机的进入战略，概括关键事实、条件、竞争者的弱点、行业趋势及其他可以定义商机的证据和逻辑推理，合理地说明企业在进入市场后的发展和扩张计划。

③目标市场和预测：简要解释行业和市场、主要顾客群、产品或服务定位，包括市场结构、细分市场的大小和成长率、估计的销售数量和销售额、预计的市场份额、定价策略等。

④竞争优势：指明创新产品、服务和战略的竞争优势，竞争者的缺点和薄弱环节。

⑤盈利和收获潜力：说明达到盈亏平衡点和现金流为正的大致时间框架、关键财务预测、预期投资回报等。

⑥管理团队：介绍创业带头人和管理团队，关键人员的相关知识、经验、专长和技能、以前获得的成就、承担的责任等。

⑦投资者退出战略：提出企业发展到一定阶段以后，投资者认为有必要将资本回收时的退出战略。

2. 产品(服务)设计与开发

①产品特征：产品满足什么需求、与竞争对手产品的比较、此产品具有的独特性。详细描述每种产品的用途、特征，这些产品特征将如何增加或创造重大价值；突出此产品与市场上的产品有何不同。

②产品设计、开发时间和所需资金：说明产品的开发现状，需要多少时间和资金完成开发、测试和引进，产品的性能、特点和产品图片，产品生产计划、成本和售价。

③专利或专有技术：描述产品或服务获得的专利、商业机密或其他所有权特征。

3. 市场分析

这部分信息必须支持一个论断：企业在面临竞争时能够在一个成长性的行业中攫取极大的市场份额。市场分析应回答的主要问题是顾客是谁，顾客是否愿意接受产品或服务，他们为什么对产品感兴趣，不同社会阶层的不同价值观与消费特点，等等。

①产业描述：介绍所在行业的现状、前景、规模、经济趋势、产业吸引力、成长期、营利潜力等。

②竞争者及其优势分析：竞争对手的产品、价格和市场策略；分析预计市场的进入障碍，企业克服障碍的策略。

③目标市场的购买特征：经济、地理、职业、心理特征等。社会阶层是建立在财富、技能、权力基础上的，对个人行为、态度取向、价值观具有不同影响。

④目标市场规模预测趋势：预测成长率、份额、销量；预测市场的大小和趋势，可以按细分市场、地区，以数量、金额和潜在盈利率来说明今后3~5年将提供的产品或服务的总市场发展规模、将占的市场份额；预测3年内的潜在总市场年增长率；说明影响市场增长率的主要因素，如行业趋势、政府政策、经济形势、人口变化等。

⑤市场份额和销售额预测：根据对产品或服务的优势、市场规模、发展趋势、顾客、竞争对手及其产品销售趋势的评估，估计今后3~5年每年将获得的市场份额、销售数量、销售额。

⑥毛利和营业利润：描述在计划进入的细分市场上销售的每种产品或服务的毛利(销售价格-成本)、营业利润。

4. 企业概况

①机会：亟待解决的问题或未满足的需求。对企业的介绍是从创业者识别机会(问题和需求)入手，接着描述创业计划如何解决这个问题和满足需求。

②企业概述：企业名称、地址、创建时间，企业使命、目标和战略，企业理念，企业将要做的业务、产品或服务。

③竞争优势：商业模式概述，企业如何塑造持续竞争优势。

④现状与发展：企业现状描述，企业打算怎样发展、走向何方、发展战略等。

5. 营销计划

①营销战略：通盘考虑价值链和细分市场上的分销渠道，描述企业的营销理念和战略，指出产品或服务将被怎样引入地区、全国和国际市场，叙述今后的销售延伸计划。

②产品或服务定价：讨论产品或服务的定价策略，把定价原则与竞争对手的定价原则相比较，讨论制造成本和最终销售之间的毛利润，指出该利润是否足以弥补分销和销售、培训、服务、开发、设备成本的分摊和价格竞争等花费的成本，且仍有利可图。

③促销策略：说明销售和分销产品的方法，如建立销售队伍、销售组织、直接邮寄等；如何选择合适的销售人员及其负责的区域，每个月可完成的销售量；采用什么方法吸引顾客的注意力；如果要采用直接邮寄、报刊或其他媒体营销，指出采用的工具和成本。

④消费品传统的分销渠道模式：分销渠道是销售商向使用者、最终消费者营销其产品的机构组合，直接营销的渠道日益流行，包括直接邮寄、远程营销、产品目录推销、有线推销、网上推销和在办公场所演示的直接推销等。其他情况下，可在分销渠道中采用一个或多个中介，如消费品通常采用的渠道是制造商通过批发商和零售商进行销售。

6. 生产和运营

①工厂的地理位置和条件：地理位置的优势和劣势，劳动力的可供应性、技能、工资，

对顾客和供应商的接近度，运输、公共设施的便利程度，厂房、机器和设备。指出设备、场地是租用还是购买，租或买的成本和时间；工厂和设备将需要的融资数额；今后 3 年将需要什么设备；何时扩展工厂场地和设备以适应未来的预期销售能力。

②原材料供应：列出一份生产、产品设计和开发计划，写明各个运营成本的数量信息，包括可用原材料、劳动力、购买的组件、工厂经常性开支等。

③质量控制：写明质量控制、生产控制、库存控制的方法，公司将采用的质量控制和检测的过程。

④法规问题：针对与生产和服务相关的国家和地区的法规要求，写明开始营业所必需的各种许可证、健康许可、环境审批等。

7. 财务计划

财务计划要精心做好经营规划与资本预算，描述未来 3~5 年的资本需求、资金来源和使用；做好财务预测，包括盈亏平衡分析、损益预估表、资产负债预估表、现金流预测；详细说明关于单位产品价格、各项支出及销售预测的各种假设；提出退出战略，退出战略包括上市、回购股票、协议转让等方式。

①经营成本：为了达成某种目的或获得某种商品所付出的代价。依据企业经营的期限长短，企业的生产成本可分为固定成本和可变成本。固定成本指厂商在短期内无法改变的那些固定投入带来的成本，主要包括购置机器设备和厂房的费用、租金、资金(自有资金和借入资金)的利息、工薪、折旧和各种保险费用等。可变成本指厂商在短期内可以改变的那些可变投入带来的成本，依赖销售量、季节以及新的业务机会等的成本，如广告费、销售成本、原材料费用、日常运营费用等。

②财务报表：包括损益预估表、资产负债预估表、预计现金流量表。财务报表通常都以这种顺序准备，因为财务信息的流动遵循这个逻辑次序。制订创业计划时几乎离不开财务报表，如果企业需要获得银行或投资者的资金支持，也应该随时准备财务报表。如果没有这些报表，银行和投资者一般不会考虑为企业投资或贷款。

③损益预估表：也称收益表，是反映企业在某个特定时段经营效果的财务报表，可以反映收入和支出情况，还可以反映企业是正在盈利还是正在亏损，通常按月度、季度或年度准备。

④盈亏平衡分析：明确需要多少单位产品的售出，或者要多大销售规模才能达到盈亏平衡。

⑤资产负债预估表：反映某个特定时间点上企业的资产、负债和所有者权益的概况。为了使数据合理，资产负债预估表的编制要与损益表和现金流量表一致，资产按照流动性或变现时间长短顺序排列，负债按照偿还顺序排列。

⑥现金流量预估表：预测未来特定时段企业现金状况的变化，并详述变化为何出现的财务报表。例如，现金在该月内如何取得、如何花费等。现金流量预估表不是对企业营利能力的预测，而是对短时间内企业的收入能否大于支出的一种设想。制订现金流量预估表的目的是说服银行或可能借给资金的人，证明企业有能力偿还资金，也可以对自己的创业更加了解于心。

8.管理团队

①团队成员：列出关键管理角色、人员、职责、敬业精神，团队成员在技术、管理、商业技能及经验方面的合理性和互补性，以及如何形成一支高效的管理团队。

②组织结构：如果公司规模足够大，必须附有公司组织架构图。

③关键人员：每个关键人员的专业知识、技能、成就、相关培训。

④所有权与报酬：将支付的月薪、计划安排的股票所有权、关键人员的股权投资数额，打算进行的各种凭业绩分配的股票期权、奖金计划等。

⑤专业顾问与服务：指出所选的法律、会计、广告、银行顾问的名字以及他们将提供的支持和服务。

9.风险与对策

必须描述管理、人员、技术、融资等方面的风险及其反面影响的后果，讨论销售预测、顾客订单的有关假设。如果潜在投资者发现计划中没有提到某些负面影响，将会对计划的可信度产生怀疑，而大多数投资者会先看团队部分，接着就看风险假设部分。主动指出风险有助于向投资者表明已经考虑过风险，并能够处理风险，增加企业的可信度。

可能的风险包括竞争者引起的潜在降价风险、潜在的行业不利影响、超出估计的设计和生产成本、没有达到预期的销售、获得原材料遇到的困难等。还要制订应急计划，指出哪些问题和风险对创业最关键，描述怎样才能使这些不利影响降到最低。为了吸引投资，使新企业得到快速成长，创业者应当明白投资者愿意投资哪类企业，如愿意介入的企业发展阶段(种子、开发、收入、营利等)、偏好投资某个新兴产业、关注企业的某些关键特质(具有专业知识和管理能力的团队、已被市场接受的产品等)。

创业者还要识别不被投资人看好的创业企业类型：

①创业企业技术过于先进。这是因为人们对新的尖端科技能否商业化难以进行准确评估，如果贸然在重大尖端新技术领域投入资金，风险是非常大的，而技术移转费用相对新产品的研发费用要便宜得多。

②典型的传统企业。一般认为，产品生命周期已进入成熟期或衰退期、劳动力高度密集、纯生产加工类型、技术层次低、进入障碍小的企业，由于利润薄、面临市场淘汰的压力较大，因此投资风险较高。另外，传统企业的制度僵化，企业文化落后，循规蹈矩，缺乏弹性与效率。

③创业企业过度多元化。个人或公司的资源都是有限的，什么产品都生产的企业可能什么都做不好。卓越公司的成功因素之一是专和精，即由小而大，由核心技术逐渐往上下游及周边产业发展，人才、经验累积渐进发展。专和精是创业企业得到成长和发展的基础。

④股权过于集中或过于分散的公司。股权过于分散时，董事会成员会因为股权小，对公司漠不关心，一旦公司经营不顺，需要资金或进行管理整顿时，股东们会因为所占股权不多、风险损失不大而袖手旁观。股权过于集中，则会造成大股东一股独大的局面，出现"一言堂"的格局，导致经营绩效不良。股权适度，企业才能得到有效管理。

⑤道德风险过大的企业。诚信是合作的基础，虽然签订有投资协议书，但如果当事人缺乏诚信，则合约形同废纸。所以对一些账目不清、报表不实、故意蒙骗的创业者，不论

其项目多好，前景多么诱人，也难以得到合作。人是最主要的考察因素，人的风险是最大的风险，所以，投资者更注重人的商誉和信用。因此，诚信是创业者打开成功之门的钥匙。

10. 风险资本的退出

说明风险资本的退出方式和退出时间。

11. 附录

说明所有关键人员的简历、产品样本、顾客或供应商评价等，可以附在计划书的后面。

第 3 章

大学生创新创业实践

本章介绍了国家级大学生创新创业训练计划，列举了 2019—2021 年大学生参与创新创业训练计划的真实案例，案例内容包括选题背景、实施进展、创新点、收获与体会等，为能源类学生参与创新创业训练计划项目提供借鉴。

3.1　国家级大学生创新创业训练计划

国家级大学生创新创业训练计划是教育部"十二五"期间开始实施的。通过实施国家级大学生创新创业训练计划，促进高等学校转变教育思想观念，改革人才培养模式，强化创新创业能力训练，增强大学生的创新能力和在创新基础上的创业能力，培养适应创新型国家建设需要的高水平创新人才。

国家级大学生创新创业训练计划内容包括创新训练项目、创业训练项目和创业实践项目三类。创新训练项目是本科生个人或团队在导师指导下，自主完成创新性研究项目设计、研究条件准备和项目实施、研究报告撰写、成果(学术)交流等工作。创业训练项目是本科生团队在导师指导下，团队中每个学生在项目实施过程中扮演一个或多个具体的角色，完成编制商业计划书、开展可行性研究、模拟企业运行、参加企业实践、撰写创业报告等工作。创业实践项目是学生团队在学校导师和企业导师共同指导下，采用前期创新训练项目(或创新性实验)的成果，提出一项具有市场前景的创新性产品或者服务，以此为基础开展创业实践活动。

国家级大学生创新创业训练计划面向中央部委所属高校和地方所属高校。中央部委所属高校直接参加，地方所属高校由地方教育行政部门推荐参加。国家级大学生创新创业训练计划由中央财政、地方财政共同支持，参与高校按照不低于 1∶1 的比例自筹经费配套。中央部委所属高校参与国家级大学生创新创业训练计划，由中央财政予以经费支持。地方所属高校参加国家级大学生创新创业训练计划，由地方财政参照中央财政经费支持标准予以支持。各高校可根据申报项目的具体情况适当增减单个项目资助经费。

各高校制订本校大学生创新创业训练计划学生项目的管理办法，规范项目申请、项目实施、项目变更、项目结题等事项的管理，建立质量监控机制，对项目申报、实施过程中弄虚作假、工作无明显进展的学生要及时终止其项目运行。在公平、公开、公正的原则下，各高校自行组织项目评审，报教育部备案并对外公布。项目结束后，由学校组织项目验收，并将验收结果报教育部。验收结果中，必需材料为各项目的总结报告，补充材料为论文、设计、专利以及相关支撑材料。教育部将在指定网站公布项目的总结报告。

国家级大学生创新创业训练计划项目面向本科生申报，原则上要求项目负责人在毕业前完成项目。创业实践项目负责人毕业后，可根据情况更换负责人，或是在其能继续履行项目负责人职责的情况下，以大学生自主创业者的身份继续担任项目负责人。创业实践项目结束时，要按照有关法律法规和政策妥善处理各项事务。

各高校根据本校实际情况，适当确定创新训练项目和创业训练项目的比例，并逐步覆盖本校的各个学科门类。教育部对各高校实施国家级大学生创新创业训练计划进行整体评价，每年组织一次分组评价，根据评价结果，适度增减下一年度的项目数。

3.2　案例介绍

3.2.1　可涂抹式环保型食品保鲜膜

项目名称：Filmmaker——可涂抹式环保型食品保鲜膜及其装置。项目组成员：宋虎潮、谭畅、何山、张庆禹、宝鹏飞。该项目为 2019 年大学生创新创业训练计划国家级项目。

1. 选题背景

2016 年我国传统保鲜膜年产量为 110 万吨，主要原料为聚乙烯，而聚乙烯在自然条件下极难降解，一般聚乙烯材料被掩埋在土壤中需 70~80 年才会分解，不仅严重占用土地，还会影响土地的可持续利用。目前聚乙烯垃圾处理方法之一就是填埋，埋入地下的垃圾中的膜塑料，使土壤失去肥效，严重破坏土壤结构。聚乙烯密度以 $0.96\ g/cm^3$ 计算，普通聚乙烯保鲜膜的平均厚度为 $0.01\ mm$，则 110 万吨保鲜膜的展开面积为 1.15 亿平方千米，约为我国国土面积的 12 倍。另一种聚乙烯垃圾处理方法为焚烧。焚烧塑料膜（尤其是含氯保鲜膜）会对大气造成污染，对人体造成严重危害。除产生大量温室气体外，焚烧还会产生一种致癌物质二噁英。塑料膜焚烧时不仅会产生浓烟和恶臭，还会产生强烈刺激性的氯化氢等有毒有害气体。另外，焚烧塑料膜会产生大量可吸入颗粒物，会刺激呼吸道，引起咳嗽和哮喘等。

寻找能够替代传统保鲜膜的可降解材料成为解决难降解保鲜膜对环境危害问题的根本方法。项目组在进行大量的前期调研后，发现海藻酸钠是一种比较理想的替代原材料。

目前，国内外对海藻酸钠的主要研究方向是食品工业和医学上的应用，而与该项目相关的应用则为海藻酸钠可用作食品添加剂和用于食品保鲜。

海藻酸钠应用于各类食品中可以改善食品的性质和结构，添加到不同食品中可发挥各种不同的功能。海藻酸钠区别于其他水溶性胶体的一大特性是能够形成热不可逆性凝胶，该凝胶类似于果冻，可以食用。海藻酸钠是一种优良的食用添加剂，不仅可以增加食品的花色品种，还可以提高产品质量，也对人体无害。海藻酸钠作为水溶性胶体，具有一定的增稠性。

海藻酸钠还具有保鲜的功能，并且已经被广泛应用于食品行业。海藻酸钠来源广泛，普遍存在于褐藻类植物中，具有良好的分散性、保湿性、抗菌性、成膜性和透气性等特点，可以有效延长食品的保鲜期。

对于不同的食品,海藻酸钠的保鲜效果差异很大,但对某种特定食品,其最佳涂膜保鲜剂组成及配比仍需进一步探究。海藻酸钠与其他增塑剂、抗菌剂、防腐剂等互配时,是否会产生对人体健康有害的物质也还需进一步研究。而海藻酸钠的涂膜方式对食品保鲜效果的影响研究尚未见报道。虽然海藻酸钠涂膜可选择性地使二氧化碳透过率高、氧气透过率低,阻氧效果较好,但是如何在提高海藻酸钠涂膜机械强度的同时,保持膜的透明度和阻隔性能,仍需进一步研究。

最后,以海藻酸钠为成膜主料,添加增强剂壳聚糖、增塑剂甘油、助塑剂十二烷基硫酸钠等材料,可制备可食性海藻酸钠膜,用作保鲜膜。该研究方向主要为探究各成分配比对膜的物理、化学、生物性能的影响。该新型保鲜膜目前尚在实验阶段,还未应用于市场。

针对市售保鲜膜不安全、难处理、易污染等问题,项目组积极探究新保鲜膜材料并设计涂抹、刷膜互补的智能化装置。该新型保鲜膜项目基于海藻酸钠的特性,不仅对膜的耐热性、保湿性、抗拉/压性等物理特性进行研究,还对膜的抑菌性、抗氧性等化学特点作了探究总结,很大程度上解决了传统保鲜膜理化性质不全面的弊端。另外,该保鲜膜不仅方便实用,还可任意决定膜的大小及形状,既能完整地密封食物切口,又能节省材料,以达到环保的目的。最后,本产品还具有可降解性及可食用性,避免了传统保鲜膜因回收不当而造成的白色污染问题。

2. 实施进展

(1)膜原料浓度及配比

通过前期实验与文献调研,分别对海藻酸钠、壳聚糖及甘油 3 种原料设定 4 种实验浓度,并基于物理性质进行正交试验(预设氯化钙浓度为 50 g/L),如表 3-1 所示。得到最佳配比为:海藻酸钠 12.5 g/L,壳聚糖 5 g/L,甘油 25 g/L。

表 3-1 海藻酸钠、壳聚糖、甘油浓度对膜性质的影响

组数	海藻酸钠浓度 /(g·L^{-1})	壳聚糖浓度 /(g·L^{-1})	甘油浓度 /(g·L^{-1})	抗拉强度 /kPa	断裂延伸率 /%	水蒸气透过系数 /[g·mm·(m^2·d·kPa)$^{-1}$]
1	7.5	5	10	412.0	20.3	4.68
2	7.5	10	15	496.2	50.1	3.25
3	7.5	15	20	495.9	10.5	3.40
4	7.5	20	25	513.3	17.3	2.49
5	10	5	15	410.0	14.7	3.16
6	10	10	10	295.6	25.0	5.89
7	10	15	25	541.3	18.5	12.83
8	10	20	20	408.2	17.4	7.89
9	12.5	5	20	720.0	20.0	3.04
10	12.5	10	25	395.6	24.0	4.64
11	12.5	15	10	825.6	35.1	3.62

续表3-1

组数	海藻酸钠浓度 /(g·L⁻¹)	壳聚糖浓度 /(g·L⁻¹)	甘油浓度 /(g·L⁻¹)	抗拉强度 /kPa	断裂延伸率 /%	水蒸气透过系数 /[g·mm·(m²·d·kPa)⁻¹]
12	12.5	20	15	532.3	10.7	6.06
13	15	5	25	1150.0	100.0	3.00
14	15	10	20	524.6	40.0	6.18
15	15	15	15	704.2	39.1	4.85
16	15	20	10	1176.3	25.3	4.30

（2）膜保鲜性能测定

用香菇进行膜保鲜性测定，与 PE 保鲜膜及空白对照组进行比较，结果如图 3-1～图 3-4 所示。

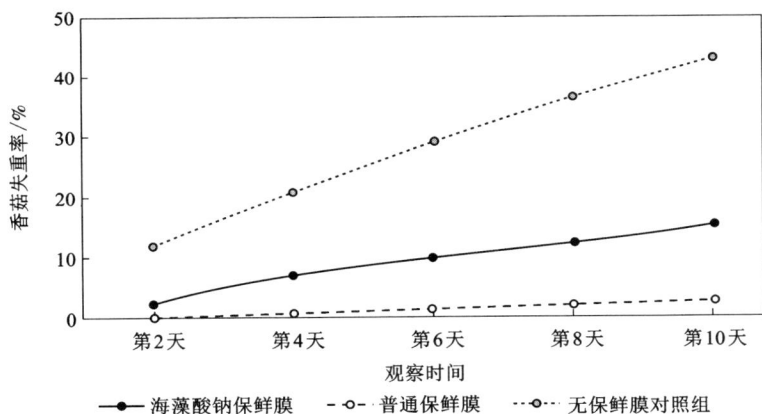

图 3-1　香菇失重率变化图

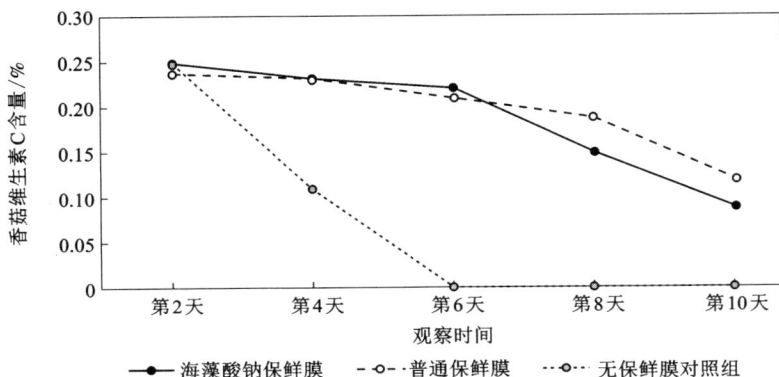

图 3-2　香菇维生素 C 含量变化图

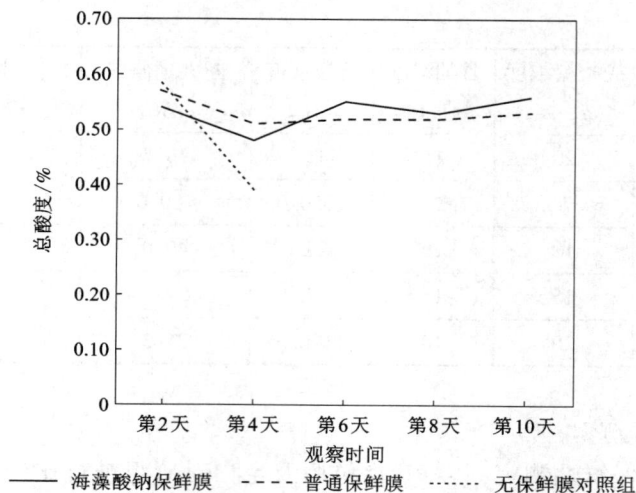

图3-3　香菇总酸度变化图

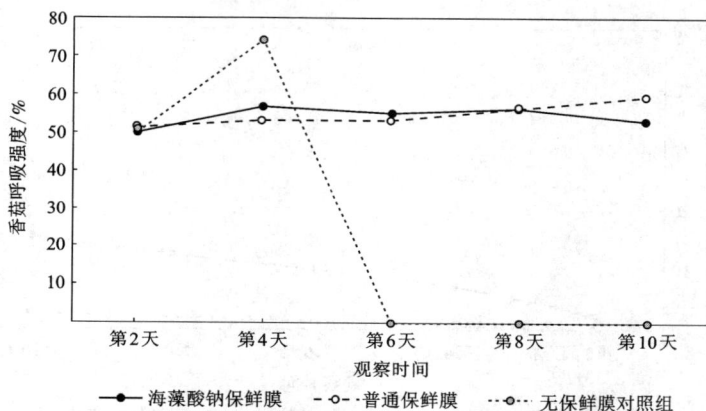

图3-4　香菇呼吸强度变化图

（3）刷膜机电控制

电路模拟如图3-5所示。

Arduino 控制器：作为装置的主控制器，主要用来控制整套装备的运作及与手机 APP的通信等。HC-05 蓝牙模块：通过 Android 手机 APP 蓝牙模块与装置进行通信，主要用来实现控制装置的开关等功能。

（4）装置概述及成膜过程

智能刷膜机(图3-6)：此装置工作主要分为成膜阶段及除水阶段。成膜阶段：首先利用舵机打开阀门，在重力作用下海藻酸钠顺着软管通过液体分流器均匀呈点状分布在纱布套环上，然后舵机 1 带动摊液杆旋转运动至滤纸套环表面，配合永磁电机的转动将海藻酸钠均匀地摊开，最后水泵工作，吸入烧杯中的氯化钙溶液，加压至雾化喷头处喷出，使之同海藻酸钠均匀反应。除水阶段：舵机 1 旋转收起摊液杆，膜下表面多余水分同纱布套环接触，由于纱布具有较强的伸缩性，水分在自然重力下与内吸水物体接触，保证吸除保鲜膜下表面水分；去膜时，可直接从碗口、盘口、食物上揭去废膜，不影响食用口感。

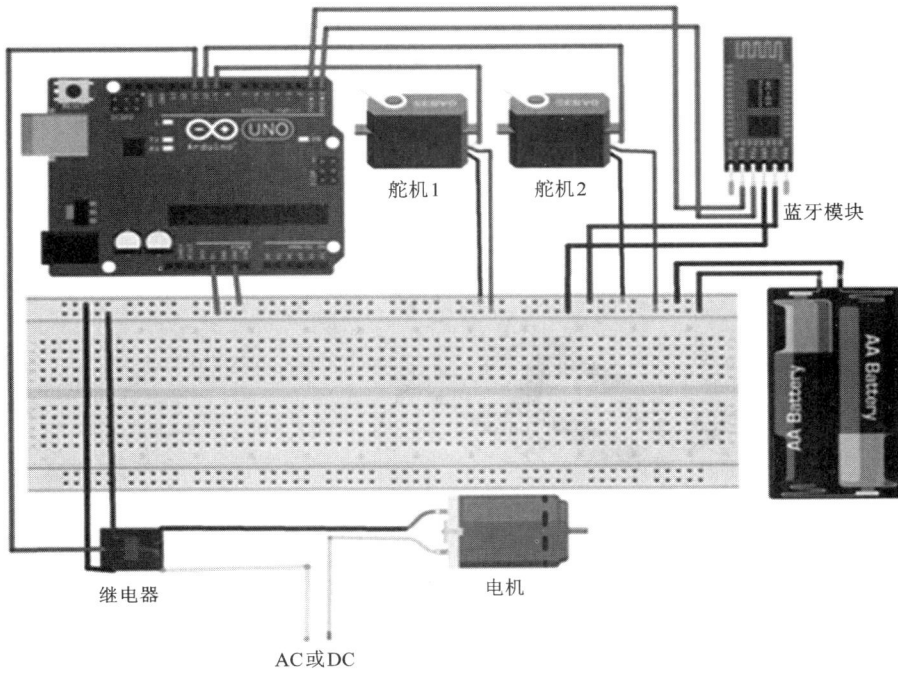

图 3-5 电路模拟图

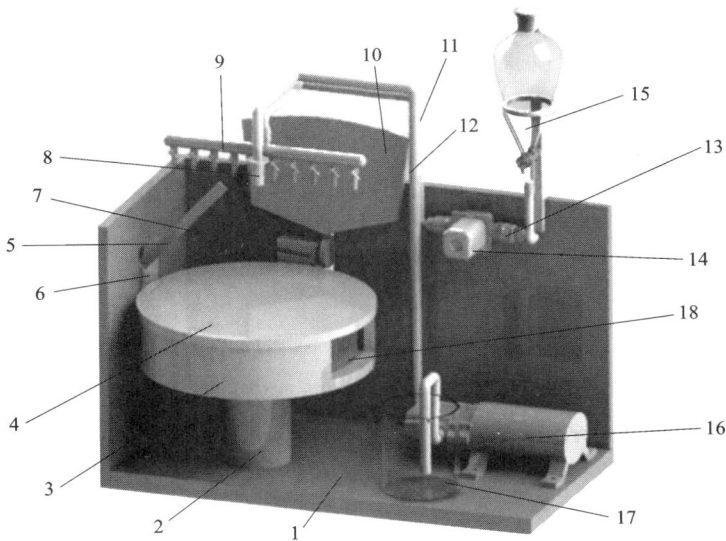

1—底板；2—永磁电机；3—大转盘；4—滤纸套环；5—摊液杆；6—舵机 1；7—舵机 2；8—雾化喷头；
9—液体分流器；10—吸水压板；11—8 mm×5.6 mm 软管；12—11 mm×8 mm 软管；13—m12φ5.6 mm 接头；
14—常闭电磁阀；15—125 mL 长颈漏斗；16—水泵；17—烧杯；18—内吸水物体。

图 3-6 智能刷膜机模型图

涂抹瓶(图 3-7)：在智能刷膜机制膜的原理下，团队开发了手动式的刷膜设备，作为刷膜机的补充；其主要应用于较为平整的食物表面，挤出下瓶的海藻酸钠凝胶，并用滚轮滚匀，利用上瓶的氯化钙喷雾喷涂，即可成膜，使用完同样撕去，不影响食品口感。

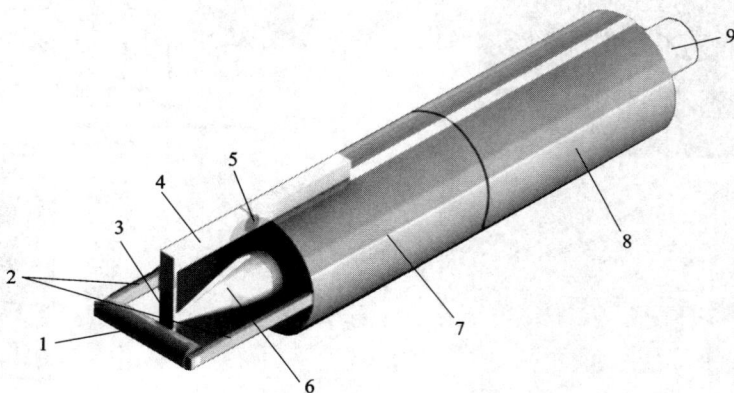

1—滚轮；2—滚轮支架；3—挡板；4—挡板支架；5—支架绞；
6—尖口瓶嘴；7—海藻酸钠瓶；8—氯化钙瓶；9—雾化喷嘴。

图 3-7　涂抹瓶模型图

(5)成膜预期效果展示

成膜效果如图 3-8 所示。

苹果涂抹前　　　　　　　苹果表面成膜　　　　　　　苹果揭膜后

图 3-8　成膜效果图

3. 创新点

(1)材料创新

该研究利用资源丰富的藻类作为原料，构建新型家用保鲜理念，成品膜生物降解周期极短，经过验证，降解周期在 4~6 周，废膜处理不会对环境造成任何影响。同时，成品膜基于其原料药理性，不仅对人体无任何危害，还可以食用。

(2)装置创新

该研究基于日常生活中使用的两种基本场景，设计了两款使用装置。

涂抹瓶：基于可涂抹的特性，在食物表面快速成膜，用完即可揭掉；刷在食品表面即可成膜，即用即配，不仅节约材料，还能快捷高效成膜。

刷膜机：利用单片机控制各项器件工作；利用串口通信使用手机蓝牙 APP 无线控制。其成本低、效率高，便于用户使用。

（3）理念创新

该项目利用资源丰富的藻类作为原料，构建新型家用保鲜理念，让绿色环保进入人们日常生活的同时，还能提高社会对绿色健康环保理念的认识。

4. 收获与体会（摘自项目组成员）

此次项目让我们收获很多，团队每一位成员都受益匪浅。首先，在前期调研过程中，我们对我国目前面临的环境问题有了一定的了解，认识到塑料保鲜膜相关行业存在的污染问题，同时我们也认识到，国家为解决相应问题，不断根据国情调整国家标准，采取积极措施。

为了在这个存在无限可能的领域发现一条新的能够解决问题的出路，我们聚在一起组成了整个团队。团队的每一位成员对新型材料的开发研究都有着浓厚的兴趣，在不断地查阅资料以及激烈讨论后，我们发现了海藻酸钠这一有着无限潜力的材料。

在发现了可应用的材料后，我们团队并没有就此骄傲自满，而是针对海藻酸钠这一原材料进一步查阅资料，以期全面了解它的理化性能，为下一步的研究做准备。果然，在不断地知识积累之后，我们提出了将一定浓度的氯化钙、壳聚糖、甘油与海藻酸钠进行混合的想法，在多次正交试验之后得出了最佳的浓度配比。

在材料研究的方向上取得进步后，我们进一步结合智能控制，提高了产品的可操作性，从而使项目成果能够深入人们的生活中。

最初，团队成员因对这一领域充满兴趣而聚在一起，在这一系列研发、合作的过程中，通过自己的实践和动手操作，才有了项目的每一个关键性的突破。

虽然该项目仍然存在进一步发展改善的空间，但是每一位团队成员在项目实施的每一个环节都参与其中，这使我们切实地获得了创新创业技能的训练。我们也有信心在以后的项目中取得更进一步的突破。

3.2.2　电磁集能振动能量转化装置

项目名称：一种基于电磁集能的振动能量转化装置。项目组成员：尚曼霞、胡文扬、顾中凯、王睿。该项目为 2019 年大学生创新创业训练计划国家级项目。

1. 选题背景

能源收集，就是将在正常情况下可能会直接损耗或被浪费的能源，通过一些方式转换成可用的能源以供生产、生活。当前，微电子、自动化和航天是能源收集工作的密集领域，振动的幅值小、频率高是这些领域的共同之处。环境能量收集技术中的振动能量收集是这些领域中应用最广泛的技术。土木工程结构蕴含的振动动能很大程度上被忽视了，它实际上是一种巨大的能量，假如可以高效率地对其进行能源收集，则有希望实现土木、机械结构控制的自供电，进而促进自主控制结构的发展。结构控制和无线传感器网络所需的能量可以小到毫瓦级。在实际工程应用中，这种设备往往分布在交通不便、环境恶劣的地区。

环境恶劣、交通不便的地区需要供电设备的尺寸、维护费用和工作寿命等满足极高的技术要求。电池现在仍然是此类系统的最优供能元件。但由于现阶段电池储能密度的限制及其他缺陷，结构控制和传感器网络技术的应用受到限制。例如森林火灾预警系统，其分布在森林环境中的大量无线传感器，需要投入大量的人力资源和物力资源实现电池的定期更换。初步研究表明，振动机械能收集方法在恶劣的自然条件和偏远地区等难以对电池进行定期充电或更换的场景下，具有很大的研究和应用前景。

近几年，国内、外对振动能量收集系统进行了不少的研究。针对不同的能量收集方式，研究的类型主要包括以下几种。

（1）电磁式振动能量收集

电磁式振动能量收集器主要分为动铁式、动圈式和铁圈同振。有研究表明，外振激励频率的三次幂与微型发电机的输出功率成正比，且振幅越大电机产生的功率就越大。Shear-wood 团队开发了一种新型微电磁发电机，采用柔性纳米薄膜在线圈上支撑一块磁体薄膜，薄膜产生振动，继而使电磁场产生变化，可以产生 0.3 MW 的功率。LiWen J 团队设计了一种小型振动电磁能量收集器，该能量收集器集成了铜材质的平面圆线圈和平面螺旋弹簧，可实现对一些小型传感器的供电。

（2）压电振动能量收集

压电振动能量收集系统基本上是利用压电材料进行能量的收集。当压电元件受外界载荷冲击产生振动，并且受力产生形变时，压电元件的表面会积聚极性相反的电荷，继而在压电元件内部产生电场，然后利用导线将压电元件产生的电能输入蓄电池或电容进行存储。压电能量收集装置的能量收集效率与压电元件的材料、压电装置的工作状态和采集装置的架构有关。研究人员发现，金属-压电陶瓷复合材料具有更高的能量密度和输出功率。目前主流的压电能量采集装置的结构有悬臂梁、简支梁、矩形梁等。悬臂梁结构更容易与振动源产生共振，相较其他结构具有更好的能量收集效率。

（3）静电式振动能量收集装置

静电式振动能量收集装置根据电容变化方式分为变面积式和变间距式。东京大学的 Yuji Suzuki 等人提出了一种被动的电容间隙间距控制方法，使用高性能全氟聚合物材料的图案化驻极体产生排斥静电力，以避免在发电机的顶部和底部结构之间产生静摩擦；并且通过基于驻极体的悬浮方法来保持气隙，开发出了一种用于能量收集应用的 MEMS 驻极体发生器，经试验，该发电机在 63 Hz 的 2g 加速度下，总输出功率可达到 1.0 μW。静电式振动能量收集装置具有与微机械系统集成度高的优点，所以适合微小型应用场景，但也存在着需外加电源且输出电压高、电流低等缺点。

通过以上内容可以看出，近年来国内、外学者在振动能量收集系统方面已经开展了不少研究，并取得了一定的成果。但该研究领域仍存在许多问题，如静电式振动能量收集装置使用前需要充电，压电振动能量采集系统的材料脆性大、不耐冲击，电磁式振动能量收集器产生功率小，等等。但随着材料科学、信息技术以及微电子技术的发展和制造成本的下降，振动能量收集系统必将越来越广泛地应用于无线传感器网络、振动结构中，关于振动能量收集系统的研究，也必将朝着功率更高、寿命更长、成本更少的方向进行。

2. 实施进展

2019 年 4 月 1 日—4 月 30 日：研究的初期准备工作，如数据、资料的收集与分类。

2019 年 5 月 1 日—5 月 31 日：研究方法特点的把握、熟悉与改进。

2019 年 6 月 1 日—7 月 31 日：电磁集能式调谐质量阻尼器总体方案的确定以及三维模型的建立。

2019 年 8 月 1 日—9 月 30 日：建立了电磁集能式调谐质量阻尼器(TMD)与单自由度结构耦合的动力学模型，并引入单自由度结构减震评价指标以便于后续对结果进行分析。

2019 年 10 月 1 日—12 月 31 日：利用 Matlab 对电磁集能式 TMD 进行减震性能的数值仿真，选取经典的 EI Centro 地震加速度波进行 TMD 结构减震性能和能量收集性能的分析，发现电磁集能式 TMD 与传统 TMD 减震性能相近，因此设计的 TMD 同时具备结构减震与能量储存的功能。

2020 年 1 月 1 日—3 月 1 日：搭建实验平台对 TMD 减震和集能特性进行实物验证，整理相关数据、资料，完成项目报告及论文。

3. 创新点

传统的 TMD 主要由刚度元件(弹簧)、阻尼元件(阻尼器)和惯性质量组成一个结构振动系统，接收结构振动传递来的能量，从而降低土木工程的振动，但同时振动能量也转为热能而散失了。目前，振动能量收集和电能储存的相关技术已有很多进展，所以该项目将电磁式振动收集装置引入 TMD，使其在结构减震的同时也可收集能量，并且可以给小型无线传感器供电，解决无线传感器网络布置的能源需求问题。

(1)选择合适的将直线运动转化为旋转运动的机械装置

目前常用的将直线运动转化为旋转运动的机械传动装置有齿轮齿条、涡轮蜗杆、滑动丝杆和滚珠丝杠。

齿轮齿条(图 3-9)传动具有传递动力大、传动精度较高、可承受较快的传动速度、寿命长、工作平稳、可靠性高等优点，但也有成本高、对安装精度要求高、不宜做远距离传动等缺点。

图 3-9　齿轮齿条

涡轮蜗杆(图 3-10)传动具有传动比大、传动平稳、噪声小、有自锁性等优点，但其传动效率较低，一般只有 70%~80%，若具备自锁功能，传动效率会低于 0.5，不适合连续长期工作。另外，为减少传动过程中的摩擦损耗，涡轮蜗杆需要经常润滑，涡轮与蜗杆的接触面也需采用贵重的耐磨材料，一定程度上增加了制造成本。

滚珠丝杠(图 3-11)传动所需的驱动扭矩只有滑动丝杠的 1/3，并且相对于滑动丝杆有着更高的精度、更快的进给速度，可以实现微进给。滚珠丝杠还具备可逆、噪声小、适合高速往返运动和效率高等优点，传动效率最高可达 99%，但也存在价格高、维修困难、对环境要求高等缺点。

图 3-10　涡轮蜗杆

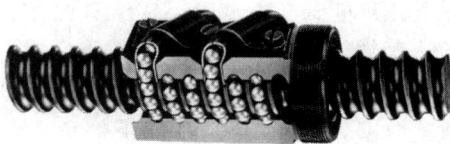

图 3-11　滚珠丝杠

考虑到 TMD 安装在土木结构中，不易更换，传动机构需具有较长的寿命，且土木结构振动的振幅通常较小，需要机构传动效率高，能够充分利用微小振动产生的动能，因此选用滚珠丝杠作为传动机构。

（2）选取合适的能量收集装置

在外界载荷下，土木结构的振动幅度通常较小，因此选用启动转矩小、电磁转换效率高的永磁电机。振动发电和风力发电由于电机所用的扭矩时高时低，所以存在一个共同的缺点，即电流波动大、不稳定。有研究表明，将超级电容作为储能元件与电机相连，可以取得良好的储能效果。超级电容充放电寿命可达 10 年，完全满足 TMD 对电池使用寿命长的要求，这是普通蓄电池无法达到的。综上，能量收集装置采用永磁电机与超级电容相连接的方式。

（3）整体方案总结

结合传统 TMD 和能量收集单元，该团队设计了电磁集能式调谐质量阻尼器的基本构型，利用 SolidWorks 进行模型的搭建与最终效果的渲染，整体效果如图 3-12 所示。

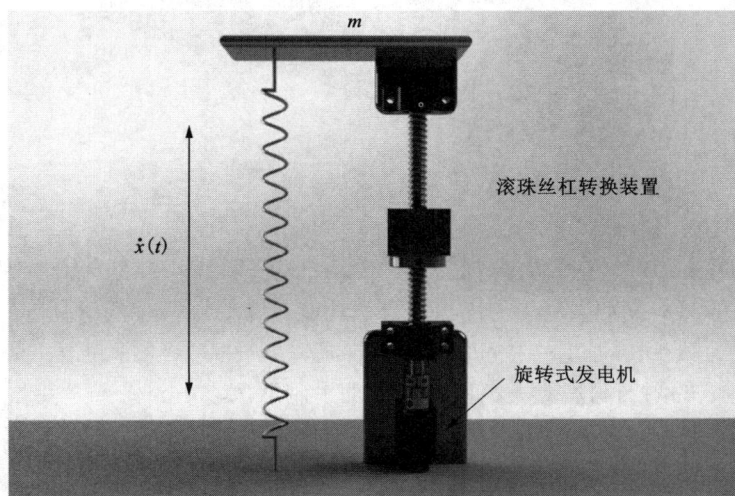

图 3-12　TMD 整体效果

（4）电磁集能式调谐质量阻尼器力学模型的建立

该装置的工作原理是当能量收集单元受外部激励产生振动时，质量单元 m 做平动，带动滚珠丝杠工作，将系统振动由直线往复运动转为回转运动，齿轮箱通过螺杆与电机安装部分的连接带动电机转子。当电机转子旋转时，线圈中的磁通量会产生变化，从而引发电磁感应现象，在线圈中产生感应电动势。此时，能量收集单元产生的感应电动势由超级电容器储存或者供应给外部负载。该装置不仅可以在土木结构振动过程中收集能量，而且能量收集单元本身可以代替传统的调谐质量阻尼器中的黏滞元件进行阻尼。

基于电磁集能式调谐质量阻尼器原理，该团队首先建立了电磁集能式调谐质量阻尼器的力学模型。该力学模型的建立分为质量弹簧单元力学模型的建立和能量收集单元力学模型的建立。由于质量弹簧单元力学模型已经相当完备，该团队重点分析了能量收集单元力学模型。阻尼能量收集单元结构如图 3-13 所示。

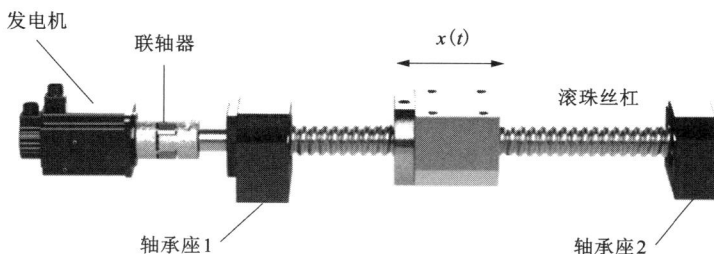

图 3-13　阻尼能量收集单元结构示意图

在结构振动控制中采用能量单元，通过增大能量收集单元的惯性矩来增加结构的 m，从而延长结构的振动周期。同时，可以通过改变外拉电阻有效地调节电阻力，从而改变系统的阻尼力。

最后，建立了电磁集能式 TMD 与单自由度结构耦合的动力学模型，具体如图 3-14 所示。

为对电磁集能式 TMD 的减震效果和收集能量的效果进行评估，势必要引入相应的评价指标。在查阅相关文献的基础上，该团队引入了单自由度结构减震评价指标：

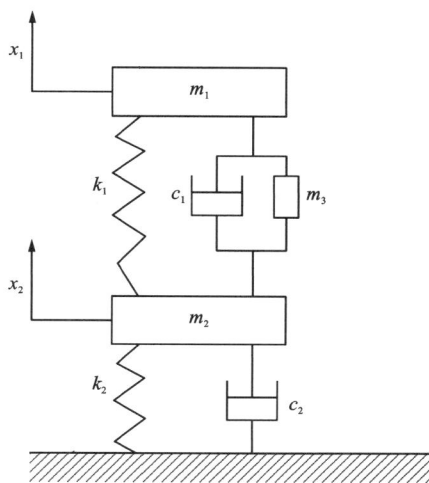

图 3-14　阻尼能量收集单元结构示意图

①峰值减震评价指标：

$$C_{xp}=\frac{x_{\mathrm{p}}^{wo}-x_{\mathrm{p}}^{ctr}}{x_{\mathrm{p}}^{wo}}\times100\%$$

$$C_{ap}=\frac{a_{\mathrm{p}}^{wo}-a_{\mathrm{p}}^{ctr}}{a_{\mathrm{p}}^{wo}}\times100\%$$

式中：C_{xp}、C_{ap} 为系统在外界载荷下，土木结构的相对位移和相对加速度峰值减震效果指标；x_p^{wo}、x_p^{ctr} 为结构受控制和不受控制时的相对位移峰值；a_p^{wo}、a_p^{ctr} 为结构受控制和不受控制时的加速度峰值。

②均方差减震评价指标：

$$C_{xrms} = \frac{x_{rms}^{wo} - x_{rms}^{ctr}}{x_{rms}^{wo}} \times 100\%$$

$$C_{arms} = \frac{a_{rms}^{wo} - a_{rms}^{ctr}}{a_{rms}^{wo}} \times 100\%$$

式中：C_{xrms}、C_{arms} 为系统在外界载荷作用下，土木结构相对位移和加速度均方根值减震效果指标；x_{rms}^{wo}、x_{rms}^{ctr} 为结构受控制和不受控制时的相对位移均方根值；a_{rms}^{wo}、a_{rms}^{ctr} 为结构受控制和不受控制时的结构加速度均方根值。

系统在外界载荷作用下，电磁集能式 TMD 能量收集效率定义为：

$$P = c_e \dot{x}^2 = \frac{(2\pi\alpha\varepsilon v)^2}{\eta l^2 (R + R_1)}$$

式中：ε 为电动势常数；v 为电磁集能式调谐质量阻尼器与单自由度结构之间的相对速度，$v = v_T - v_s$。

（5）数值仿真

利用 Matlab 对电磁集能式 TMD 进行减震性能的数值仿真如表 3-2 所示。实验参数选取 $m_s = 200$ kg，$k_s = 7.89$ kN/m，阻尼比 $\zeta_s = 0.02$，TMD 质量与单自由度结构质量的比值 $\mu = 0.03$。TMD 的最优频率选为 $f_{opt} = \dfrac{1}{1+\mu}$，最优阻尼比选为 $\zeta_{op} = \sqrt{\dfrac{3\mu}{8(1+\mu)}}$。

表 3-2　TMD 与电磁集能式 TMD 的仿真参数

名称	结构相关参数
TMD	$m_T = 6$ kg；$\zeta_T = 0.105$
	$k_T = 223$ N/m；$w_T = 6.10$ Hz
电磁集能式 TMD	$m_T = 6$ kg；$k_T = 300$ N/m
	$m_e = 2$ kg；$\zeta_T = 0.105$
	$\delta = 0.01$；$w_s = 6.13$ Hz

选取经典的 EI Centro 地震加速度波进行 TMD 结构减震性能和能量收集性能的分析，地震加速度上限设为 3.417 m/s²，如图 3-15 所示。

TMD 结构减震性能如图 3-16 所示，传统 TMD 与电磁集能式 TMD 减震性能对比如表 3-3 所示。

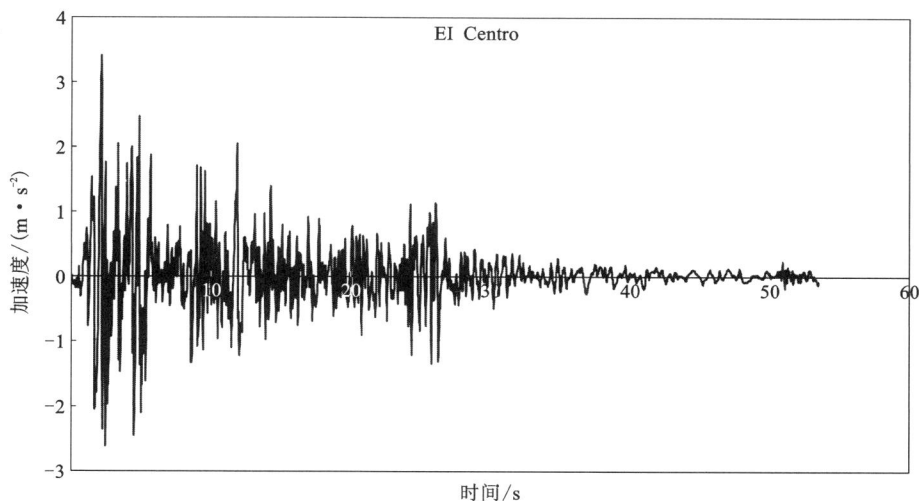

图 3-15　地震加速度时程图

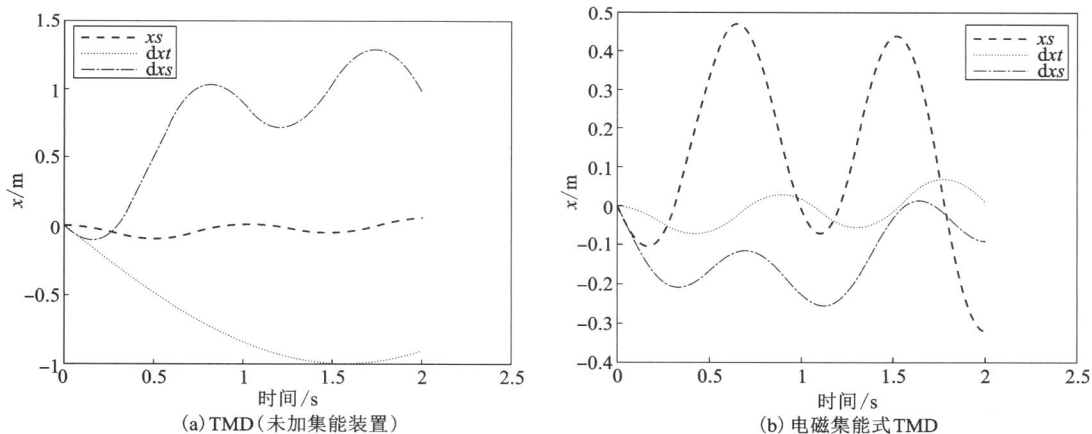

（a）TMD（未加集能装置）　　　　（b）电磁集能式 TMD

图 3-16　TMD 结构减震性能时程图

表 3-3　传统 TMD 与电磁集能式 TMD 减震性能对比

TMD 结构	位移/%	加速度/%
传统 TMD（峰值减震标准）	90.31	−8.86
电磁集能式 TMD（峰值减震标准）	91.46	78.84

据表 3-3 可知，电磁集能式 TMD 与传统 TMD 减震性能相近。

电磁集能式 TMD 收集到的功率如图 3-17 所示。整个仿真时间段中，电磁集能式 TMD 能量收集的峰值是 6.06 W，平均功率为 3.04 W，收集到的能量总和为 6.08 J。

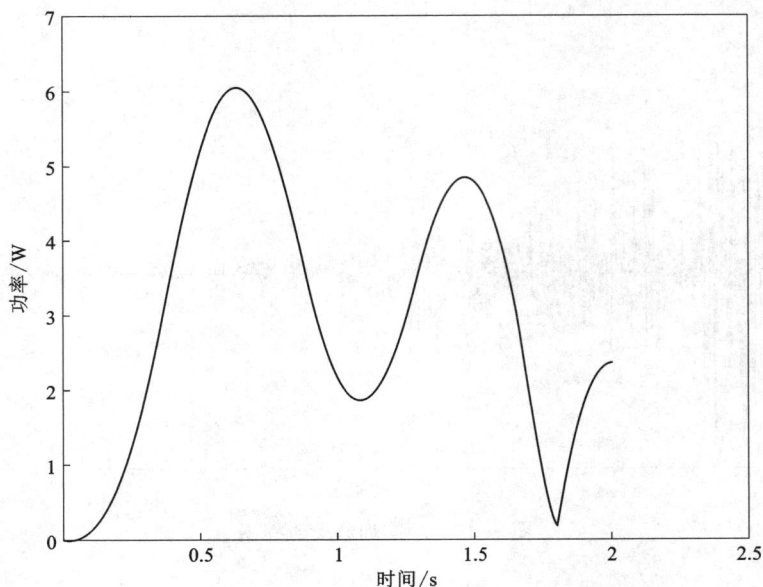

图 3-17   电磁集能式 TMD 能量收集功率时程图

（6）结果分析

该项目在传统 TMD 的基础上进行改造，增加了电磁式的振动能量收集装置，使 TMD 的同时具备了结构减震与能量储存功能，提高了自然资源的利用率。之后建立了电磁集能式 TMD 动力学模型、能量收集模型，并对其进行地震载荷下的数值仿真，得到如下结论：电磁集能式 TMD 在地震载荷下收集的能量可以为小型无线传感器提供工作所需的能源；电磁集能式 TMD 与传统 TMD 的减震效果相似，但考虑到电磁集能式 TMD 除结构减震外还拥有能量收集的功能，若成本可有效降低，则其具有广阔的推广价值。

4. 收获与体会（摘自项目组成员）

虽然我们之前对这个领域并不是十分了解，但经过一个暑假的集中学习，我们熟悉并掌握了机械振动、能量收集的基本知识及虚拟样机仿真的相关技术。

（1）机械振动的基本知识

机械振动是指物体或质点在其平衡位置附近所做有规律的往复运动。振动的强弱用振动量来衡量，振动量可以是振动体的位移、速度或加速度。振动量如果超过允许范围，机械设备将产生较大的动载荷和噪声，从而影响其工作性能和使用寿命，严重时会导致零部件的早期失效。例如，透平叶片因振动而产生的断裂可以引起严重事故。由于现代机械结构日益复杂，运动速度日益提高，振动的危害更为突出。反之，利用振动原理工作的机械设备，应能产生预期的振动。在机械工程领域，除固体振动外，还有流体振动，以及固体和流体耦合的振动。空气压缩机的喘振，就是一种流体振动。

只有在已知机械设备的动力学模型、外部激励和工作条件的基础上，才能分析研究机械设备的动态特性。动态分析包括计算或测定机械设备的各阶固有频率、模态振型、刚度和阻尼等固有特性。根据固有特性可以找出产生振动的原因，避免共振，并为进一步动态分析提供基础数据；计算或测定机械设备受到激励时有关点的位移、速度、加速度、相位、频谱和振动的时间历程等动态响应，根据动态响应考核机械设备承受振动和冲击的能力，寻找其薄弱环节和浪费环节，可以为改进设计提供依据；分析计算机械设备的动力稳定性，确定机械设备不稳定，即产生自激振动的临界条件，可以保证机械设备在充分发挥其性能的条件下不产生自激振动，并能稳定地工作。

（2）能量收集的基础知识

能量收集通常是指将环境中的摩擦能、电磁能、温差能、振动能、光能、重力势能等未使用的能量转为可用的电能的技术。每种能量收集方式都有各自的优、缺点，如摩擦能需要两种不同的材料相互摩擦才会产生；太阳能转化效率低，并网难度大。通过收集环境中微弱的能量来给外接负载或电池提供电能，不仅可以延长外接负载的使用寿命、减少电池电能的损耗，而且可以减少对传统能源的依赖，更好地保护环境。

能源收集技术距今已经有 20 多年的发展，其在很长时间内发展平缓，但随着物联网技术的兴起，智能家居市场的快速扩大以及 5G 技术的迅速发展，对无线传感器网络的能源供应提出了更高的要求，继而推动了能源收集技术的再一次蓬勃发展。

（3）仿真的知识

仿真是指利用模型复现实际系统中发生的本质过程。仿真按所用模型的类型（物理模型、数学模型、物理-数学模型）可分为物理仿真、计算机仿真（数学仿真）、半实物仿真。仿真模型是被仿真对象的相似物或其结构形式，它可以是物理模型或数学模型，但并不是所有对象都能建立物理模型。例如为了研究飞行器的动力学特性，在地面上只能用计算机来仿真。为此，首先要建立对象的数学模型，然后将它转换成适合计算机处理的形式，即仿真模型。具体来说，对于模拟计算机，应将数学模型转换成模拟排题图；对于数字计算机，应转换成源程序。通过实验可观察系统模型各变量变化的全过程。为了寻求系统的最优结构和参数，常常要在仿真模型上进行多次实验。在系统的设计阶段，人们大多利用计算机进行数学仿真实验，因为修改、变换模型比较方便和经济。在部件研制阶段，可用已研制的实际部件或子系统去代替部分计算机仿真模型进行半实物仿真实验，以提高仿真实验的可信度。在系统研制阶段，大多进行半实物仿真实验，以修改各部件或子系统的结构和参数。在个别情况下，可进行全物理的仿真实验，这时计算机仿真模型全部被物理模型或实物代替。全物理仿真具有更高的可信度，但价格昂贵。

3.2.3 智慧城市自动分类垃圾桶

项目名称：易分宝——智慧城市自动分类垃圾桶系统。项目组成员：左露洁、张幔、狄雨洋、刘冬阳、杨旭。该项目为 2020 年大学生创新创业训练计划国家级项目。

1.选题背景

2019 年，垃圾分类的一股热潮首先在上海掀起，这股热潮迅速席卷了全国的一、二线城市，项目组成员身处的长沙小区和街道上的垃圾桶也悄然发生了变化，从平平无奇的"可回收垃圾""不可回收垃圾"两个普通垃圾桶变成分类准确的"湿垃圾""干垃圾""有害垃圾""其余垃圾"四个垃圾桶。垃圾分类说来简单，实施起来却困难重重，首先要面临的就是如何分类的问题(图 3-18)。作为大学生,对垃圾的分类标准尚不明确,更何况一些完全没有接触过垃圾分类的人群。政府和学校虽针对此问题迅速给出了相应的解决办法,招募垃圾分类志愿者帮助居民学习和实现垃圾分类,但由于垃圾桶数量庞大,会消耗大量的人力,实施起来仍具有一定的难度,那么作为大学生,能不能为垃圾分类做出一些贡献呢? 这个想法一直萦绕在团队成员的心头。

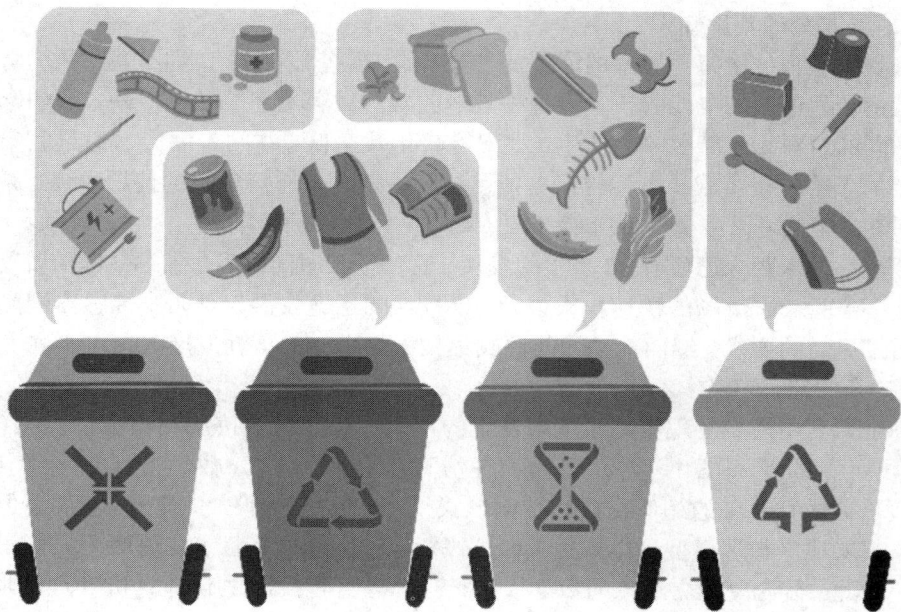

图 3-18 垃圾分类图

直到项目申请通知下发之前,为垃圾分类贡献一份力量的想法一直停留在思想层面,若没有机会去深入研究和落实,想法永远也只是想法,并没有什么实际的价值。经过讨论,该团队下定决心抓住这次学校给予的宝贵机会,以垃圾分类为主题深入研究,为彻底解决垃圾分类难题提供思路与办法。

2. 实施进展

怀着强烈的兴趣和热情,该团队迅速组成了一个 3 人小组,就解决垃圾分类问题开展了头脑风暴。3 人各抒己见,首先对目前垃圾分类存在的问题进行了梳理,主要包括居民垃圾分类意识不强、分类知识薄弱、分类不准确等几个方面的问题,然后针对相关问题给出了相应的解决方法,最后决定以开发"智能分类垃圾桶"为主要方向,打造真正能够解决垃圾分类问题的分类垃圾桶。团队成员带着讨论结果和确定的方向,去向指导老师寻求建议,老师首先对团队成员的想法给予鼓励,然后给出了一些建设性的意见和想法:探寻一个项目的方向,首先应该做的是查找相关文献,充分了解其目前的发展状况,对已有的研究进行总结并在已有结论上实现突破和创新;其次是要针对项目主题寻找一些相关专业的同学,这些同学的加盟会使团队更有活力和创新力;最后是要努力实现自己的研究成果,把它做成真正能为垃圾分类问题做出贡献的实物，而不仅仅是停留在理论层面。指导老师的一番话为团队成员后续的项目进行步骤指明了方向，推动了整个项目的顺利开展。

　　一个好的开始是成功的一半，经过讨论，团队成员决定首先从实地调查、文献查找两个方面入手，初步了解垃圾桶的使用现状和发展情况。他们实地考察了岳麓区某小区内的分类垃圾桶设施(图 3-19)，小区内以普通垃圾桶为主，也有部分自动分类垃圾桶，但垃圾桶体积庞大，而且应用范围较小，放置距离常常较远。同时，团队成员利用图书馆内的中国知网、万方数据等平台查询相关文章，了解到一些目前关于智能分类垃圾桶的研究进展，主要包括语音询问具体垃圾指导投放位置、传感器识别垃圾种类、基于深度学习神经网络完成垃圾分类等，但实验的投放效果不够理想，且造价偏高，不利于推广使用。通过总结现有研究和实际需要，团队成员决定以公园、校区、街道等公共场所为应用场景，将垃圾桶分为垃圾桶结构的硬件部分和后台管理系统的软件部分(图 3-20)。其中，硬件部分主要包括供电组件、分类装置、初步处理装置；软件部分主要是对该区域内垃圾桶运行的后台进行管理与监测。

图 3-19　实地考察小黄狗垃圾回收站

　　供电组件使用光伏组件供电系统，主要由太阳能板、控制器及蓄电池组成。考虑到我国太阳能资源分布差异，为提高太阳能板的工作效率，采用阻尼转轴作为太阳能板与垃圾桶的连接，可调节太阳能板的倾斜角度，使之达到当地最佳日照角度；为使结构紧凑，蓄电池放置在支架空心轴内，并连接电板与用电元件，在桶底开有线路槽，供蓄电池充电。供电系统具体如图 3-21 所示。

　　分类装置是垃圾桶实现分类的主要运动部件，考虑到卫生问题，结合生活中的感应水龙头，团队成员想到了采用垃圾桶盖自动开合装置(图 3-22)，当行人走近预先设置的阈值范围内时，热释电传感器响应并向单片机发出信号，单片机接收信号后发出指令，触发步进电机运作，使桶盖向一侧旋转打开；当行人远离时，热释电传感器与步进电机作出响应，控制桶盖闭合。

行人走近
投放垃圾

垃圾桶1

垃圾桶盖打开

启动

高清摄像头模块

热释电传感器
接收信号

垃圾桶盖闭合

投放完毕
行人离开

Wi-Fi模块
信息传输

垃圾桶2

垃圾桶3

管理员后台系统

当垃圾量达到80%
时，系统弹出提示
信息，提醒管理人
员及时回收

扇形识别层旋转到对
应的分类区域上方

Wi-Fi模块
信息传输

垃圾通过重力作用
掉落到桶内

扇形识别层
底部旋开

电机旋转圆轴

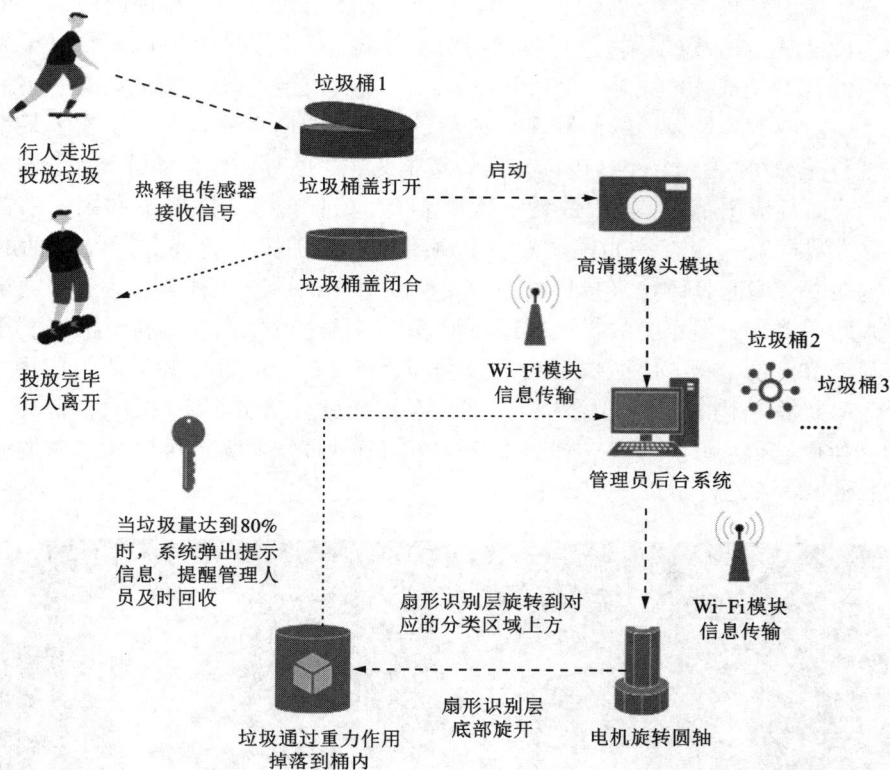

图 3-20　分类流程图

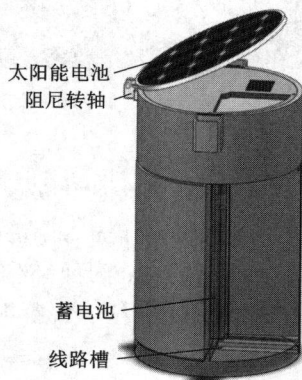

太阳能电池
阻尼转轴

蓄电池

线路槽

图 3-21　供电系统

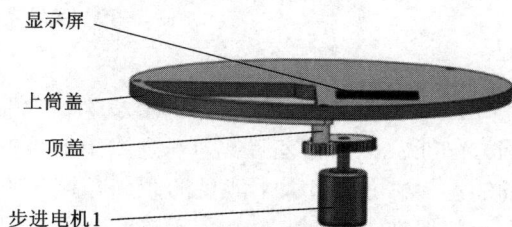

显示屏

上筒盖

顶盖

步进电机1

图 3-22　自动开合装置

　　完成了自动开合装置的具体设计，新的问题又产生了，如何在一个相对较小的空间内完成垃圾的种类识别和准确投放呢？团队成员带着这个疑问在专利、论文中寻找答案，却遗憾地没有找到合适的解决方法，于是团队成员开始了每天晚上七点的头脑风暴会议，最后针对垃圾识别方法提出使用摄像头捕捉垃圾图像，将图像信息处理后传递给后台管理系统，对比后台建立的垃圾图像信息识别出垃圾种类。但如何实现自动准确投放仍然是团队成员难以解决的技术难题。于是大家开始将目光转向生活中的一些实例和现象，比如酒店中放置热毛巾的带有两个方形隔间的推车、利用机械臂实现垃圾投放、设置垃圾桶滑道等，最终确定垃圾桶的形状为圆形，并将垃圾桶分为扇形识别区与盛放区两个区域，在识别区实现垃圾的种类识别，并由单片机发出指令，触发步进电机运作，带动识别区旋转开合，利用重力作用实现垃圾正确投放。识别区结构设计如图 3-23、图 3-24 所示。

由于湿垃圾对垃圾桶内部的环境有非常大的危害，尽管在扇形识别区放置了可以去除异味的活性炭包，利用其对气体分子的吸附性，实现垃圾桶内部的空气净化，但还是要从根源上对垃圾进行一些初步的处理。通过查阅资料，团队成员发现了一些处理垃圾的化学方法，但由于存在更换的难度，他们创造性地提出了双层沥水垃圾袋（图 3-25）。双层沥水垃圾袋内层为细网状，外层为底部有活塞的普通垃圾袋。管理人员在回收时只需要回收内层垃圾袋，打开活塞排放外层垃圾袋积聚的污水，即可对湿垃圾进行回收。

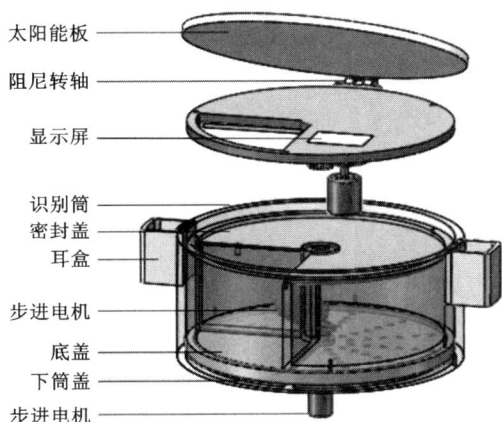

太阳能板
阻尼转轴
显示屏
识别筒
密封盖
耳盒
步进电机
底盖
下筒盖
步进电机

图 3-23　识别区结构设计

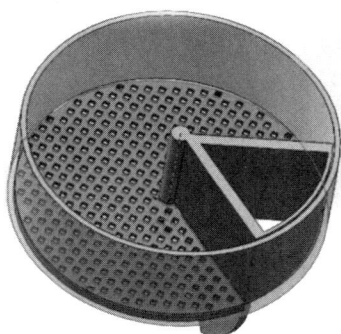

图 3-24　识别区设计

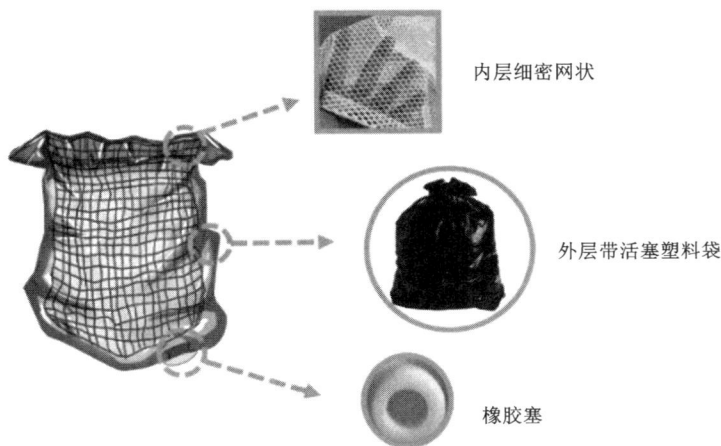

内层细密网状

外层带活塞塑料袋

橡胶塞

图 3-25　双层沥水垃圾袋

非专业学科的他们面对软件部分的设计和完成发了愁,完全不熟悉软件编写和垃圾图像模型建立的他们只能借助外部的力量。常言道"在家靠父母,在外靠朋友",为了解决垃圾种类识别的问题,团队成员向计算机院及自动化院的同学寻求帮助,在两位同学的帮助下,团队使用 Java 语言编写构建了后台管理系统,界面如图 3-26 所示;同时建立在图像分类方面效果良好的 ResNet 迁移学习模型;以华为云"人工智能大赛·垃圾分类挑战杯"的数据为基础,添加 GaryThung 和 MindyYang 创建的垃圾图像数据,构成了一个有 35 种分类,共 12811 张图片的数据集,对模型进行训练及测试。测试结果及模型整体评估结果如图 3-27 所示。

图 3-26 管理员界面

| 准确率 89.0% | F1-分类 88.7% | 精确率 88.9% | 召回率 88.8% |

图 3-27 识别模型相关评价指标

完成了垃圾桶内部结构的硬件设计和软件设计后,团队成员面临的最大挑战就是如何把理论付诸实践,将纸上的垃圾桶变成真正的实物。项目中期,团队人数也在扩充,由最初的 3 人小组,变为分工明确、协调合作的 5 人队伍,他们分别来自 3 个不同的专业,所涉及的领域虽然有所不同,却都为项目的发展作出了贡献。为确保实物制作顺利进行,首先需要绘出工程图和具体的三维模型图,机电院的同学担起了绘制三维模型图的重任,同时为各部件的连接以及完成整体的运转给予指导和建议;新能源专业的同学也发挥自己的专业长处,在光伏供电组件上进行设计和完善。团队成员借助自己所学的 CAD 及 SolidWorks 软件知识,最终绘出了具体的三维模型图,如图 3-28 所示,为实物制作打下了良好的基础。由于学习了机械设计基础这门课,团队成员对机械设计的原则以及各部件的连接方式都有所了解,同时在机电院成员的帮助下,一遍遍地修改图纸和三维模型图,从一个零件,到一个区域,最后到整个垃圾桶模型的建立,他们一路汗水,也一路收获。

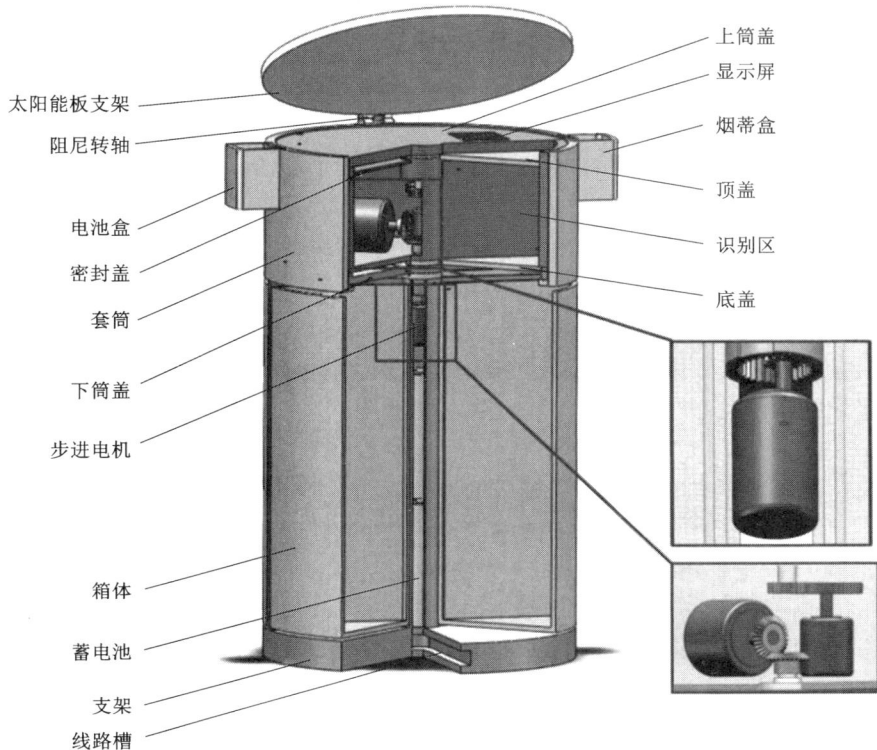

太阳能板支架
阻尼转轴
电池盒
密封盖
套筒
下筒盖
步进电机

箱体
蓄电池
支架
线路槽

上筒盖
显示屏
烟蒂盒
顶盖
识别区
底盖

图 3-28　三维模型图

模型制作时正值疫情期间，成员们都在家上网课，没有办法见面沟通，也没有办法实地到工厂加工模型，只能由长沙本地的两位同学到工厂加工一些零件，同时利用网络联系一些 3D 打印店，购买齐全所有模型制作所需零件，其中包括步进电机、摄像头、传感器等部件。全部零件购买完成后，长沙的两位同学开始组装，遇到的第一个问题便是单片机的制作问题，因为单片机制作难度大，而且已经超出大家的知识范围。十分庆幸的是，机电院的同学单片机实际操作能力特别强，不仅完成了单片机的制作，还主动承担起模型的制作指导工作。在团队成员的共同努力下，最终完成了实物模型的制作（图 3-29）。

图 3-29　实物模型图

3. 创新点

为进一步完善整个垃圾桶的功能和便于推广，成员们给垃圾桶设计了两个特别的区域：在两边安装放置电池和烟蒂的两个耳盒，同时为了方便垃圾桶的及时清理，借助重量传感器设置了满溢预警。其中，两个耳盒对称放置，不仅解决了危险垃圾和有害垃圾的独立放置问题，能延长垃圾桶的使用寿命，而且整体看去垃圾桶类似一个动画人物的形象。针对其外观，还可以结合当地的特色，制造出更具有吸引力的垃圾桶。满溢预警的存在可以方便工作人员管理，同时确保垃圾桶正常运行，当传感器检测到桶内垃圾已达容积的80%以上时，便开启满溢警报，提醒后台工作人员及时处理。

项目后期，团队主要是对垃圾桶进行实验测试以及功能完善，其中包括提高垃圾识别正确率、提升便捷度以及识别区承重分析。通过测试发现，摄像头捕捉垃圾信息时需要一定的亮度才能更清晰地拍摄图像，于是团队在识别区域内部增加了 LED 灯带用来补充亮度，确保图像的清晰度。使用过程中，团队发现使用者对所投放的垃圾信息不明确且不清楚是否投放完成，为了解决这个问题，成员们在垃圾桶盖上增加了显示屏，用来显示投放垃圾的信息，使投放者即时了解垃圾桶内的实际情况，一方面可以更放心地使用，另一方面可以学习到垃圾分类的知识，一举两得。垃圾在识别区通过摄像头捕捉图像，因此对识别区承重范围的研究十分有必要。团队借助 SolidWorks Simulation 进行模拟，以不锈钢扇形底盖为例，当有 10N 的静载荷加载在半径为 50 mm 的扇形区域内时，模拟结果如图 3-30、图 3-31 所示，其中底盖的最大位移为 6.638×10^{-3} mm，不足 0.01 mm。

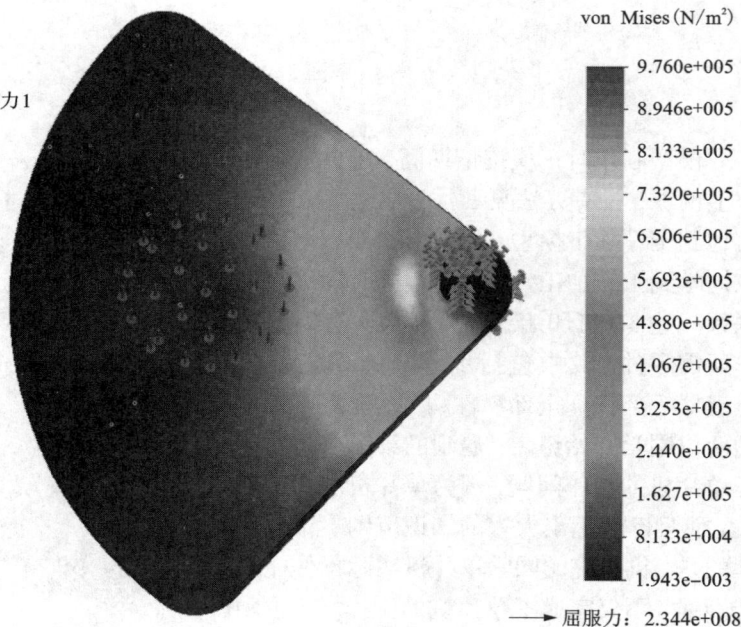

模型名称：底盖
算例名称：静应力分析1(-默认-)
图解类型：静应力分析 节应力 应力1
变形比例：4445.1

von Mises (N/m²)

9.760e+005
8.946e+005
8.133e+005
7.320e+005
6.506e+005
5.693e+005
4.880e+005
4.067e+005
3.253e+005
2.440e+005
1.627e+005
8.133e+004
1.943e-003

——▶ 屈服力：2.344e+008

图 3-30　底盖应力分析图

模型名称：底盖
算例名称：静应力分析1(-默认-)
图解类型：静态位移1
变形比例：4445.1

URES(mm)

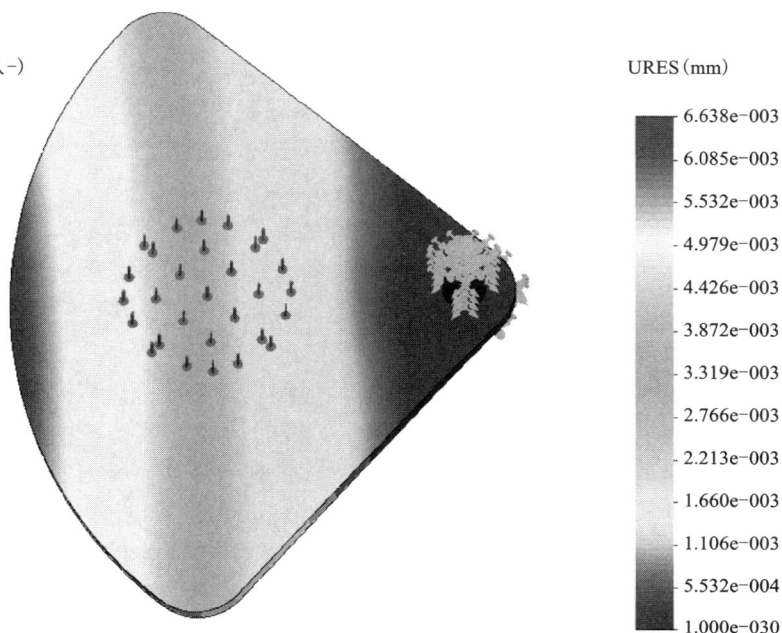

6.638e-003
6.085e-003
5.532e-003
4.979e-003
4.426e-003
3.872e-003
3.319e-003
2.766e-003
2.213e-003
1.660e-003
1.106e-003
5.532e-004
1.000e-030

图 3-31   底盖位移分析图

4.收获与体会(摘自项目组成员)

难以否认，在项目进行过程中困难重重，但我们从未言弃，我们坚信朝着对的方向努力就一定会有胜利的果实。挫折与困难常伴，失望与摔跤并行，但鼓励与帮助又时而柳暗花明。我们五人团结并进，一路上相互扶持，也结下了深刻的革命情谊。一路走来，我们得到了许多人甚至是陌生人的帮助，收获了太多，也成长了很多。十分感谢学校给予我们这样一个机会去成长、去锻炼、去试错。

3.2.4   公共汽车智能局部制冷系统

项目名称：基于 TEC 的公共汽车智能局部制冷系统。项目组成员：肖汉、赵卓尧、胡洪莉、廖航、高深。该项目为 2020 年大学生创新创业训练计划国家级项目。

1.选题背景

(1)选题思路

热电制冷(thermoelectric cooling, TEC)具有结构简单(整个制冷器由热电堆和导线连接而成，没有任何机械运动部件，因而无噪声、无摩擦，可靠性高、寿命长，而且维修方便)、体积小(特别是在小体积、小负荷的用冷场合，使用热电制冷有其独到的好处)、启动快、控制灵活(只要接通电源，即可迅速制冷，冷却速度和制冷温度都可以通过调节工作电流简单而方便地实现)、操作具有可逆性(既可以用来制冷，又可以改变电流方向用于制热，因而可以用来制作从高于室温到低于室温范围内的恒温器)的优点，将其应用于小型制冷系统(如车载冰箱制冷系统)，将在一定程度上解决长期以来传统制冷系统无法解决的问题。

71

（2）国内外研究现状

在杨亚新的研究中，横向对比了几种可用于激光发射器冷却的冷却方式，最终得出的结论为热端强制对流换热的热电制冷技术较为契合激光发射器。高广波等学者具体研究了热电制冷在激光器上应用时合理的设计步骤，并研究了最佳的应用方式，以提高其效率。而沈渊具体化地将热电制冷技术应用到了 532 nm 半导体激光器，在有限元分析后改变了相关部件的尺寸，以达到更好的散热效果。

热电制冷在芯片领域较为有代表性的是钱小龙进行的研究，该研究不仅阐述了热电制冷技术在电子器件层面的应用，还综合各因素提出了新的控制方程。电子科技大学的武宗祥研究了热电制冷在去除芯片热电方面的应用，并得出该方式的确可以提高芯片工作效率与延长其寿命的结论。

比较具有代表性的是曹琳琳进行的应用层面的研究，其提出了一种基于热电制冷技术的热防护服，充分发挥了该技术的优势，同时研究了该技术在防护服领域的制冷特性。同样选择将热电制冷与液冷结合的研究方向的还有黄明月学者，其更多地分析了相关防护服的制冷特性。

陈建华等人进行的研究，将 3D 打印技术用到热电制冷冰箱制作领域，并成功设计制作出了可民用的小功率冰箱。罗斌教授与代彦军教授则将太阳能技术结合热电制冷技术进行了相关数值模拟，阐述了其可行性并建立了理论模型。

（3）目的及意义

热电制冷不仅具有体积小、性能稳定、无须制冷剂等优势，而且安装相对简单，没有运动部件，控制方便且运行稳定可靠。为了充分发挥 TEC 小巧方便的特性，经过再三斟酌，在与导师进行沟通后，该小组决定对本次大学生创新创业项目的内容进行微调。调整后，该小组积极查阅国内外相关文献近 40 篇，开展对照实验，对不同工况的多种 TEC 芯片、箱体、保温措施、冷热端散热措施进行了实验，并得到了一系列实验结果，该小组拟通过寻求多元组合最优解，同时保证经济性、环保型、实用性。

2. 实施进展

（1）实验方案及实施情况

制冷系统模型如图 3-32 所示，实验研究过程中，该小组拟确定该车载冰箱制冷系统中使用 TEC 芯片的型号、箱体规格、保温措施、冷热端散热方式等。通过调试实验装置，在不同的对比条件下，小组进行了一系列针对上述问题的实验，分为了四个方面：关于 TEC 芯片性能的对比试验、关于冷热端散热方式的对比试验、关于不同箱体规格的制冷效果对比试验、关于不同保温措施的对比试验。实验分为前后两个阶段，前一阶段主要是对实验可行性的摸索，后一阶段则将重点放在如何提升实验装置的性能，让 TEC 车载冰箱真的可以适应当今现实生活的需求。

TEC 的制冷系数普遍较小，电耗量相对较大，一般只用于制冷量小且空间较小的场合。目前市面上主流的 TEC 芯片生产厂家生产的 TEC 芯片多为元件对数为 127 的碲化铋粒子结构。该小组选购市面上常见的一款 TEC1-12706 和高性能 TEC1-12712，其实物图和性能参数见图 3-33 和表 3-4。

项目小组设置单一变量实验，通过测量 25℃/5℃ 环境下箱内降至 4℃（保鲜温度）所用时间以及 25℃/5℃ 环境下箱内极限温度，初步评判芯片的性能，希望通过两种芯片的组合，在同时满足经济型和环保型要求的前提下，达到预设要求，即两分钟内将箱内温度降至保鲜温度，以满足用户的实际需求。

由于实验人员的操作失误，导致待测试的一组 TEC1-12712 中的一块芯片出现了短路现象，一阶段无法进行预设实验，待故障排除之后，项目小组完成了接下来的 TEC 芯片的性能测试实验，结果如表 3-5 所示。

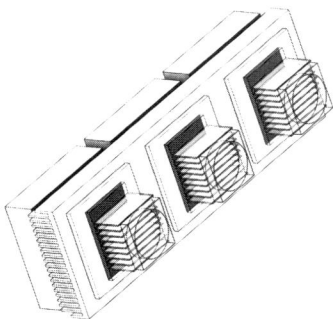

图 3-32　制冷系统模型图

图 3-33　TEC1-12706 和 TEC1-12712 芯片

表 3-4　TEC1-12706 和 TEC1-12712 性能参数对照表

芯片型号	TEC1-12712	TEC1-12706
外形尺寸	40 mm×40 mm×3.3 mm 元件 127 对	40 mm×40 mm×3.7 mm 元件 127 对
导线规格	引线长(200±8)mm 的 RV 标准导线 单头 5 mm 镀锡	引线长(300±5)mm 的 RV 标准导线 单头 5 mm 镀锡
内部阻值	1.0~1.1 Ω [环境温度(23±1)℃，1 kHz AC 测试]	2.0~2.2 Ω [环境温度(23±1)℃，1 kHz AC 测试]
最大温差	$\Delta T_{max}(Qc=0)62℃$ 以上	$\Delta T_{max}(Qc=0)62℃$ 以上
工作电流	$I_{max}=9.5$ A(最大电压 15.5 V 启动时为 12 A)	$I_{max}=6$ A(额定电压启动时为 4.5 A)
额定电压	DC12V(最大电压：15.5 V)	DC12V(最大电压：15.5 V)
制冷功率	114 W	60 W
装配压力	85 N/cm²	85 N/cm²
工作环境	温度范围为-55~83℃ (过高的环境温度将直接影响制冷效率)	温度范围为-55~83℃ (过高的环境温度将直接影响制冷效率)
封装工艺	四周标准 704 硅橡胶密封	四周标准 704 硅橡胶密封
包装标准	泡沫盒包装，存放条件为环境温度-10~40℃	泡沫盒包装，存放条件为环境温度-10~40℃
存放条件	-40~60℃	-40~60℃
电源要求	单个电压 12 V、电流 12 A 以上的工作电源 (可串联使用)	单个电压 12 V、电流 12 A 以上的工作电源 (可串并联使用)

表 3-5　TEC1-12706 和 TEC1-12712 性能测试结果

芯片型号	25℃环境下箱内降至 4℃所用时间/s				25℃环境下箱内极限温度/℃	5℃环境下箱内降至 4℃所用时间/s				5℃环境下箱内极限温度/℃
	实验数据记录			平均值		实验数据记录			平均值	
	第一次	第二次	第三次			第一次	第二次	第三次		
TEC1-12706	153	153	153	153.00	-5.1	91	95	36	90.67	-12.6
TEC1-12712	121	119	115	118.33	-8	78	75	74	75.67	-15.3

注：风机组合方式：冷端小风机鼓风、热端大风机吸鼓吸。

通过实验对比，不难发现，芯片 TEC1-12712 的性能优于芯片 TEC1-12706 的性能，在 25℃/5℃环境下箱内降至 4℃（保鲜温度）所用时间的测定和特殊的实验箱体体积中，芯片 TEC1-12712 达到了预设要求，即两分钟内将箱内温度降至保鲜温度，以满足用户的实际需求。

但是考虑到现实中车载冰箱尺寸一般与实验装置箱相比较小，且夏天车内一般开有空调，环境相对有利于 TEC 车载小冰箱制冷，所以结合实际情况将 TEC1-12706 芯片和高性能 TEC1-12712 芯片混合使用，可以在保证制冷效果的前提下做到较低的能耗。

小组采用 3 块 TEC 芯片，每块芯片采用独立风机进行冷热端的热交换。风机的安装位置决定了风机的出风口，可根据风机的出风口将风机的运行方式分为吸风式和鼓风式。风口朝向散热片的即为鼓风式，反之，风口朝向环境的为吸风式。良好的热端换热性能直接影响到整个制冷系统的工作效率，不良的热端换热性能甚至将直接危及 TEC 芯片。不同的风机安装方式对于制冷系统热端散热的影响有着明显的差异，为此，实验小组设定了 8 种不同的组合方式，对 TEC1-12706 芯片在无保温措施的条件下，使用小号箱（外径为 340 mm×220 mm×180 mm，内径为 300 mm×180 mm×145 mm）进行实验，确定风机安装的最优解，实验数据及结果如图 3-34、表 3-6 所示。

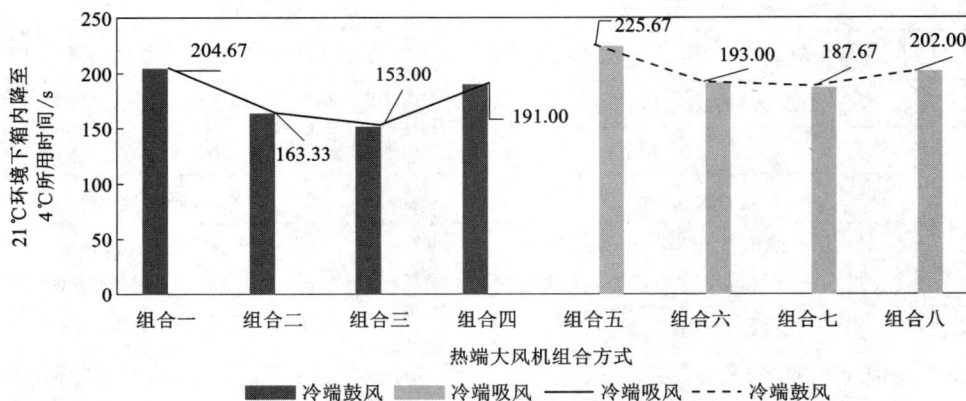

图 3-34　冷热端散热方式对比实验

表 3-6　冷热端散热方式对比实验数据记录表

散热方式				25℃环境下箱内降至4℃所用时间/s				25℃环境下箱内极限温度/℃
冷端小风机	热端大风机			实验数据记录			平均值	
	1号	2号	3号	第一次	第二次	第三次		
鼓风	鼓风	鼓风	鼓风	205.00	205.00	204.00	204.67	-1.60
	吸风	吸风	吸风	164.00	163.00	163.00	163.33	-3.40
	吸风	鼓风	吸风	153.00	153.00	153.00	153.00	-5.10
	鼓风	吸风	鼓风	192.00	190.00	191.00	191.00	-3.70
吸风	鼓风	鼓风	鼓风	227.00	225.00	225.00	225.67	-1.20
	吸风	吸风	吸风	194.00	192.00	193.00	193.00	-2.50
	吸风	鼓风	吸风	188.00	188.00	187.00	187.67	-3.90
	鼓风	吸风	鼓风	203.00	201.00	202.00	202.00	-3.50

　　不难发现，在8种不同的风机组合方式中，冷端小风机采用鼓风式，热端大风机采用中间鼓风式和两端吸风式，在同等的风扇能耗下，制冷系统整体制冷效果更好。

　　箱体规格：

　　大号外径 475 mm×320 mm×260 mm，内径 425 mm×265 mm×215 mm；

　　小号外径 340 mm×220 mm×180 mm，内径 300 mm×180 mm×145 mm。

　　不同箱体规格的制冷效果的对比实验是对不同规格车载冰箱实际效果的重要模拟，项目小组将不同规格的对比实验贯彻始终，在每一阶段的实验中均有所体现。

　　传热主要有三种形式：导热、对流传热、辐射传热。小组选用的箱体及相关的密封措施比较好，理论上箱体的对流换热几乎为零，箱体采用可发性聚苯乙烯材料制作而成，导热系数在 0.033~0.044，故该小组拟对箱体辐射换热进行控制，并对箱体内外使用锡箔纸进行包裹(图3-35)，希望从最大程度上改善辐射换热条件。

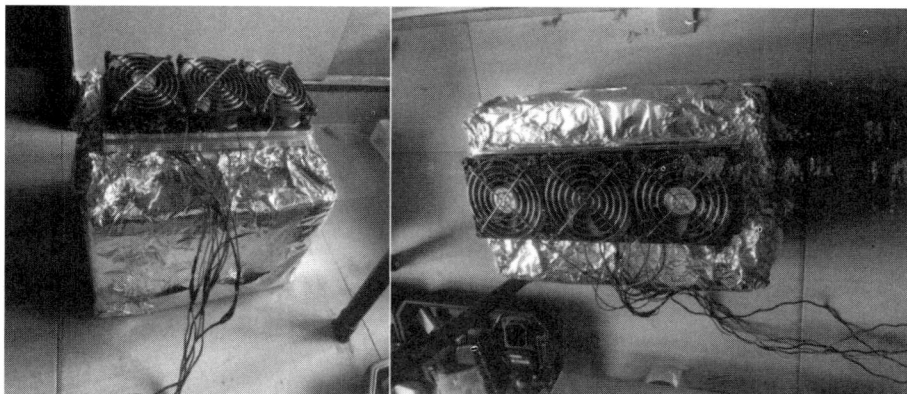

图 3-35　箱体外观

实验数据及分析如表 3-7、图 3-36 所示。

表 3-7　保温实验数据记录表

措施序号	保温措施	25℃环境下箱内降至 4℃所用时间/s				25℃环境下 箱内极限温度/℃
		实验数据记录			平均值	
		第一次	第二次	第三次		
1	不做保温措施	153.00	150.00	161.00	154.67	−5.10
2	保温箱内、外壁 覆盖锡箔纸	207.00	200.00	210.00	205.67	−5.60

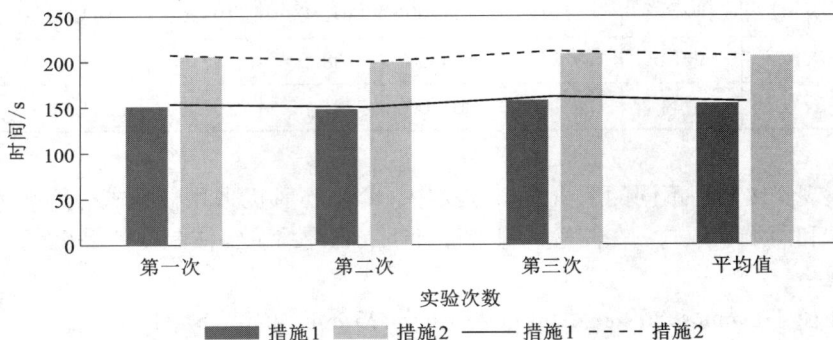

图 3-36　保温实验结果

　　两者在相同工况下的极限温度十分接近，在误差允许的范围之内，小组认为此二者无明显差异，故暂且能排除辐射换热对制冷系统的影响。

　　第一阶段实验中，箱盖与箱体接合处始终存在密封不紧密的问题，出现同种问题的位置还有 TEC 车载冰箱制冷部分主体与箱体的连接处。第二阶段，小组进行了设备上的优化，特别针对这两处部位进行了仔细密封，实验整体的制冷效果都得到了很大的提升。实验中遇到的这个问题启发该小组认真思考如何去平衡冰箱的启闭与预设制冷效果的平衡，适当对装置能力有所预留。

　　（2）装置制作

　　车载冰箱制冷系统主要由 TEC 芯片、散热片、风机以及一些配套性能改善元器件组成。制冷系统实物图如图 3-37~图 3-39 所示。

　　3. 创新点

　　与传统冰箱及传统制冷技术相比，基于 TEC 的局部冰箱系统在保证热舒适性的同时，能更好地降低能耗、减少污染物排放、消除制冷剂泄漏，符合当前绿色、节能、环保、舒适的时代主题。该项目创新点及突出优势主要有以下几点。

　　①更加适合局部制冷。半导体制冷技术具有结构紧凑、维修方便、布置灵活、无制冷剂等优点，非常适合用来组成局部冰箱，对车厢或冰箱局部环境进行制冷。

②更能同时满足舒适与低耗能需求。只对局部环境制冷的无制冷剂的汽车或局部冰箱具有很高的研究价值，局部冰箱系统不仅能满足个人热舒适性要求，其能耗也低于传统冰箱。

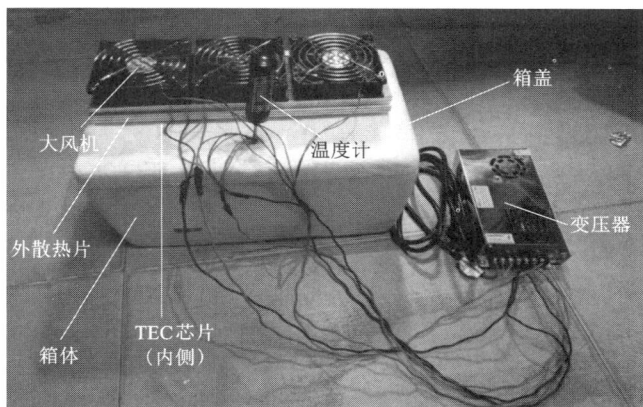

图 3-37　制冷系统实物外观

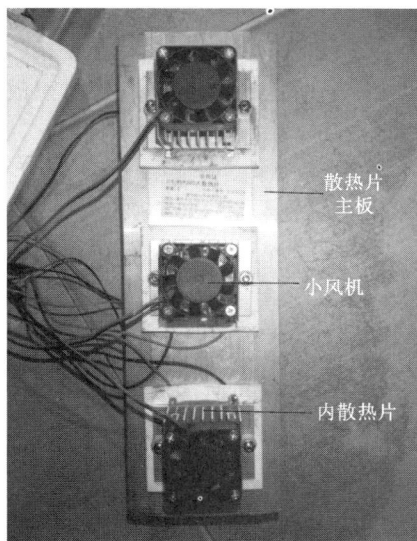

图 3-38　散热部件内部结构

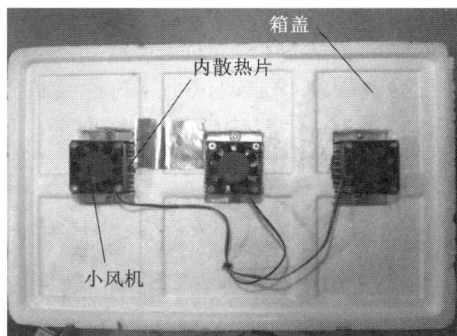

图 3-39　制冷系统底部

③更安静。半导体制冷装置组成的局部冰箱系统没有运动部件，在运行时不会发出强烈噪声。

④更轻便。这种局部冰箱结构简单、布置灵活，尺寸上要比传统冰箱小很多，重量也轻得多。

⑤对环境更友好。其制冷时无须制冷剂，这就从源头上避免了制冷剂泄漏对臭氧层的破坏。

4.收获与体会(摘自项目组成员)

(1)分工协作,共克难关

在本次研究工作中,我们小组最大的收获就是学会了分工协作,小组成员能够各司其职,在每次开完小组讨论会后都十分清楚自己能做什么、要做什么、还有什么需要学习,并在随后的研究学习过程中充分地发挥主观能动性,高效率推动任务开展,及时反馈问题,沟通交流。这种高效的研究学习模式和节奏,让我们每个人都有了很大的提升和进步。

(2)动手实操,实践躬行

科研探索绝不仅仅是纸上谈兵,实践必不可少。本次研究工作中,从任务分配,到材料采购收集、手工制作实验装置,再到进行实操实验,全都由我们小组成员躬行实践,这对于我们的动手能力和解决问题的能力都是很大的考验。过程中也出现过买不到我们预定的理想材料的情况和材料无法将实验装置进行改造匹配等问题,我们都想方设法地用其他方式进行解决。所谓知行合一,本次研究让我们对此有了更深的体悟。

(3)心态调整,不惧挫败

无论是装置的整体构想,还是开展实验的设计思路等,其实都是从无到有的,也就是创造,而创造的过程必然是艰难的,充满挫折的。过程中我们经历过操作失误导致装置毁坏,许久的心血毁于一旦,只得从头再来,这需要莫大的心气和勇气去接受这个事实。在检查时间和课程学业任务等压力之下,我们曾心灰意冷,几乎想要放弃。而在互相鼓励之后,我们调整了心态,不慌不忙、不急不躁地重新开始,反而是比之前更高效地完成了装置的制作。勇气与平和,是一次次挫败给予我们的馈赠。

(4)打开思路,头脑风暴

我们小组在本次研究中经历了一次换题,最初我们的预想是将TEC制冷运用于公交车车载空调的局部制冷,然而,经济性分析、节能性分析等局限和困难让我们在很长一段时间内没有进展。我们通过小组讨论会进行了头脑风暴,避开了重重局限,尝试将目光转移至车载的冰箱上,我们发现TEC有了更好的用武之地。这也让我们知道,要学会适时转变思路,拒绝钻牛角尖。

3.2.5 LNG 冷能涡轮增压中冷系统

项目名称:基于LNG冷能回收利用的新型涡轮增压中冷系统。项目组成员:赵博、郭泰鹏、冯佳祺、李昶、王梓轩。该项目为2021年大学生创新创业训练计划国家级项目。

1.选题背景

我国是世界上最大的能源生产国和消费国,以年均5.6%的能源消费增长,支持了国民经济年均9.9%的发展。2020年,中国一次能源消费总量为50.1亿吨标准煤。其中,原煤占59.0%,原油占18.9%,天然气占7.8%,水电、核电占14.3%。中国正处在现代化发展的重要阶段,面对日趋强化的资源环境约束,必须树立绿色、低碳发展理念,增强可持续发展能力。交通运输部响应国家号召,提出全面推进绿色交通基础设施建设、推广LNG汽车(图3-40)应用。随着技术的不断进步,我国天然气汽车行业迅速发展。截至2020年,中国天然气汽车年产量为142827辆,LNG加气站保有量在4800座左右,预计在2025年达到7700座。

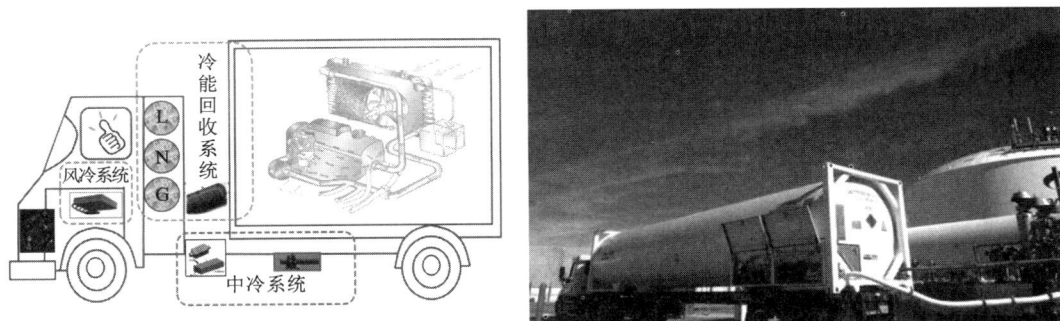

图 3-40　LNG 汽车工作实况图

LNG 是天然气经过净化处理降温至 -163℃ 时形成的液体，气化过程伴随大量的冷能释放，其值约为 830 kJ/kg。目前在日常使用中，这部分冷量通常被直接舍弃，造成了大量的能源浪费。因此，回收利用 LNG 冷能具有明显的经济效益和社会价值。另外，汽车发动机高效冷却也一直是国内外学者研究和关注的热点问题。为了提高发动机单位体积进气量，实际使用中利用排气过程中废气的能量来驱动增压器。随着增压比的提升，压气机出口空气温度也会增大从而影响压气效率，降低燃料利用率，产生更多的 NO_x 和 soot，对环境造成严重影响。为响应国家"大力发展清洁能源、可再生能源和绿色环保产业"的强力号召，交通运输部提出全面推进绿色交通基础设施建设、推广 LNG 汽车应用。LNG 温度一般在 -160℃ 左右，通常需要气化后才能应用，在此过程中会释放出巨大的冷能。普通 LNG 汽车运行时没有对这一部分冷能进行有效利用，造成巨大的能量浪费。

研究表明：汽车涡轮增压装置排气温度过高会降低气体压缩比，导致汽车功率降低，燃料经济性下降，影响发动机寿命和机械性能；增压后的气体进入气缸中，进气温度过高会导致废气排放量增加，对环境造成严重污染。

基于上述问题，该项目利用 LNG 气化过程中释放出的巨大冷能，通过壳管式换热器对发动机冷却液进行降温，实现对涡轮增压器排气的高效冷却，增大压气机压缩比，提高发动机扭矩，同时减少 NO_x、soot 等污染物的排放，最终实现"高效率发动、低含量排放"，利用绿色能源达到节能减排的目的。

2. 实施进展

团队设计思路主要分为三个部分：LNG 冷能回收系统设计、涡轮增压中冷系统设计、系统整体性能模拟计算。

（1）LNG 冷能回收系统设计

换热部分包括 LNG 气化器、中冷器。建立模拟流程（图 3-41）：LNG 与 CW 在 B1 气化器中交换热量；CW 降温后经过 B2 与增压后的空气 AIR-IN 换热，实现降低空气进口温度，提高压缩比的目标。

根据 Aspen plus 物性方法选择要求，最终选用活度系数 NRTL 方程。发动机冷却液选用体积分数为 45% 的乙二醇水溶液。各进料物流参数见表 3-8。

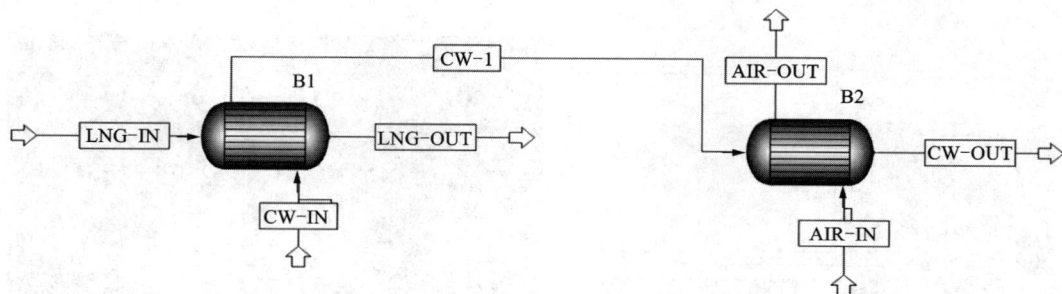

图 3-41　换热部分模拟流程图

表 3-8　各进料物流参数

物料	压力/bar	温度/℃	流量
液化天然气-IN	10	-163	0.0182 kg/s
45%乙二醇水溶液-IN	1	75	10 L/min
涡轮增压器排气-IN	2.35	115	0.385 kg/s

对于上述建立的模拟流程，模拟计算结果如表 3-9 所示。

表 3-9　系统流程模拟计算结果

项目	LNG-进	LNG-出	CW-进	CW-1	CW-出	AIR-进	AIR-出
温度/℃	-163	30	75	46.49	75	115	72.20
压力/bar	10	9.998	1	0.99942	0.9742	2.35	2.29884
蒸汽分数	0	1	0	0	0	1	1
质量流量 /kg·s^{-1}	0.0182	0.0182	0.167	0.167	0.167	0.385	0.385
体积流量 /L·min^{-1}	2.456	161.175	10	9.716	10	10957.4	9749.32

　　LNG 气化器是一种典型的小型管壳式换热器结构，根据其温差大的特点，选择 BFU 系列 U 型换热器，基于 Aspen EDR 对气化器进行结构设计，如图 3-42、图 3-43 所示。

　　气化器结构参数如表 3-10 所示。

　　LNG 管道从常温建造状态到低温运行状态的转变过程中，冷应力对管道材料会造成一定的形变。哈尔滨工程大学李旭坤等利用 ANSYS 软件建立了 LNG 储罐有限元模型，并就各种情况下储罐模型关键部位的热应力场和位移场进行分析，找到了应力集中的关键位置。基于上述思路，团队成员选取 LNG 气化器入口管道，利用 SolidWorks 进行三维建模，在 ANSYS Transient Thermal 中分析出 LNG 进入管道后的瞬态温度场，将其导入 Ansys Transient Structural 对 LNG 管道进行形变模拟计算，模拟结果如图 3-44、图 3-45 所示。

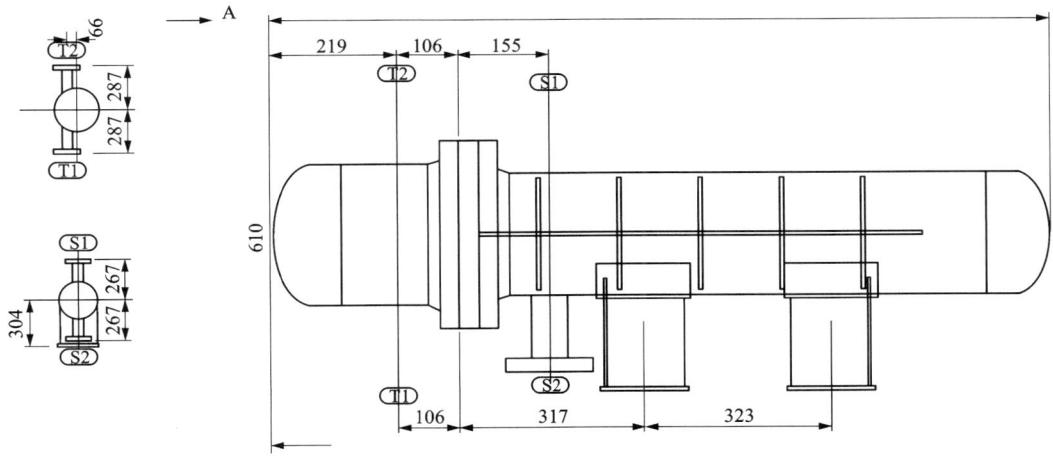

图 3-42　LNG 气化器外部尺寸图(单位: mm)

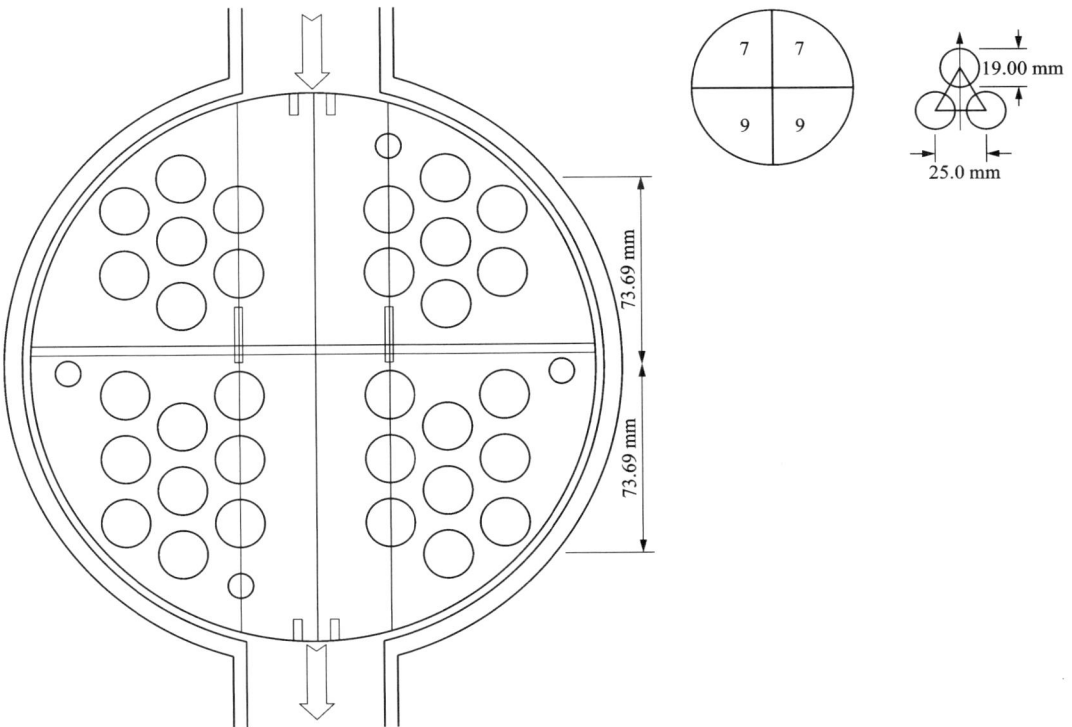

图 3-43　LNG 气化器内部尺寸图

表 3-10 气化器结构参数

1	Size 219 X 800 mm Type BFU Hor	Connected in 1 parallel 1 sries
2	Surf/Unit (gross/eff/finned) 1.5 / 1.4 / m²	Shells/unit 1
3	Surf/Shel (gross/eff/finned) 1.5 / 1.4 / m²	
4	Rating/Checlcing	PERFORMANCE OF ONE UNIT

	Process Data		Shell Side In	Shell Side Out	Tube Side In	Tube Side Out	Heat Transfer Parameters			
6	Total heat load						Total heat load	kW	16.6	
7	Total flow	kg/s	0.1675		0.0182		Eff. MTD/1 pass MTD	℃	139.53 / 139.88	
8	Vapor	kg/s	0	0	0	0.0182	Actual/Reqd area ratio-fouled/dean		1.11 / 1.18	
9	Liquid	kg/s	0.1675	0.1675	0.0182	0				
10	Noncondensable	kg/s	0		0		Coef/Resist	W/(m²·K)	m²·K/W	%
11	Cond/Evap	kg/s	0		0.0182		Overall fouled	93.3	0.01072	
12	Temperature	℃	75	46.49	-163	30	Overall clean	98.5	0.01016	
13	Bubble Point	℃			-123.14	-123.14	Tube side film	120.4	0.00831	77.49
14	Dew Point	℃			-52.62	-52.62	Tube side fouling	4644	0.00022	2.01
15	Vapor mass fraction		0	0	0	1	Tube wall	23120.6	4E-05	0.4
16	Pressure (abs)	bar	1	0.99942	10	9.99847	Outside fouling	2857.1	0.00035	3.26
17	DeltaP allow/cal	bar	0.1	0.00058	0.5	0.00153	Outside film	554.1	0.0018	16.83
18	Velocity	m/s	0.03	0.03	0.03	2.48				

19	Liquid Properties						Shell Side Pressure Drop		bar	%
20	Density	kg/m³	1005.05	1034.35	444.69		Inletnozzle		5E-05	8.85
21	Viscosity	mPa·s	0.6032	1.0155	0.1351		Inletspace X flow		0.00011	18.33
22	Specific heat	kJ/(kg·K)	3.545	3.397	3.759		Baffe window		0.0002	33.49
23	Therm cond	W/(m·K)	0.3472	0.3427	0.1914		Baffe window		7E-05	11.58
24	Surface tension	N/m					Outlet space X flow		0.00013	22.99
25	Molecular weight		27.22	27.22	17.08		Outlet nozzle		4E-05	6.02
26	Vap or Properties						Intermediate nozzles			
27	Density	kg/m³			6.77		Tube Side Pressure Drop		bar	%
28	Viscosity	mPa·s			0.0112		Inlet nozzle		0	0.06
29	Specific heat	kJ/(kg·K)			2.179		Entening tubes		0.00013	10.76
30	Therm cond	W/(m·K)			0.0337		Inside tubes		0.00078	62.91
31	Molecular weight				17.08		Exiting tubes		0.0003	24.02
32	Two-Ph ase Properties						Outlet nozzle		3E-05	2.25
33	Latent heat	kJ/kg			404.1	407.4	Intermediate nozzles			

34	Heat Transfer Parameters						Velocity / Rho*V2		m/s	kg/(m·s²)
35	Reynolds No. vapor				22481.36		Shell nozzle inlet		0.08	6
36	Reynolds No. liquid		933.5	554.49	1452.43		Shell bunde X flow	0.03	0.03	
37	Prandfl No. vapor				0.72		Shell baffe window	0.03	0.03	
38	Prandfl No. liquid		6.16	10.07	2.65		Shell nozzle outet		0.08	6
39	Heat Load		kW		kW		Shell nozzle interm			
40	Vapor only		0		3.1				m/s	kg/(m·s²)
41	2-Phase vapor		0		2.4		Tube nozzle inlet		0.02	0
42	Latent heat		0		7.3		Tubes	0.03	2.48	
43	2-Phase lquid		0		0.5		Tube nozzle outet		1.27	11
44	Liquid only		-16.6		3.2		Tube nozzle inlerm			

45	Tubes				Baffles		Nozzles：(No. /OD)			
46	Type				Ptain Type Single segmental			Shell Side		Tube Side
47	ID/OD	mm	15 / 19		Number 5		Inlet mm	1 / 62		1 / 62
48	Length act/eff	mm	800 / 762.7		Cut(%d) 36.99		Outlet	1 / 62		1 / 62
49	Tube passes	4			Cut orientation V		Intermediate	/		/
50	Tube No.	28			Spacing: c/c mm 140		Impingement protection	None		
51	Tube pattem	30			Spacing at intet mm 101.36					
52	Tube pitch	mm 25			Spacing at outlet mm 101.36					
53	Insert				None					
54	Vibration problem (HTFS/TEMA) No /						RhoV2 violation			No

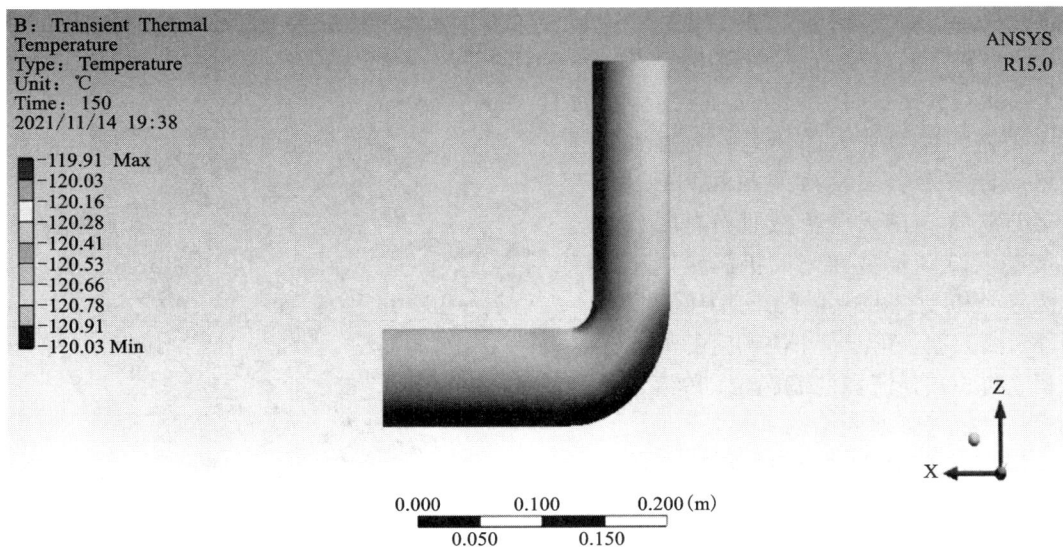

图 3-44 LNG 管道瞬时温度场云图

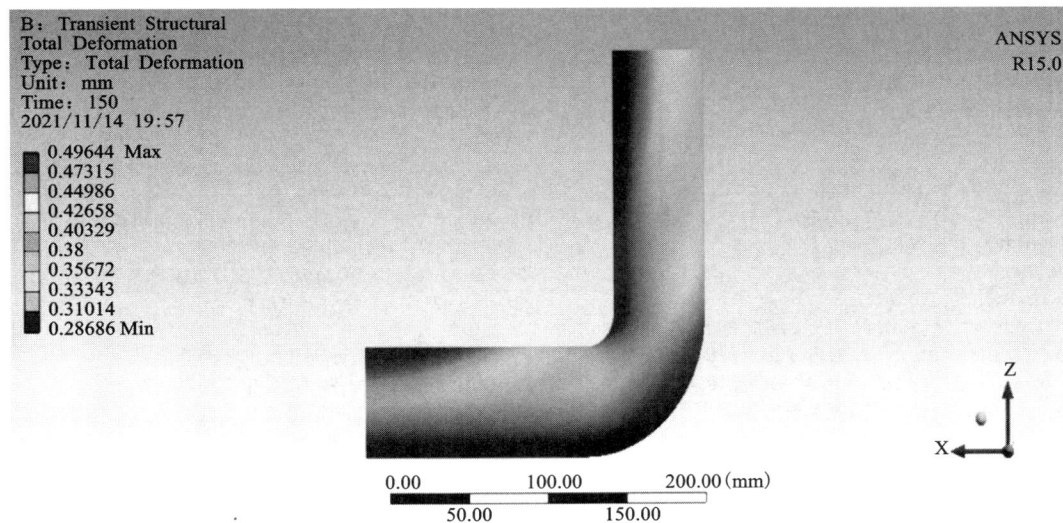

图 3-45 LNG 管道瞬时形变云图

模拟结果表明：管道中应力集中、形变较大的地方出现在弯头处；管道管壁上所受的应力与管内流体流速有明显关系。因此在系统设计时，需在弯头处进行局部强化处理，合理设置 LNG 气化器入口流量。

（2）涡轮增压中冷系统设计

根据沈海涛等的研究，团队最终选择玉柴的一款国六排放标准的 LNG 发动机作为样机，型号为 YCK11400N-60，采用六缸机，汽缸排列方式为直列式，具备 10.98 L 排量，最大输出功率为 294 kW，额定转速保持在 1700 r/min，最大马力达到 400 马力，最大扭矩为

1900 N·m，最大扭矩转速保持在 1000～1400 r/min，全负荷最低燃油消耗率低于 196 g/(kW·h)，进气采用理论空燃比＋EGR＋TWC＋ASC 形式，发动机整体尺寸为 1235 mm×850 mm×1096 mm，缸径×行程为 123 mm×154 mm。

根据苏展望等人的研究，考虑到涡轮增压器与燃气发动机的匹配问题，团队最终选择湖南天雁机械股份有限公司生产的六缸固定截面柴油机涡轮增压器作为参考机型(图 3-46)，该增压器具有可靠、高效率、宽流量、快响应的离心压气机、向心式径流和混流涡轮、单流道涡轮箱、带废气旁通阀结构。

根据选取样机的相关参数，利用 Matlab 对涡轮增压器进行热计算，确定实际进气压力、进气温度、进气流量下通

图 3-46 涡轮增压器参考机型图

过增压器后的压力、温度变化情况，为发动机仿真边界条件作铺垫。计算源代码如图 3-47 所示。

```
clc;
pai=2.5;%压气机压比
Ge=0.4442;%压气机流量;
T0=289;%环境温度
P0=10^5;%环境压力
D2=90;%叶轮直径
fac=0.74;%压气机绝热效率
gHc=0.615;%压气机压头系数
gcm=0.277;%压气机流量系数
k=1.4;
Ta=T0;%压气机进气温度
Hc=1.005*Ta*(pai^((k-1)/k)-1);%压气机绝热功
u2=(Hc/gHc*10^3)^0.5;%叶轮出口圆周速度
nc=60*u2/(3.14*D2)*10^3;%叶轮转速
c1a=gcm*u2;%叶轮进口气流轴向速度
ca=0;
T1=Ta-(c1a^2-ca^2)/2010;%叶轮前空气温度
n1=1.3;%叶轮进口处多变指数
Pa=96000;R=287;
P1=Pa*(T1/Ta)^(n1/(n1-1))%叶轮进口空气压力
rou1=P1/(R*T1)%叶轮进口处空气密度
F1=Ge/(rou1*c1a)*10^4%叶轮进口面积
D0=27;
D1=(4*F1/3.14*10^2+D0^2)^0.5%叶轮进口处直径
D1=round(D1);
D1m=((D1^2+D0^2)/2)^0.5%叶轮进口处外径
u1m=u2*D1m/D2%D1m 处圆周直径
z=12;
u=1/(1+2/3*3.14/z*1/(1-(D1/D2)^2))%功率系数
a=1.2
```

```
t1=1-2*z*a/(3.14*(D1+D0))%叶轮进口阻塞系数
u1=D1/D2*u2%叶轮进口处圆周速度
c1ac=c1a/t1%阻塞后进气处轴向速度
w1=(c1a^2+u1m^2)^0.5%D1m 处相对速度
A=0.03;
T2=T1+(u+0.5*A-u^2/2)*u2^2/1005%叶轮出口空气温度
n2=1.51;%叶轮中多变系数
P2=P1*(T2/T1)^(n2/(n2-1))%叶轮出口空气压力
rou2=P2/(R*T2)%叶轮出口空气密度
t2=1-z*a/(3.14*D2)%叶轮出口处阻塞系数
c2u=u*u2%D2 处绝对速度的切向分速
K=1.077;
c2r=K*c1ac%D2 处绝对速度的径向分量
c2=(c2u^2+c2r^2)^0.5%D2 处空气绝对速度
w2=(c2r^2+(u2-c2u)^2)^0.5%D2 处空气相对速度
D3=225;%无叶扩压器出口直径
c3=D2/D3*c2%扩压器出口空气速度
T3=T2+(c2^2-c3^2)/2010%扩压器出口温度
n3=1.9;%扩压器中多变指数
P3=P2*(T3/T2)^(n3/(n3-1))%扩压器出口压力
c4=52;%蜗壳出口空气速度
T4=T3+(c3^2-c4^2)/2010%蜗壳出口温度
n4=2.1;%蜗壳中多变指数
P4=P3*(T4/T3)^(n4/n4-1)%蜗壳出口压力
paic=P4/P0%压气机压比
facc=Ta*(paic^((k-1)/k)-1)/(T4-Ta)%压气机效率
gHcc=1.005*Ta*(paic^((k-1)/k)-1)/u2^2*10^3
DR=w1/w2%叶轮中扩压度
DT=T4-373%降温温差
```

图 3-47 涡轮增压器热计算源代码图

对所选的增压器和发动机样机进行性能匹配计算，绘制流量特性曲线。应尽量保证发动机与增压器配合良好，使发动机尽量处于高效运转的区域，即发动机的工作区应尽可能落在压气机高效率运行区。

遇超等人的研究表明，采用水-空中冷系统可以有效降低散热器负荷、提升中冷系统的散热效率，因此采用水冷式板翅式换热器，其3D模型图如图3-48所示。

基于 Aspen EDR 对中冷器进行结构设计，水冷中冷器芯部的外廓尺寸为：长×宽×高=253×180×200（mm）。其结构参数和换热参数如表3-11所示。

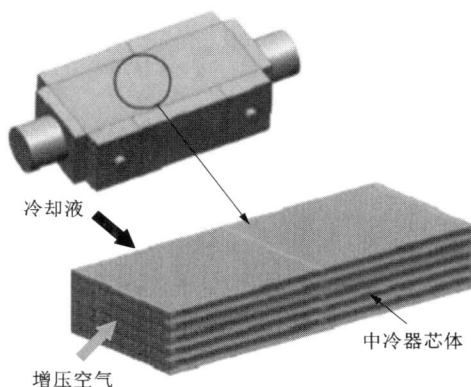

图 3-48　中冷器 3D 模型图

表 3-11　水冷中冷器结构参数和换热参数

项目	冷却液翅片	增压空气翅片
层数	7	14
翅片厚度/mm	0.3	0.2
翅片宽度/mm	180	253
翅片高度/mm	6.5	9.5
翅片间距/mm	1.7	2.0
传热面积/m²	1.5	4.3
压降/bar	0.0258	0.05116

（3）系统整体性能实验及模拟计算

流量为 10 L/min 的冷却液（45%乙二醇水溶液）利用发动机系统自备的风冷系统实现初步降温至75℃。流量为 0.0182 kg/s 的 LNG 从低温储气罐中进入气化器，与发动机冷却液发生热交换，升温至30℃实现气化，冷却液回收冷能，降温至46.49℃。25℃的空气以 0.385 kg/s 的流量进入增压器中，利用排气过程中750℃废气的能量来驱动增压器，由此提高进气密度，以增加单位体积进气量，实现增压。冷却液在气缸入口前释放冷量，使涡轮增压器排气温度由115℃降至72.2℃，实现中冷，改善气缸内部温度、压力状况。

基于 Aspen 对传统冷却方式进行过程模拟，其流程如图3-49所示。利用 SolidWorks 软件对两种冷却系统进行三维建模、渲染，如图3-50、图3-51所示。

将传统冷却系统与新型冷却系统进行对比可知，新型中冷系统直接用冷却液气化 LNG，代替原有的利用发动机尾气加热 298.15 K 乙二醇溶液，使之升温随后对 LNG 进行加热的气化系统；改进后的系统将原来发动机 LNG 气化系统和冷却系统结合，简化结构，降低成本。

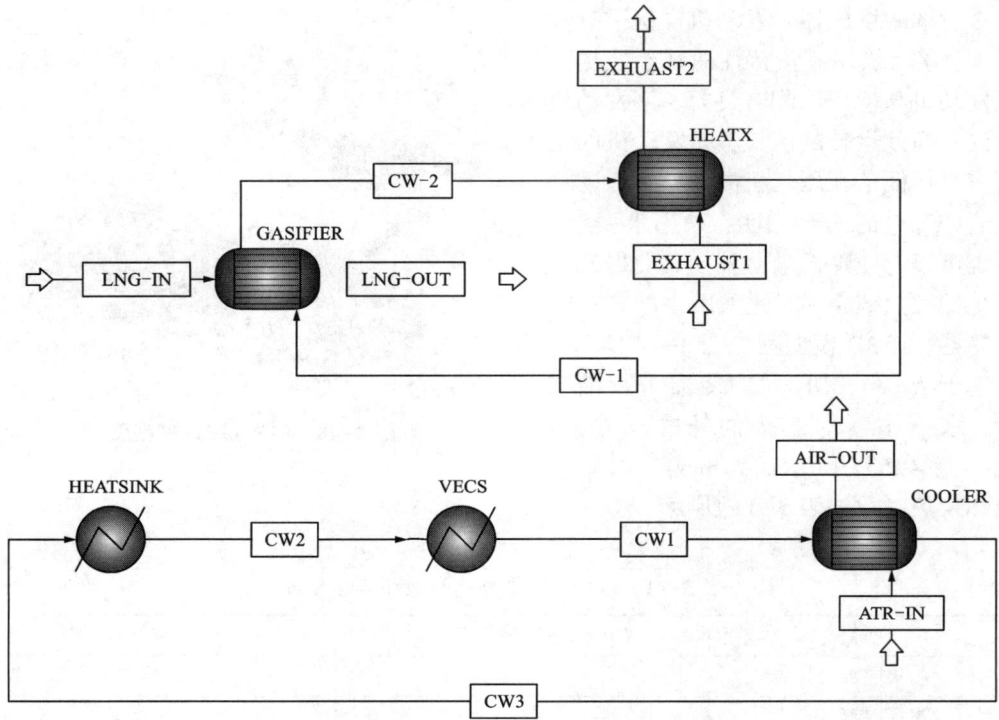

图 3-49 传统冷却方式系统流程图

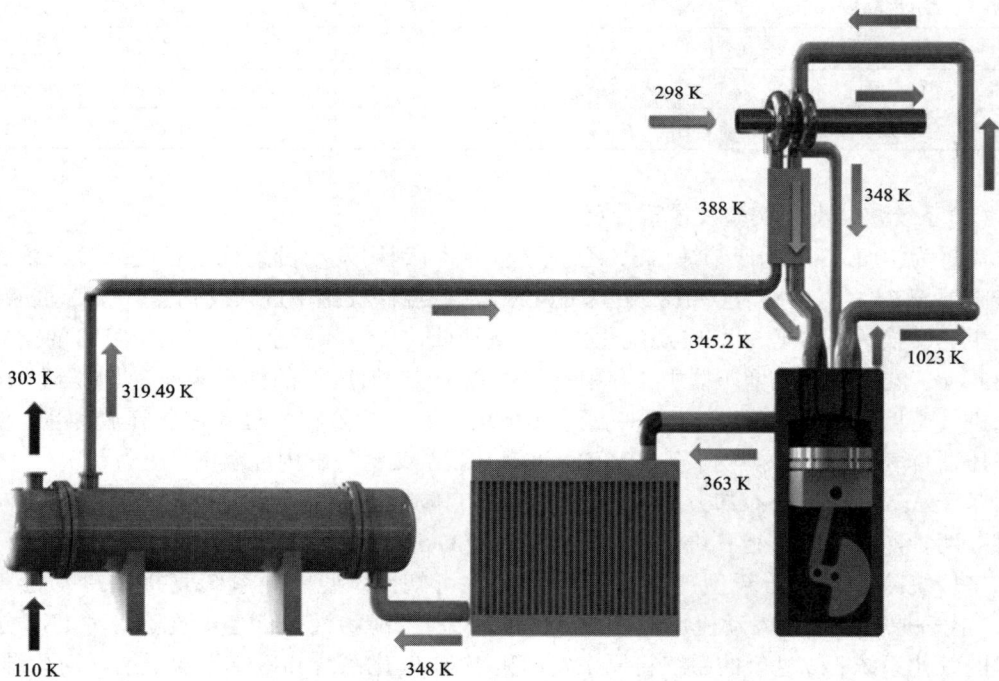

图 3-50 新型中冷系统外观渲染图

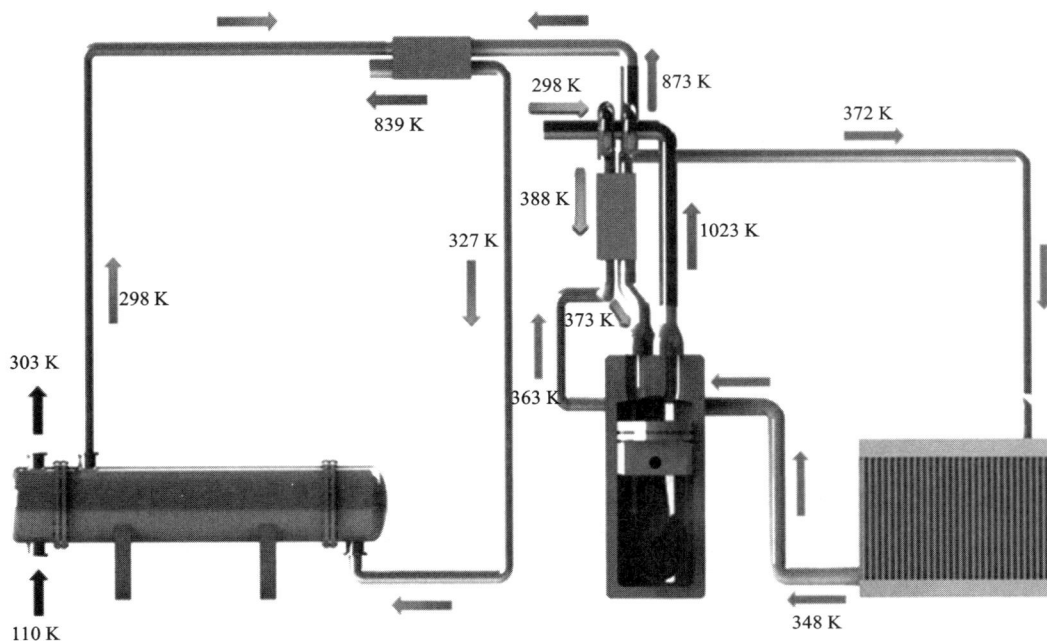

图 3-51　传统中冷系统外观渲染图

（4）Converge 模拟计算

Converge 相关条件设定如表 3-12 所示。

表 3-12　Converge 相关条件设定

选用样机的基本参数		发动机设定	
缸径/mm	126	进气门关闭时刻/℃ A ATDC	-133.5
行程/mm	166	排气门开启时刻/℃ A ATDC	120
排放等级	国Ⅵ	湍流模型	K-ε 模型
转速/(r·min^{-1})	1800	燃烧机理	天然气柴油双燃料燃烧机理
输出功率/kW	327	soot 排放模型	Hiroyasu-NSC 模型
扭矩/(N·m)	1100	NO_x 排放模型	SAGE 模型
压缩比	11.5:1	天然气替代率/%	80
排量/L	12.417	单位质量燃料所需理论空气量(kg)	16.4
LNG 流量/(kg·s^{-1})	0.0182	过量空气系数	1.3
空气流量/(kg·s^{-1})	0.385	发动机散热器出口温度/℃	75

通过相关设计和研究对比，常规的发动机循环水水冷只能将空气温度降低到 373.15 K，

该装置却能将进气温度降到 343.15 K 左右。为探究进气温度变化对发动机各种性能的影响，利用 Converge 进行仿真分析，结果如图 3-52、图 3-53、图 3-54、图 3-55 所示。

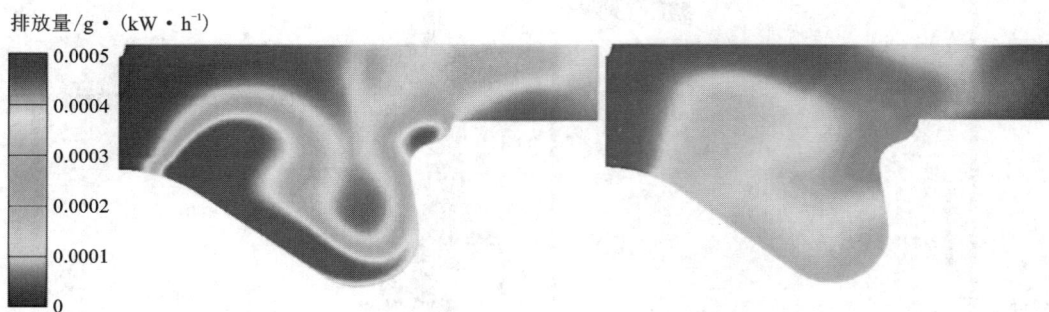

图 3-52 进气温度 375 K、345 K 工况下氮氧化物排量对比

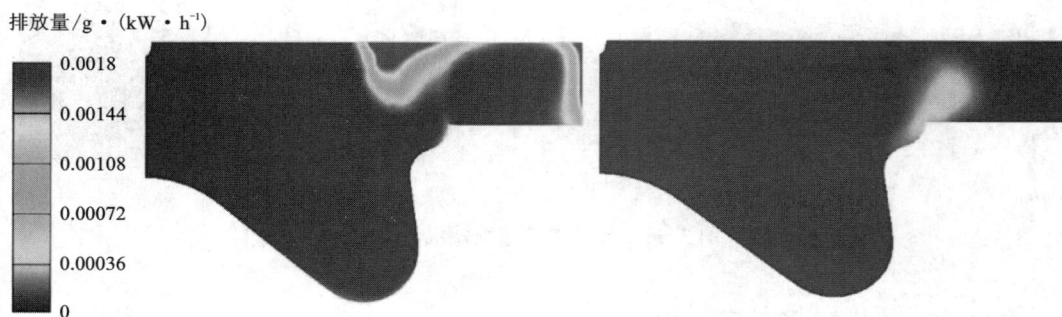

图 3-53 进气温度 375 K、345 K 工况下 soot 排量对比

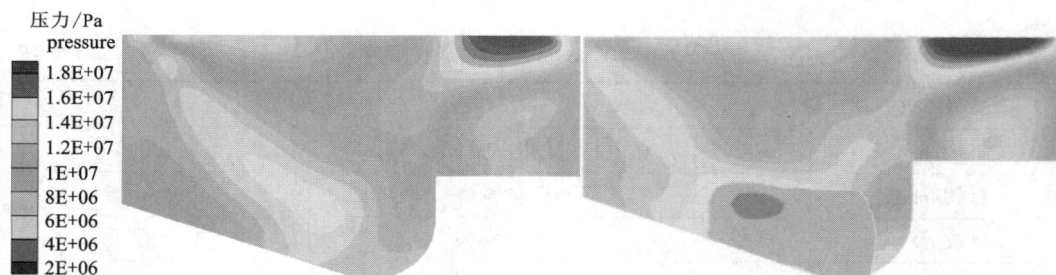

图 3-54 进气温度 375 K、345 K 工况下气缸内部压力对比

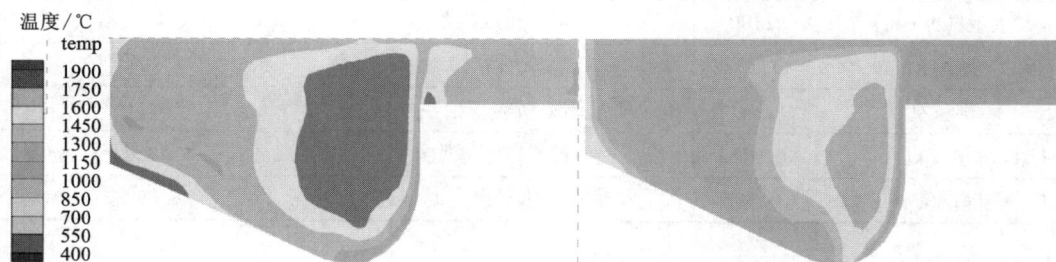

图 3-55 进气温度 375 K、345 K 工况下气缸内部温度对比

计算结果表明：排放量减少 0.5605 g/(kW·h)，soot 排放量减少 0.0105 g/(kW·h)，转矩提升 140 N·m，百公里 LNG 消耗量减少 7.194 kg。

3. 创新点

(1) 理念创新

利用 LNG 冷能回收为发动机冷却液冷却过程提供冷量，极大程度上降低了气缸的进气温度，与传统冷却方式相比，冷却效果显著提高。常用的冷却方式有空–空中冷和水–空中冷。空–空中冷通常可以达到较为理想的进气温度，但需要配备散热风扇且尺寸较大，成本更高。水–空中冷可分为发动机循环水和独立循环水系统，但由于发动机循环水温较高(90℃)，故增压空气只能冷却到 100~110℃。而后者可以利用温度较低的冷却水，但是需要设置单独的冷却水系统，一般只适用于固定式或船用发动机，对于 LNG 汽车并不适用。该系统创造性地提出：将 LNG 气化释放的冷能用于中冷，使发动机循环水(水–空冷却)成为可能。

(2) LNG 冷能利用新形式

生活中，回收的 LNG 冷能主要应用于低温发电、空气分离、海水淡化、低温粉碎、低温养殖等大型工厂，很少有对小型 LNG 冷能回收利用的形式。该作品紧密围绕大赛主题，积极响应交通运输部大力推广 LNG 汽车的政策背景，本着就近利用、高效利用的原则，创造性地提出了利用 LNG 冷量对气缸进气进行冷却的能源利用新形式，既实现了能量的回收利用，又提高了汽车发动机的工作效率，同时减少了 NO_x、soot 等有害物质的排放，达到了一举多得、节能减排的目的。

(3) 废气涡轮增压

该装置采用涡轮增压的方式，通过回收利用排气过程中废气的能量来驱动涡轮增压器，提高发动机进气密度，增加单位体积进气量。对废气能量进行回收，增大发动机扭矩，提高工作效率。

4. 收获与体会(摘自项目组成员)

在"绿水青山就是金山银山"的时代背景下，污染防治攻坚战一路高歌猛进，PM_{10}、$PM_{2.5}$、工业扬尘、氮氧化物、二氧化硫、有机废气 VOCs……先后成为我们的攻坚目标。在工业扬尘治理取得阶段性胜利、有机废气 VOCs 处理鏖战正酣的时刻，我们又迎来了新的作战目标——"3060""双碳"目标，即 2030 年之前实现碳达峰，2060 年之前实现碳中和，剑之所指，使命必达。

路虽远，行则将至，道之所在，虽千万人，吾往矣。本次大创经历让团队成员受益良多，必将成为我们生命中的宝贵财富，指引我们前进。

3.2.6　光导材料绿色智能照明系统

项目名称：基于光导材料的绿色智能照明系统。项目组成员：魏熙蒙、洪雪康、马林辉、申涛岳、郭元峥、罗庭昕。该项目为 2021 年大学生创新创业训练计划国家级项目。

1. 选题背景

基于"十四五"规划中的"推动绿色发展，促进人与自然和谐共生""完善新型城镇化战略，提升城镇化发展质量"等战略，该项目针对节能绿色发展进行深入探讨，并探究其在新型城镇化中的应用。

据国际能源署统计，全球照明消耗电力约占总发电量的20%以上，而常用的光伏发电技术能量转化效率低下，正作为普通太阳能能源利用的瓶颈，阻碍着太阳能能源产业的发展。因照明消耗大量能源和为充分利用太阳光，光导照明技术应运而生。它利用导光管或导光纤维直接将室外聚光器收集的太阳光传输到白天需要光照的地方，其中利用光导照明技术进行能量传输的过程中不涉及不同形式能量间的转换，因而能量传输效率较高。此外，室内为漫射自然光，无频闪，不会对人眼造成伤害（普通日光灯的供电频率为50 Hz，表示发光时每秒亮暗100次，属于低频率的频闪光，会导致人眼视觉疲劳，从而加速眼睛近视），相比于普通人造光源更有助于人体健康。将此技术应用于学校教室，将极大降低我国学生的近视发病率。因此，光导照明技术研究具有极大的发展前景。

化石能源是不可再生资源，随着化石能源的逐渐枯竭，我们必须转向绿色能源的开发利用，而太阳能便是取之不尽用之不竭的可再生绿色能源。并且，中国照明用电量约占用电总量的12%，因此发明一种具有应用前景的绿色照明系统可以产生巨大的经济效益和社会效益。该作品采用光导材料并设计光导通路，使用太阳光这一绿色能源进行照明，并在节约电能的情况下，满足各个场合所需的照明条件。相较于由电能转化为光能的传统照明方式，该系统具有直接利用太阳光照明的高效率的优势，且在光伏电池的运用下，其在阴雨天和夜晚也能提供所需的照明条件，拓展了该作品的适用范围。国内外在单个导通太阳光的设备上，已经做出了效果良好的产品，包含镀铝以及光纤的设备，实现了不错的导光效果，光线损失率已经降到了很低，不过在配合LED及导光设备的相关设备上，鲜有应用于市场的产品。

2. 实施进展

该项目从立项之初，在参与比赛与实践的过程中，就不断完善装置的配件，并针对系统的本质问题做出了改良，例如应用场景以及可行性复杂度等，在不断地讨论与发掘中，选取了关键的部位进行改进，例如装置的光线测量及控制，还有蓝牙通信以及交互效果，从用继电器开始，到以STM32开发板进行可编程的改进，在原理上，装置本身的效果对比初始版本已经提升了不少。

在项目进行过程中，以参加全国大学生节能减排大赛为代表，该项目在参考指导老师以及专业相关导师的建议后，进行了原理上的批判及改良，并根据物理原理进行了实物的制作，利用Proteus进行了电路部分的仿真，基本实现了设想中装置应该具有的功能，并且以继电器为主要控制元件，通过模拟建筑实物，控制好自变量外界光源的变化，发现LED和外界光源能够实现良好的控制效果，并在后续的过程中录制了项目相关的视频以及仿真效果，充分地展示了装置的可行性，也使装置以更为生动的形象展示出来。

该项目也进行了专利申请，从将装置以专利所要求的格式进行编写，到与代理人的沟通，都充分地展示了该装置的想法具有应用前景，在交底书及文案的编写过程中，也提升了团队成员的表达能力及水平。并且，项目也正在进行STM32开发板的测试及改进，力图将装置以一种更多功能的方式展现出来，并且针对蓝牙部分展开更深入的研究，相信随着设备的发展，交互性将成为设备更有应用价值的地方。同时，无级调节的部分也将是装置一个很大的亮点，该项目会在完成蓝牙部分的研究后，选取电阻变化范围，使光敏电阻和变阻器之间达到良好的配合效果，并测试控制光源和转变电阻之间的控制系数，以此来加强光强控制的灵敏度和稳定性。

3. 创新点

①利用光导材料直接向室内照明。该作品设计的导通可见光波段的光导材料，根据全反射原理，使光的损失率下降到很低的状态，用于照明的效果良好。相较于传统照明，光导材料照明没有能源形式转化带来的能量损失。

②智能协调照明能实现光强的无级调节。该系统设计中的自动控制系统使亮度被控制在设定值，且无须人工操作。装配完成后，在电路控制中，可以通过手机移动端利用蓝牙控制自动开关、调节亮度，且光强的无级调节可以提升用户体验感。

③系统运行无须外供电源且适用性强。该作品应用了太阳能光伏电池，在日间配合光纤材料进行光照供给，夜间采用 LED 照明，也可以在阴雨天气使用。创新经历主要是在已有的研究之上，加入团队的假设，并从理论、仿真及实践中，证明假设的优越性及有效性，例如在初期，假设以中心 LED 作为补充光源，发现中心化反而容易带来较大的光损失，故直接将 LED 分模块化，也就是将 LED 嵌到光导材料的附近。还有后续的假设测试弯曲后的光导材料的导光效果，发现在正常光照情况下能够实现较好的导光效果，在假设应用场景时团队也针对多种建筑进行了讨论，如高层建筑、乡村振兴的新型建筑、地下室，以及地铁等地下交通设施，发现其更适用的是地下的设施。

4. 收获与体会（摘自项目组成员）

在本次创新训练过程中，在与团队成员从头脑风暴到实践做出实物的过程中，我们懂得了在创造发明一样设备时，需要从多个角度观察，这样会使设备的考虑面更加广，也能够使项目更加井井有条地进行。在竞赛的过程中，需要发挥团队成员各自的优势，在竞赛中合理分工合作，并参考往届的优秀作品。从挖掘产品创新点到 PPT 制作以及讲解的各个过程，都需要下功夫，一个很好的想法也需要有清晰的展示才能够发光。

本次创新项目遇到的困难也很多，例如从仿真到实践时会遇到中途无法实现的问题，因此排查故障比创新发现的过程更需要耐心和细心；在制造设备时，采取的元件也是需要不断升级改造的，所以不能够局限于已有的元件以及思路；在实现功能的过程中，需要不断适配一套性能稳定的器件；并且在从理论到实践的过程中，会有很多不匹配的地方，因此也需要根据实际对理论进行改进，从理论的角度对实践所产生的问题进行指引。

每一位同学都有各自的收获与体会，陈列于下。

马林辉：通过本次项目我得到了很大的提升与进步，主要有三个方面。首先，学科水平得到了提升。我们在项目期间将所学知识融会贯通，应用于项目设计，我在其中主要应用了单片机开发、电路搭建等知识，将平时在校所学真正应用于实践当中。其次，增强了实践和项目研究能力。在项目中，我主要承担了开发智能化功能的责任，锻炼了实践能力，同时在遇到各种问题时能够独立思考，提升了研究能力。最后，我的团队协作能力得到了进一步的提升。这次项目是团队的成功，是每一个人贡献的结果，在项目开发阶段，团队成员一起讨论，头脑风暴；在研究阶段，各司其职，配合完美。总的来说，本次项目让我受益匪浅。

洪雪康：让我收获颇丰的是项目带给我的一份体验和一些思考感悟。这是我大学期间的一段重要经历，也是将来值得回忆的重要组成部分。我想，亲身经历过后的一些感悟、一些总结，将是人一生中最宝贵的精神财富。项目推进过程中，我们完善了自己的作品，锻炼了我们的能力。我希望自己在接下来的时间里继续突破自身局限，克服困难，以理论知识学习和动手实践相结合的方式锻炼自己，不断提升自己、完善自己；树立学习永远在路上的终生学习目标，任何时刻不松懈。初心易得，始终难守。但是我更相信，不忘初心，方得始终。

罗庭昕：本次项目开展过程中，各位队员辛苦付出、大胆创新、集思广益，对一个个想法不断研究分析，再一起动手操作，查找文献，分析解决遇到的各个问题，最终取得了优秀的成绩。与此同时，我们还收获了真挚的友谊，十分感谢大家的辛苦付出、无私奔波，感谢大家给予我一个宝贵的项目经历。项目的结果是重要的，但是，在准备过程中收获的东西更真实、更有意义，我收获了，并快乐地体验着这个过程。

第4章

能源类大学生学科竞赛

本章介绍了适合能源类大学生参加的主要学科竞赛,即全国大学生节能减排社会实践与科技竞赛、中国制冷学会创新大赛、中国制冷空调行业大学生科技竞赛,针对每个竞赛分别列举 2018—2021 年的参赛作品案例,包括设计背景、设计思路、设计方案、可行性分析、效益分析及前景展望等内容,为能源类学生参与此类竞赛,开展自主式学习与科技创新活动提供指导与帮助。

4.1 能源类学科竞赛概况

(1)全国大学生节能减排社会实践与科技竞赛

全国大学生节能减排社会实践与科技竞赛是由教育部高等学校能源动力类专业教学指导委员会指导,全国大学生节能减排社会实践与科技竞赛委员会主办的学科竞赛。竞赛充分体现了"节能减排、绿色能源"的主题,紧密围绕国家能源与环境政策,紧密结合国家重大需求,在教育部的直接领导和广大高校的积极协作下,起点高、规模大、精品多、覆盖面广,是一项具有导向性、示范性和群众性的全国大学生竞赛,得到了各省教育厅、各高校的高度重视。

2008 年开始,竞赛每年举办一次,先后在浙江大学、华中科技大学、北京科技大学、哈尔滨工业大学、西安交通大学、上海交通大学等高校成功举行,吸引了国内数百所高校以及部分国外高校,已经形成了"百所高校,千件作品,万人参赛"的国际性规模。竞赛作品分为"社会实践调查"和"科技制作"两类,倡导大学生深入社会调查,发现国家重大需求,启发创新思维,将人文素养融合到科学知识技能之中,使学以致用不仅体现于头脑风暴,而且展现在精巧创造上。

全国大学生节能减排社会实践与科技竞赛有效提升了大学生主动实践、自主创新与团队合作能力,增强了学生的社会责任感,显著推动了高校人才培养改革,产生了广泛的社会影响,受到各界领导和专家的高度评价,得到了相关行业企业的广泛认可,部分参赛作品实现了成果转化和市场推广。

(2)中国制冷学会创新大赛

中国制冷学会创新大赛始于 2011 年,从第四届起由中国制冷学会和教育部高等学校能源动力类专业教学指导委员会联合主办,由企业冠名赞助。

大赛秉承"为中国制冷空调行业注入创新活力"这一理念，旨在挖掘创新方案及优秀人才，以推动行业的发展，期待业内同仁以及相关院校师生开动脑力风暴，努力创造出更多优秀作品、迸发出更多创新案例，为中国制冷空调行业注入源源不断的新鲜血液。大赛分别设有专家委员会和评审委员会。竞赛内容涉及新型制冷、空调及热泵设备和系统；新型冷媒研发与应用；制冷、空调及热泵系统智能化；可再生能源在制冷、空调及热泵中的应用；互联网+制冷、空调及热泵的应用；食品药品安全及保鲜等。

（3）中国制冷空调行业大学生科技竞赛

中国制冷空调行业大学生科技竞赛是面向大学生和研究生的群众性、公益性科技活动，目的在于推动高校能源动力类、建筑环境与能源应用工程类学科面向21世纪课程体系和内容的创新改革，协助高等学校实施素质教育，吸引广大青年学生踊跃参加课外科技活动，培养学生的创新能力和工程实践素质，为优秀人才脱颖而出创造条件。

竞赛主办单位为中国制冷空调工业协会，指导单位为教育部高等学校能源动力类专业教学指导委员会。竞赛分初赛、预赛和决赛三个阶段。本科生以团队形式参赛，每支队伍必须由3人组成；研究生以个人形式参赛。不按参赛人数要求组队将一律取消参赛资格。初赛由各参赛单位自行确定并组织，并将初赛计划及参赛选手名单报送竞赛组委会。各参赛单位围绕基础理论知识、基本操作技能和创新设计能力三个方面进行选拔，时间为每年4月下旬完成。有条件地区可组织本地区选手进行区域内预赛选拔，争取为更多学校和学生提供参与的机会。原则上开展预赛的地区应提前将预赛安排情况报竞赛组委会统一备案。决赛集中进行，参赛队伍必须填写并提交"中国制冷空调行业大学生科技竞赛创新作品申报书"。本科生决赛内容包括现场竞答（成绩占决赛总成绩的30%，30分）、团队实践技能操作（成绩占决赛总成绩的35%，35分）、创新设计作品答辩（创新设计作品成绩占决赛总成绩的35%，35分）。总得分由竞赛组委会评审专家组根据各个阶段的打分合计而成。研究生竞赛分初评和决赛两个阶段，初评阶段由研究生提交创新作品申报书及作品图片等相关材料，组委会组织专家对申报材料进行评审以确定入围决赛的选手名单。入围决赛的选手需要参加答辩，由专家根据答辩情况综合打分。各参赛单位根据初赛成绩统一申报，报名表与作品申报书如期提交给承办单位联系人。

4.2 全国大学生节能减排社会实践与科技竞赛案例介绍

4.2.1 区域分布式热能网络管控装置

作品名称：智热路由器———一种区域分布式热能网络管控装置。设计者：宋虎潮、谭畅、谢昊源、颜永威、于明月、张庆禹、李佳楠。该作品获得2019年全国大学生节能减排社会实践与科技竞赛一等奖。

该作品提出了一种区域分布式热能共享与综合利用的网络架构，并设计了一种热能路由器，可实现多种分布式可再生能源互联及不同品位热能的生产、转换和存储，并可依托手机App与路由器互联实现热能调配和梯级利用。以唐山地区为例，计算区域热能共享及家庭梯级热网效益，节能减排效果明显、经济性好，推广潜力巨大。

1. 背景与意义

人们对建筑舒适性要求的不断提高，以及第四代区域供能系统的出现，标志着供能系统要转变为大力使用可再生的清洁能源。我国重视可再生能源开发与应用，提高能源利用效率、实现可再生能源规模化开发利用是能源领域发展的必然选择，但实现智慧化的供应仍存在问题。

目前，能源"互联网+"领域的发展有望解决区域供暖互联的瓶颈问题，近年来提出的能源路由器可用于解决区域供暖中负荷多变、曲线不平缓、小规模分布式能源点多、供能不稳定等问题。然而，以现有技术角度来看，基于可再生能源的智慧化区域供暖仍未有具体的解决方案。现有供热模式下存在三点弊端：

①供需不匹配：部分家庭使用可再生能源如太阳能集热器供热，但其时间供热曲线与生活用水曲线存在差异，缺乏热能供给峰谷的调控能力。由于新型农村社区附近少有工业工厂，采取集中供暖方式只能持续使用锅炉。在功率满足峰值采暖的前提下，锅炉持续运行会浪费大量的燃料，且排放大量温室气体，易对环境造成污染。

②可再生能源利用率低：新型农村地区地势开阔，太阳能、生物质等可再生能源资源充足，由于可再生能源的不稳定性、初期投资较高等，限制了其在新农村地区的发展，如何提升供热的稳定性和缩短成本回收周期成为提升可再生能源利用率的主要问题。

③热能调控信息化程度低：现有供热模式难以实现热能需求定制化管理、热能合理流动、热能高质量分配。

因此，该团队提出热能路由器和区域能源共享系统的设计。在社区中，以共享水箱为节点使区域内用户热水区域成网；共享水箱间节点成网，连接起整个社区，充分利用可再生能源和剩余热量，消除供需不匹配，缩短新能源采暖设备成本回收周期。在用户室内设计热能梯级利用管路，充分利用低品位热源。热能路由器对区域型分布式热能网络进行管理和控制，对区域内热能进行优化配置，以手机 APP 为载体，实现热能的路由、共享和互联。

2. 作品简介

该团队设计的热能路由器主要包括区域热能共享、家庭梯级热网两部分功能。

(1)区域热能共享

区域热能共享针对安装有各类分布式可再生能源的低层建筑社区(如图 4-1)，系统包括共享水箱、用户水箱、分布式热源、水管管路、阀门水泵、传感器等。在社区中以共享水箱为节点，建立热能共享网络，以热水作为热能载体，将用户热能接入共享网络。热能共享包括共享给水、共享取热、共享水箱再热、共享水箱互联四种实现方式，通过热能路由器进行热水分配，按照用户的定制化热水需求对热能进行共享。

如图 4-1 所示，区域热能共享系统中，每 4 位用户共用同一共享水箱，用户热源为太阳能集热器、生物质锅炉、热泵等，将用户水箱与共享水箱、共享水箱与共享水箱之间以水管进行连接，通过各水箱之间的热水运输、循环与再热等方式实现热能共享功能。

如图 4-2 所示，以共享水箱 A 为节点实现共享给水、共享取热、共享水箱再热及共享水箱互联四个功能。

图 4-1　区域热能共享系统概貌图

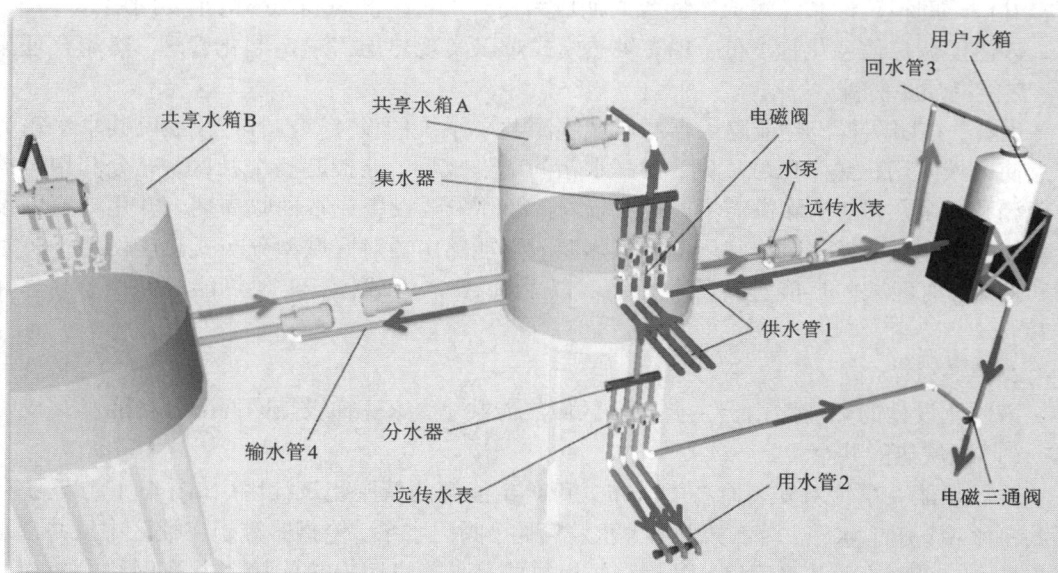

图 4-2　共享水箱结构图

　　管 1 为供水管，用户及共享水箱达成预设温度液位条件时，路由器控制用户水箱热水通过供水管经集水器送至共享水箱。由远传水表记录共享给水流量，对共享用户进行流量计费。

　　管 2 为用水管，共享水箱热水经分水器由用水管直接输送到用户负载端，用户使用共享水箱热水。由远传水表记录取水流量，对用水用户进行流量计费。

　　管 3 为回水管，当出现共享水箱水温较低且水位较高无法灌入高温热水的情况时，路由器控制回水管 3 及供水管 1 同时工作，将用户水箱及共享水箱中的水进行循环换热，通过换水换热模式将共享水箱热水再热，同时降低用户水箱温度，更高效率地利用太阳能资源。

管4为输水管，共享水箱无水或水温较低时，由路由器控制邻近共享水箱向本水箱进行供热供水，包含换热换水与仅供水两种模式。通过共享水箱互联将整个社区连接成共享热水网络，各共享水箱作为节点保障热能的流动和传输。

（2）家庭梯级热网

家庭梯级热网是在热能路由器控制下的用户侧热能高效消纳模式。该系统包括水箱、水管、三通阀门水泵及各类定制热水器具。该系统以水箱内高温热水为基础，根据用户实际热能需求构建以热水为载体的紧密家庭热能网络，以梯级及循环利用方式实现热水热能的高效利用。

图4-3为家庭梯级热网系统概貌图。用户在家庭厨房、卫生间、卧室安装符合自身需求的热水盘管，构建健康起居及舒适洗浴等模式（可自行增减），以闭式循环形式将盘管内热水以辐射、导热等形式放热实现暖衣暖鞋、毛巾加热、早餐预热等功能，达成相应功能后热水冷却到人体舒适温度，再进行开式供水，实现热能梯级利用。

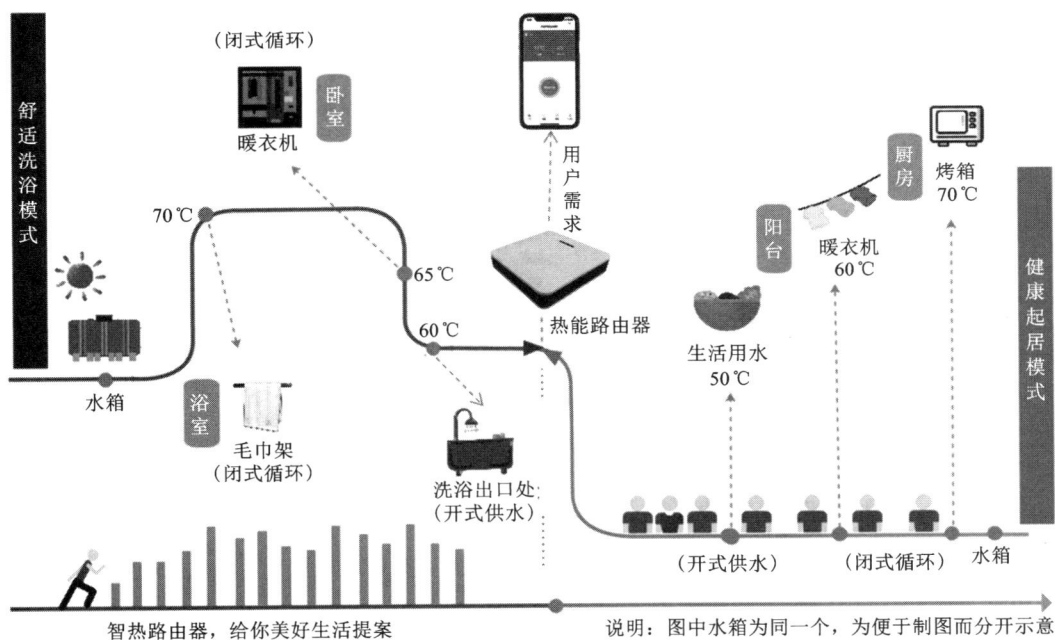

图4-3　家庭梯级热网系统概貌图

图4-4为健康起居功能结构图。使用健康起居功能时用户在APP上选择健康起居模式，根据自身用热需求选定相应功能，并可设定预约时间。启动时，热能路由器控制水泵及电磁三通阀的开闭实现早餐加热、衣服预热及生活热水的使用。实现加热效果后，热水冷却为切合人体温度需求的生活热水，从开式管道中流出。图4-5为舒适洗浴功能结构图。使用舒适洗浴功能时同样设定所需功能，路由器控制管路三通阀和水泵的开闭实现毛

巾加热、暖衣暖鞋及洗浴热水使用；由于毛巾处于潮湿阴暗环境，故可设定定期毛巾除螨功能，通过较高温度加热毛巾实现除螨。

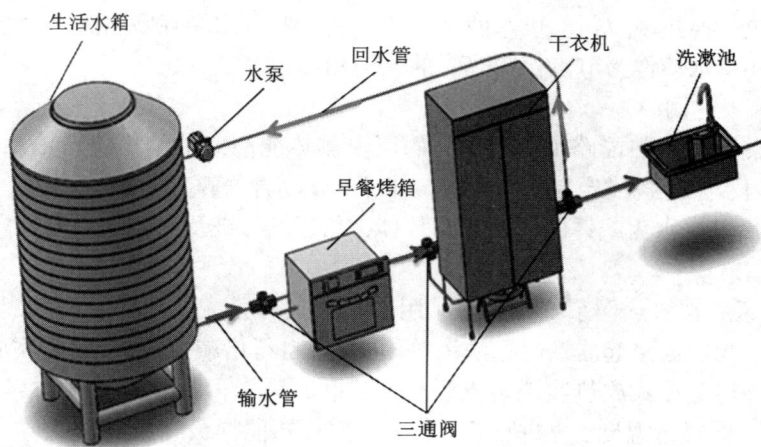

图 4-4   健康起居功能结构图

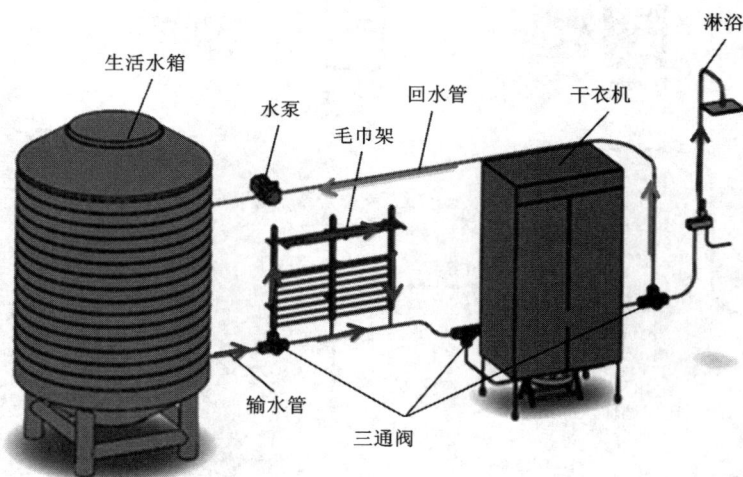

图 4-5   舒适洗浴功能结构图

3. 作品设计

（1）设计思路

如图 4-6 所示，该作品以热能路由器为核心，实现区域热能共享及家庭梯级热网的应用，并通过手机 APP 与路由器互联实现热能智慧管控。

（2）硬件结构

热能路由器以 STM32F103 单片机为核心，包含通信接口、分布式能源接口、储热水箱、动力及阀门装置、参数检测模块。通信接口是完成信息传输必不可少的单元，通过

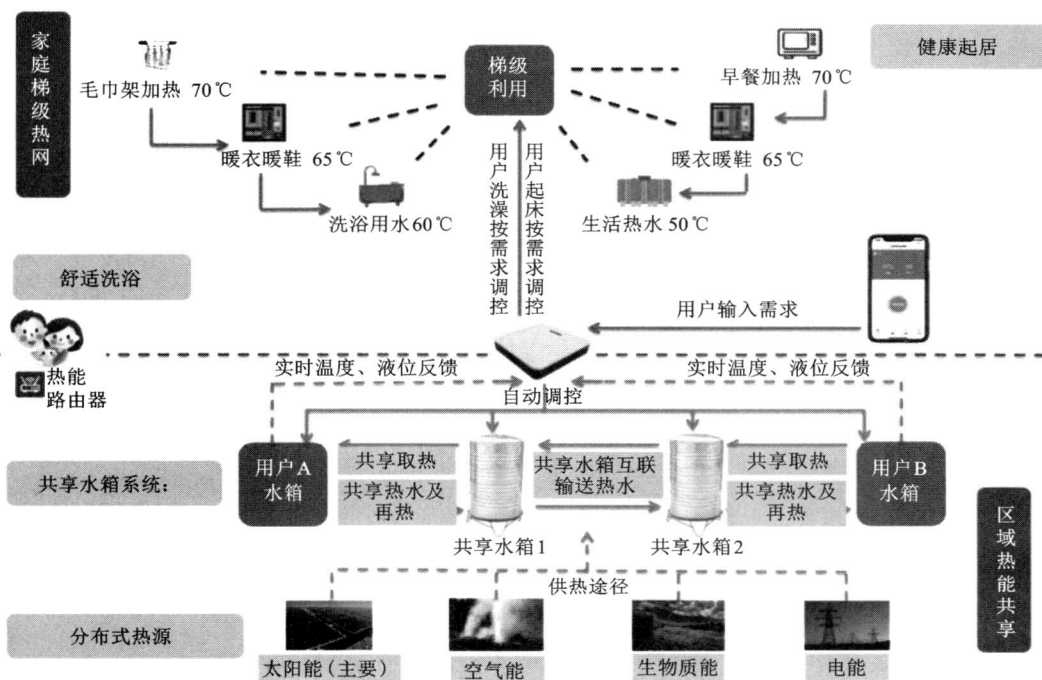

图 4-6　热能路由器设计思路图

2.4 GHz 通信接口连接 Wi-Fi 模块上传传感器数据，与用户手机实时通信。分布式能源接口主要指太阳能、生物质能、空气能、电能等能源接口，单片机控制各分布式能源的启停、使用等，接入的各类能源以不同温度的热水为载体传输热能。储热水箱是热能路由器的核心单元，分为用户水箱和共享水箱两类，可用于平滑分布式可再生能源的输出曲线，弥补短时间热能共享中出现的差额，调节用户热水峰谷不平衡状况。动力及阀门装置包括电磁阀、三通阀、分集水器、水泵等，用于控制热水流量及流动方向，使热水在管路中按规定路线和流量进行流通，维持热能质量，保证热能传输。参数检测模块包括流量、温度及液位传感装置。检测模块是热能应用的基础，用于监测系统中温度、液位及流量情况，并反馈信息到路由器，通过用户需求或内设程序调整热能传输。

（3）软件设计

热能路由器及其对应热网是该作品的主体部分设计，包括集热器加热算法设计、控制系统设计。如图 4-7，热能路由器从气象局数据库逐时采集当天太阳预测辐照度及环境温度，并通过优化算法得出当天不同时段的最理想供热温度 T_r（每小时进行一次数据更新）。辐照资源丰富时，理想供热温度升高，相应给水水温升高；辐照强度较低时，降低集热器循环频率，加热相对较少的热水到 60℃（人体舒适水温），满足用热基本需求。通过此算法充分匹配辐照资源与共享热水，既能提高太阳能利用率，又能满足低辐照强度下仍有高品质热水可用的需求。

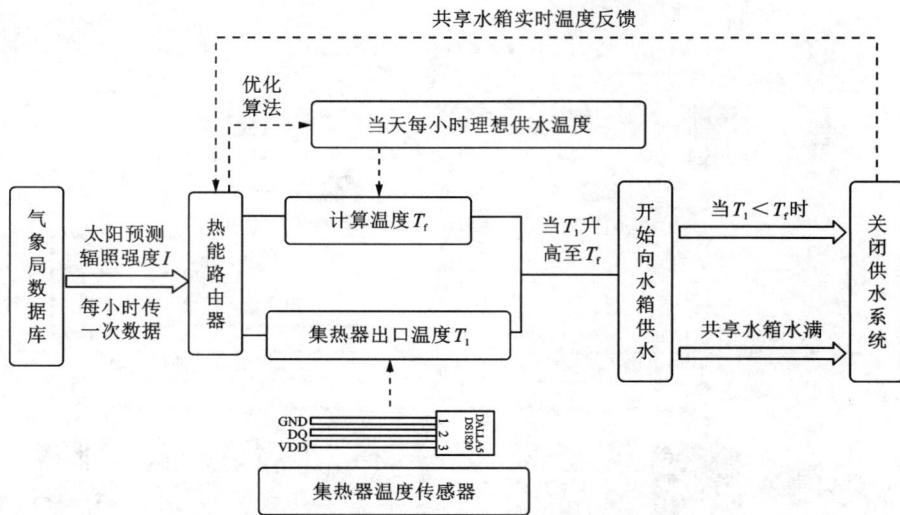

图 4-7　集热器加热算法逻辑图

核心公式为：

$$\eta = C - D\frac{T_{f,\,i} - T_a}{I}$$

理想供热温度 T_f 由上式计算得出。其中，I 为每小时太阳辐照强度，T_a 为环境温度，$C = F_R(\tau\alpha)$，$D = F_R U_L$，算式中的集热器出口温度 $T_{f,\,i}$ 作为理想温度 T_f。

控制系统是能源路由器运作的核心，以 STM32F103 微控制器为处理器，收集温度、液位传感器数据并进行分析，再通过 2.4 GHz 通信接口与用户手机进行互联。热水温度响应及时，实时采集水箱温度、液位等信息，将数据信息向手机 APP 实时传输，由用户根据信息选择用水需求。图 4-8 为控制系统逻辑设计图，温度传感器采集数据后用 PID 算法和 Smith 预估算法相结合控温补偿温度控制系统的滞后性。同时采集流量液位数据，再利用下位机与上位机变量数据交换，控制水泵及阀门；下位机的 Wi-Fi 通信模块与手机端进行通信。

4. 创新特色

该作品针对区域热水供需不平衡、可再生能源利用率低、热能调控信息化程度低等问题，基于能源路由器对热网系统进行优化设计及智能调控，具有创新性强、经济和环保效益高等特点。该作品的创新点主要有：①热能共享化，将以热水为载体的热能在以共享水箱为节点的区域热能网络中进行互联共享；②供热高效化，热能路由器连接气象局数据库采集辐照信息，通过算法优化供热模式；③热源多元化，基于即插即用的特性，路由器适配空气能、生物质、太阳能等多种可再生能源，满足多元热源接入系统的要求；④用热梯级化，根据热能品位及用户需求设计家庭热能梯级利用网络，充分利用不同温度热能，在保证用户舒适度的前提下，对生活用水进行节能控制，提升热水使用效率；⑤热流定制化，用户根据自身需求定制热流流向，实现不同模块功能，发挥用户在区域热网中的主导作用。

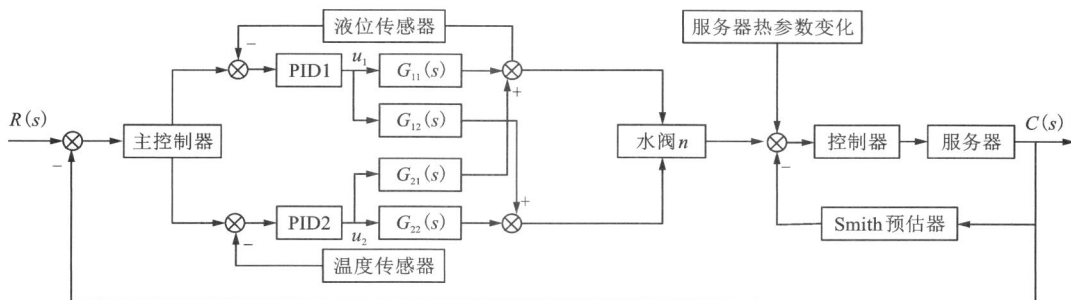

图 4-8 控制系统逻辑设计图

5. 可行性及效益分析

(1)实验模型及仿真模拟

如图 4-9 所示,团队搭建区域热能共享实验模型,运行区域热能共享四项功能。运用 TRNSYS 软件构建家庭梯级热网模型(图 4-10),对热网效益进行仿真计算。

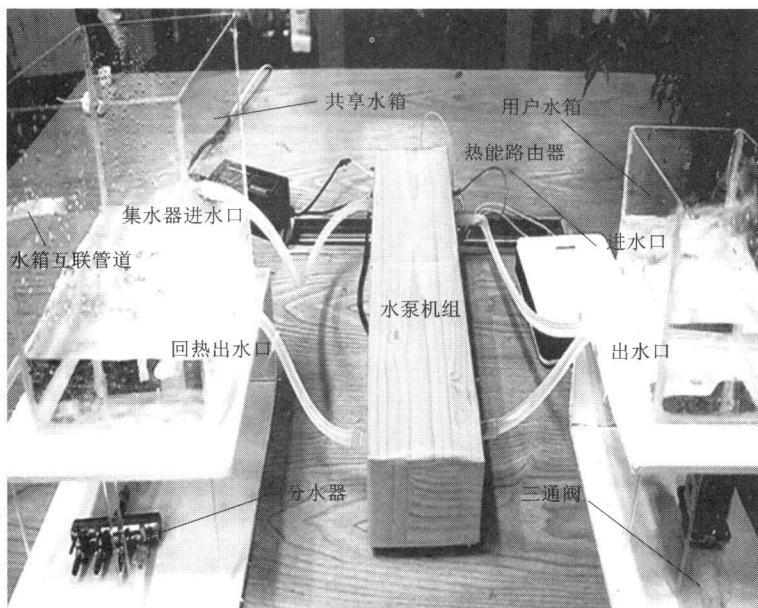

图 4-9 区域热能共享实验模型

(2)节能效益分析

①区域热能共享模块。

以唐山地区一户安装太阳能集热器的三口之家为例,查得局部热水供应系统人均日用 30~40 L,此处取 35 L,例中三口之家热水需求为 105 L。要满足全年热水负荷,需满足冬天水温温升最大时的使用,同时考虑集热器成本最大化,选取 4 m² 太阳能集热板。如图 4-11 所示,区域热能共享模式中的水温较传统模式能完全满足用户水温需求;产水量也远高于传统模式及单户用户需求。如图 4-12 所示,区域热能共享模式月均太阳能利用

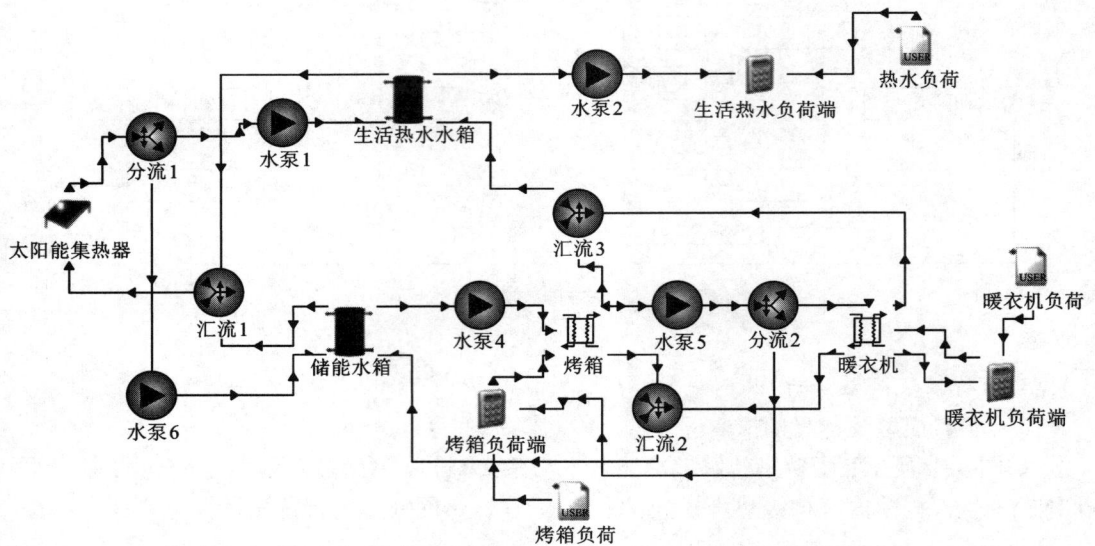

图 4-10　家庭梯级热网模型图

热量均远高于传统模式及单户用户需求热量。

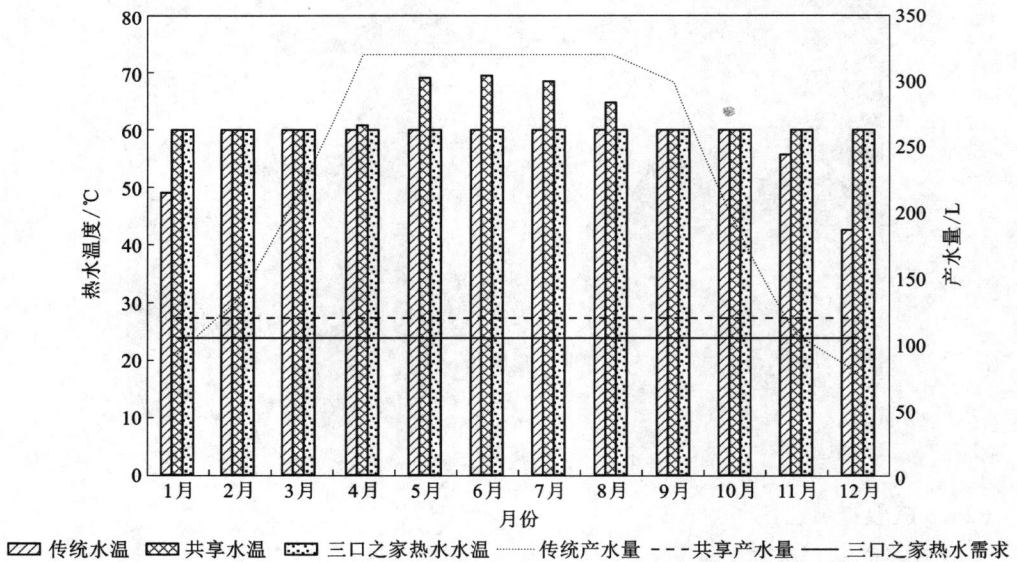

图 4-11　传统与共享水温水量对比

传统分散式供热模式中，每位太阳能用户每年可利用平板集热器产热 8071 MJ，所产 60℃的 39150 L 热水全部供给用户自家热负载；区域热能共享系统中，每位太阳能用户每年可利用平板集热器产热 16140 MJ、产水 81390 L（≥60℃），由区域内用户共同消纳。

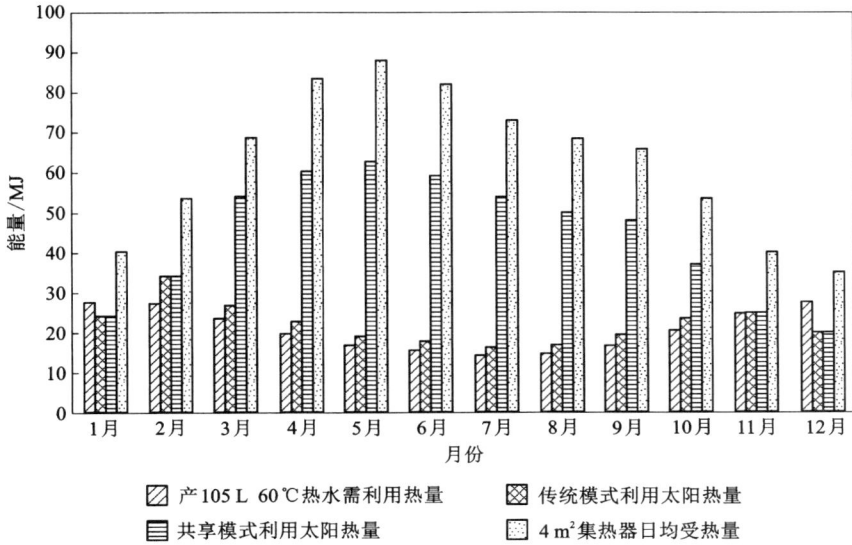

图 4-12　唐山地区热量利用情况

即在区域热能共享系统中，每年每户多利用太阳能热量 8069 MJ，折算电能为 2241 kW·h，相当于节省 717.1 kg 标准煤，减少 2629 kg 二氧化碳排放量。

②家庭梯级热网模块。

根据 TRNSYS 软件的模拟分析，家庭梯级热网模式对比传统家居模式可以有效减少能耗。传统的用户端生活用水的利用方式单一，大部分热能供应来源于电能。梯级热网模式中所能实现的干衣、加热毛巾、预热食物等功能均需要一定的电器实现，与市场中相应电器耗能对比效果如图 4-13 所示。

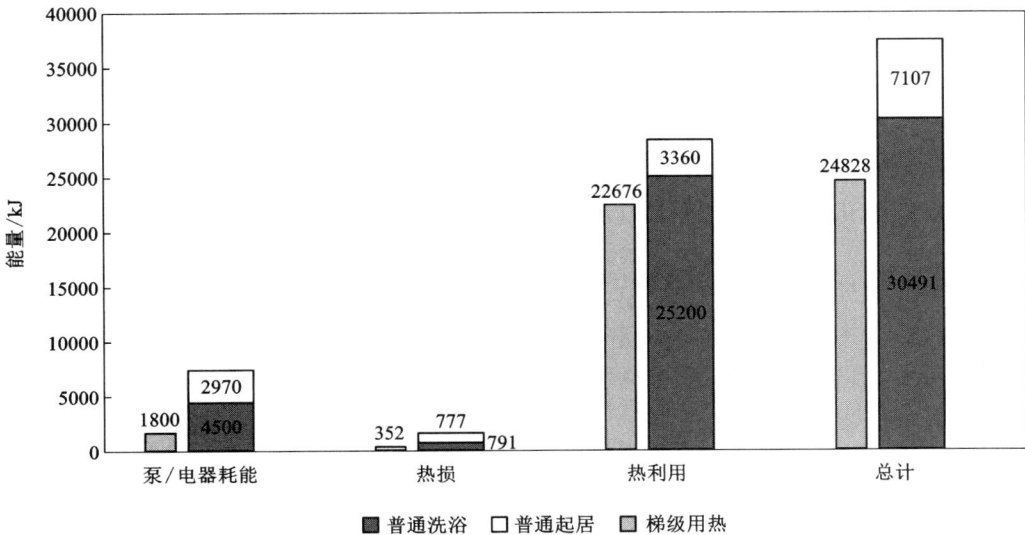

图 4-13　家庭梯级热网两种模式节能效果

对上图数据进行进一步分析可知，家庭梯级热网运行一次相较于传统的热能利用方式可节省能量 12779 kJ，按一年运行 120 天计算，一个系统年节能效果达 1533 MJ，大致为 136 kg 标准煤，相当于减少二氧化碳排放 500 kg，折算为电能则平均每年每户节约 426 kW·h。

（3）经济效益分析

经计算，一套热能路由器成本约为 1481 元。参照上文节能效益，在家庭梯级热网中每户每年等效节电 426 kW·h，等效收益 206 元。区域热能共享经济效益如图 4-14 所示。对于拥有太阳能热水器的用户，年收入总计 1135.28 元，即 1 年 4 个月内可回收成本。对于只能电加热水的用户，每日使用共享热水 40 L 即可完全消纳太阳能用户共享热水，每年可节约热水成本 464 元，总计 670 元，预计 2 年 3 个月内回收成本。

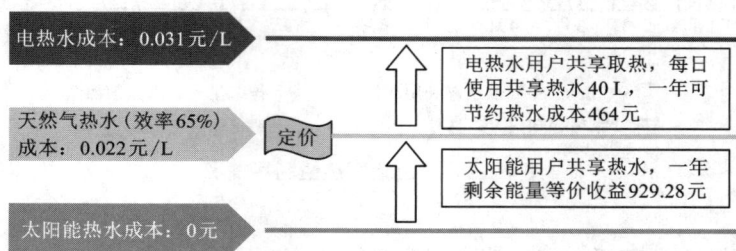

图 4-14　热水共享经济效益分析图

6. 应用前景

能源互联网是互联网和能源系统深度融合的产业新形态，构建新一代绿色低碳、安全高效、开放共享的智慧能源系统，是当前国内外学术界和产业界关注的焦点，也是能源领域继智能电网后又一前沿发展方向。该作品应用面覆盖我国大范围农村地区，在热能路由器上作出创新，同时结合热能共享设计和热能梯级利用设计的创新，节能降耗，紧扣新时代节能减排主题，具有广阔的应用前景。该作品充分应用"互联网+"智慧能源技术，提出热能路由器的具体设计。路由器设有通信、控制等模块，通过传感器实现对水箱内水温水位信息的实时采集并反馈给用户端，建立热能共享网络，区域用户接入网络中，每个用户都是该网络的参与建设者，即同时具有能源消费者、储存者、提供者三重角色。该作品设计的热能路由器实现了太阳能资源的最大化利用，并可根据不同地区资源禀赋推动提升其他可再生能源的利用规模与水平。

4.2.2　太阳能加热蒸馏井水净化装置

作品名称："一缕阳光"——太阳能加热蒸馏式井水净化装置。设计者：翁庆言、汪琰、黄瑞欣、黄钊聪、周江盟、张嘉睿、欧阳莉。该作品获得 2019 年全国大学生节能减排社会实践与科技竞赛一等奖。

针对农村水井取水净水困难与安全饮水需求之间的突出矛盾，该作品基于非跟踪式聚光和光热转换原理，利用聚光系统将太阳光导入井内加热金属管使其升温，井水在金属管的加热作用下蒸发升腾至井口冷凝器中凝结，利用热管回收蒸汽的凝结潜热后将蒸馏水储存至集水箱中，实现农村地区井水的高效节能净化。该作品主要有三个亮点：①节能井水净化：整个过程只使用了太阳能作为动力，将井水蒸馏纯化制成纯净水，同时利用热管回收大部分热量，提高了能源利用率。②光能复合利用：该装置输入的太阳光不仅能用于净化井水，结合光催化剂 TiO_2 还能用于井水蒸馏前的预处理，达到装置防垢的目的，实现了光能的多功能应用。③装置结构可靠：通过简单的结构应对太阳高度角随季节更替发生变化，同时设计的液位追踪系统能够应对井水的水位变化，使装置更为可靠。

1. 设计背景

实现美丽中国目标必须先建设美丽乡村，要加强生态文明建设、推进绿色发展战略，提升人们生活质量。在人口不断增长的今天，我国水资源紧缺以及污染的问题依然严峻。据 2018 年国民经济和社会发展统计公报发布的消息，我国人均淡水资源量仅为 2.0×10^3 m^3，被联合国认定为 13 个最缺水的国家之一。

同时，在饮水安全问题上，我国普遍存在"重城市轻农村"的问题，部分农村的净水设施配套不完善，有超过 2 亿的农村人口饮水安全得不到保障。其中，

图 4-15　井水污染严重

井水作为农村地区人们生活的重要水源，细菌和泥沙较多，且含钙高、含碱重，长期直接饮用会危害人体健康。随着工业的不断发展，井水污染日益加剧（图 4-15），农村净水困难与安全饮水需求之间的矛盾也日渐突出。

在常用的井水净化装置中，三级过滤器只能过滤大颗粒物质，难以去除水中的钙离子等碱性离子；反渗透膜虽然能够去除大部分碱性离子及其他杂质，净化效果较好，但其维护周期较短、电耗较高。对于我国太阳能丰富且浅水井分布广泛的部分农村地区，直接利用太阳能来净化井水可以节约电能，具有重要的节能减排意义和推广应用价值。

2. 设计思路

该团队提出的太阳能加热蒸馏式井水净化装置的整体设计思路如图 4-16 所示。在常

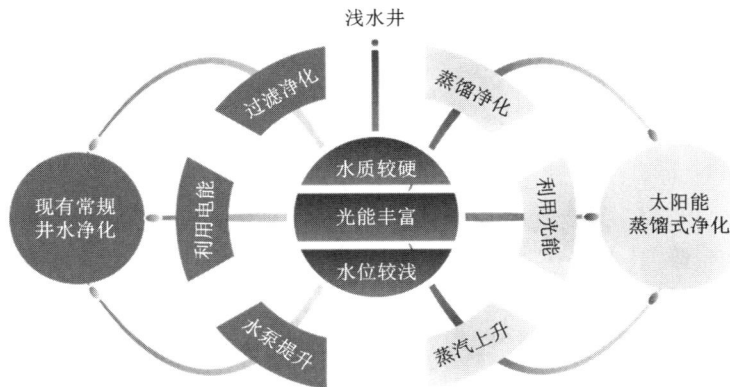

图 4-16　装置整体设计思路图

规井水净化装置的基础上，该团队分析了现有净化装置的能源利用方式及工作过程，利用应用地区太阳能丰富的特点，将装置的驱动能源改为太阳能；利用井水蒸发后自然上升的特性，代替水泵的提升功能；同时，井水蒸馏冷凝的过程使原本不适宜直接饮用的井水转变为纯净水，取代了常规装置中的反渗透膜等过滤结构。两者相比，该装置只需太阳能供能，结构简单，维护成本较低，净化后的井水能够达到人们的饮用标准，满足人们的实际生活需求。

3. 设计方案

考虑到农村居民对水井的使用需求，通过装置各系统的协同作用，该团队利用太阳能直接实现对井水的蒸馏净化。装置采用全封闭的结构，如图 4-17 所示，其安全可靠，自动运行，可作为未来农村水井使用的基础配套设施。

图 4-17　装置应用概念图

（1）装置原理

该装置主要利用非跟踪式聚光和光热转换的原理，实现井水的蒸馏净化。其基本原理如图 4-18 所示。装置通过聚光系统将太阳光引到井内，直接加热绕有铜管的金属管接收器使其温度升高。井水流经预热器进入铜管内被金属管加热蒸发，产生的水蒸气沿铜管向上运动，到达井口处的冷凝器并向热管吸热端放热冷凝成水，经流出孔流入集水箱中进行收集。

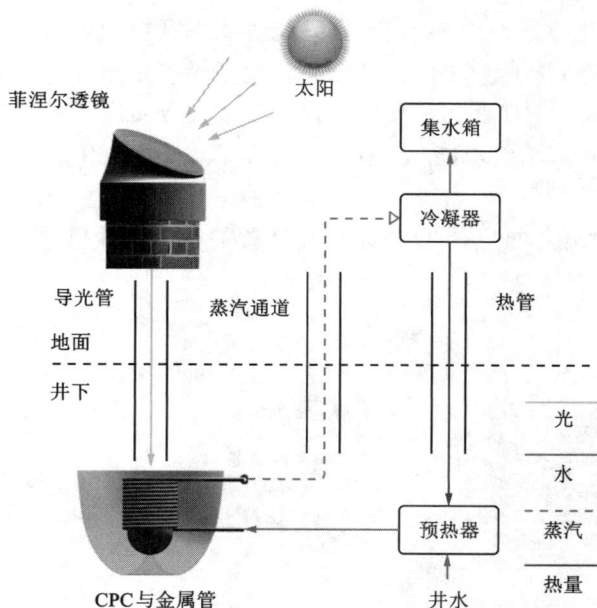

图 4-18　装置基本原理图

（2）装置整体结构

该太阳能加热蒸馏式井水净化装置包括聚光系统、蒸发净化系统和液位追踪系统三大系统及集水箱、外罩等辅助装置。装置整体结构如图 4-19 所示。

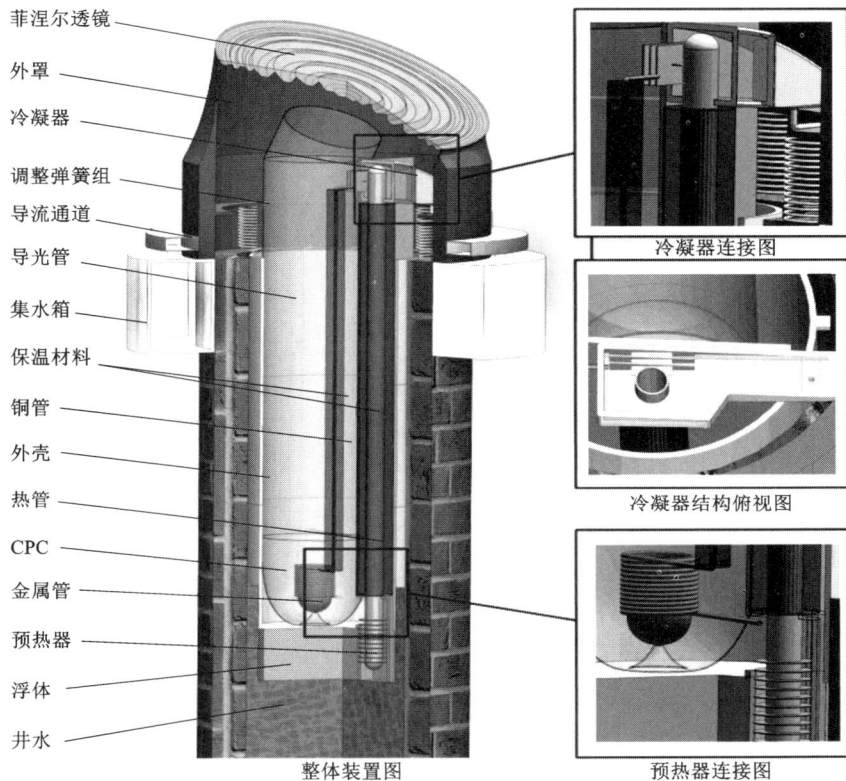

菲涅尔透镜
外罩
冷凝器
调整弹簧组
导流通道
导光管
集水箱
保温材料
铜管
外壳
热管
CPC
金属管
预热器
浮体
井水

整体装置图

冷凝器连接图

冷凝器结构俯视图

预热器连接图

图 4-19　装置结构图

聚光系统主要由菲涅尔透镜、导光管及复合抛物面聚光器（CPC）组成，具体如图 4-20 所示。菲涅尔透镜安装在井口处，其焦平面与导光管的入口端面重合。导光管由井口向下延伸至井水液位附近，最后与 CPC 相连接。CPC 是一种非成像低聚焦度的器件，它能够将最大入射角范围内的光线收集汇聚到接收器上。

聚光系统的工作目的是最大限度地收集井口上方的太阳光，为井水蒸发提供足够的动力。具体而言，平行的太阳光通过菲涅尔透镜后被聚焦成一点并射向导光管入口；导光管通过表面的全反射膜层设计（反射率高达 99.7%），将尽可能多的光线传输至与之连接的 CPC 处；小于 CPC 最大入射角的光线将被 CPC 汇聚，并最终照射在金属管上被其吸收使其温度升高。

蒸发净化系统由预热器、金属管、铜管、冷凝器以及无重力热管等组成，如图 4-21 所示。

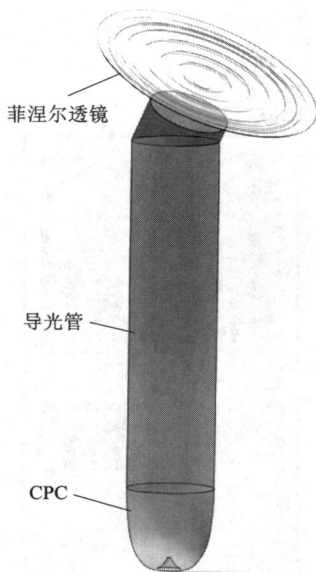

图 4-20　聚光系统

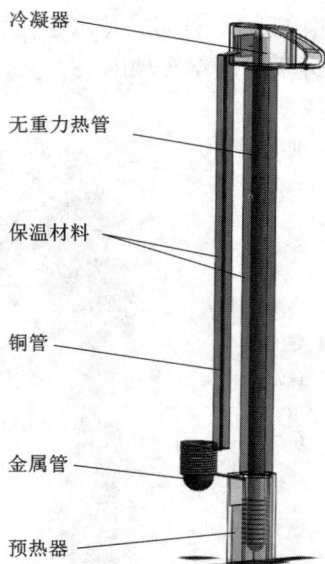

图 4-21　蒸发净化系统

　　其中，预热器由热管的放热端和壳体组成，浸入井水当中，其内壁烧固有光催化剂 TiO_2，引入一定的光照辐射后，可达到装置防垢和井水初步净化的目的；金属管作为 CPC 的接收器和加热装置，布置在 CPC 的焦点处，其表面经过处理，对太阳光具有很强的吸收能力；铜管作为干式蒸发器，由预热器处引出，缠绕金属管数圈后再上升通往冷凝器，其外围包有保温材料以减少蒸汽运输的损失；冷凝器由热管的吸热端和壳体组成，布置在井口上方，其中设置有流出孔用于出水，热管的吸热端安装有竖直布置的直肋片，放热端则安装有环形肋片，其外围包裹有保温材料，以减少热管传热损失。

　　太阳光经过聚光系统聚集后传递至金属管处，后者能将绝大部分的光能吸收转换为热能。由于金属管的热容小，其在加热之后能迅速升温。工作时，井水首先进入预热器，与无重力热管的放热端先接触，进行预热。接着井水进入缠绕在金属管上的铜管中，被高温的金属管加热后蒸发，形成水蒸气。水蒸气自然升腾至装置顶部与热管吸热端接触后冷凝成水，通过导流通道后被集水箱收集，而蒸汽携带的部分热量被热管回收用于井水预热，完成热量的循环利用。

　　液位追踪系统主要由浮体和调整弹簧组构成，如图 4-22 所示。其中，浮体设置在装置预热器的下方，目的是增加装置整体的浮力，扩大调整弹簧组的可调范围；调整弹簧组设置在井口处，连接装置与井圈，作为装置整体的支撑结构。

　　系统的工作原理与浮筒式液位计相似。浸在液体中的装置受到向下的重力、向上的浮力和弹力的复合作用。当液位上升时，装置浸入液体的体积增大，所受到的浮力增大，因此弹簧组的弹力减小，使其伸缩量减小。通过设计，可以使井水的液位变化与弹簧组的伸缩量变化相等，从而使铜管恰好位于井水表层处。

此设计能够确保在井水水面发生季节性波动或因气候原因产生变化时，装置不会脱离工作液面而正常运行。

装置的附属配套设施包括井口外罩、导流通道、集水箱及外壳，如图 4-23 所示。

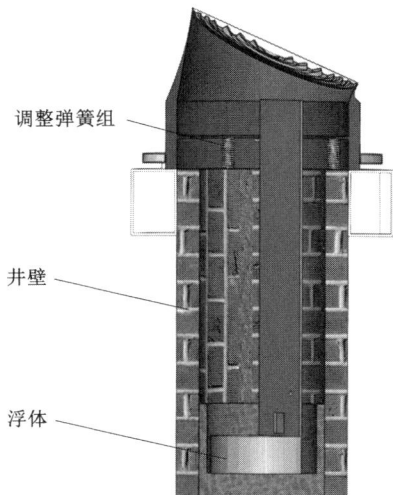

图 4-22　液位追踪系统

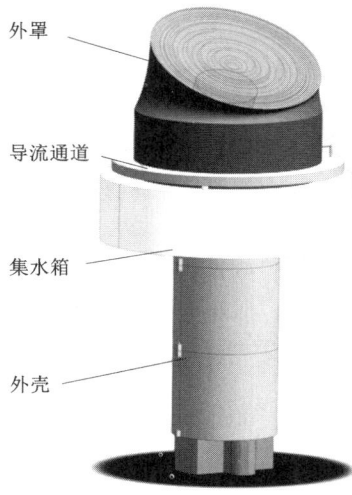

图 4-23　配套设施

装置在井口处采用全封闭的设计，利用外罩将装置连同井口与外界隔离，保证装置的正常运行，同时此设计对公众的人身安全也具有一定的保护作用；导流通道上方设有一个入水孔，经连接管道与冷凝器的出水口相连接，其下方设有 4 个出水孔，分别连接 4 个集水箱，起到出水的分配作用；集水箱为环绕井圈的 4 个环状可拆卸箱体，上方设有入水孔，与导流通道的出水孔相连；位于井内的外壳将装置中的部件与井内潮湿的工作环境隔绝，提升其可靠性，延长其寿命。

4. 可行性分析

由于不同城市的太阳能年辐射量以及水井开采程度不同，该装置在不同城市的工作情况也会有所不同。

（1）工作时长

以浅水井数量丰富的广东省惠州市为例，其纬度为 23.09°N，夏至日的太阳高度角为89.59°，冬至日为 43.41°。为了削弱太阳高度角变化对工作时长的影响，取装置透镜的安装角度（透镜与地面的夹角）为 23.09°。

该装置的工作时长主要取决于菲涅尔透镜的直径、焦距以及导光管的管径。取定设计参数如下：菲涅尔透镜的直径 $d_1 = 0.8$ m，焦距 $f = 0.2$ m，导光管的管径 $d_2 = 0.3$ m。

$$\theta = 2\arctan\left(\frac{d_2}{2f}\right) = 73.74° \tag{4-1}$$

经计算，可以算出该装置的有效时角 θ 为 73.74°，按日照时长为 8 h 计算，该装置的工作时长 τ 约为 3.27 h。由 2018 年惠州统计年鉴可查得，惠州 2017 年的年辐射总量

$E_a = 6331.5 \text{ MJ}/(\text{m}^2 \cdot \text{a})$，则输入装置内的日均辐射量 E_s 为：

$$E_s = \frac{E_a}{365} \cdot \frac{\tau}{8} \cdot \frac{\pi d_1^2}{4} = 3572 \text{ kJ} \tag{4-2}$$

（2）能量分析

由铸铁制造的圆柱形金属管的具体参数为：外径 $d_3 = 92 \text{ mm}$，壁厚 $\delta_1 = 2 \text{ mm}$，高度 $h = 160 \text{ mm}$，热容 $c_1 = 0.46 \text{ kJ}/(\text{kg} \cdot \text{K})$，密度 $\rho = 7400 \text{ kg/m}^3$，初始温度 $t_0 = 20\text{℃}$，工作温度 $t_1 = 105\text{℃}$。其表面经过氧化及喷涂处理，黑度 ε 可达到 0.98。

金属管外侧绕有铜管，铜管的具体参数如下：铜管内径 $d_4 = 6 \text{ mm}$，壁厚 $\delta_2 = 1 \text{ mm}$，匝数 $N = 16$，取水位在铜管线圈的中间高度位置，井水初始温度 $t_0 = 20\text{℃}$，蒸发温度 $t_s = 100\text{℃}$。

由于导光管内部抽真空，金属管外表面被铜管缠绕，因此金属管的大部分热量将传给铜管中的井水，小部分以热辐射形式散失。取其散热面积为金属管外圆柱面面积的 0.2 倍，则辐射热损失 Q_1：

$$Q_1 = 0.2 A \varepsilon c_b \left[\left(\frac{t_1}{100} \right)^4 - \left(\frac{t_0}{100} \right)^4 \right] \tau = 79.03 \text{ kJ} \tag{4-3}$$

金属管由 t_0 升温至 t_1 所需要的热量 Q_2：

$$Q_2 = c \rho V_1 (t_1 - t_2) = 26.2 \text{ kJ} \tag{4-4}$$

式中：V_1 为金属管的体积。

水蒸发前所需要吸收的热量 Q_3：

$$Q_3 = c_2 m_2 (t_s - t_0) = 2.75 \text{ kJ} \tag{4-5}$$

式中：c_2 为水的比热容；m_2 为铜管内水的质量。

装置运行需要的总热量 $\sum Q$：

$$\sum Q = Q_1 + Q_2 + Q_3 = 107.98 \text{ kJ} \tag{4-6}$$

因此，当装置输入的热量大于装置运行需要的总热量 $\sum Q$ 时，装置便能正常工作。由前文的计算结果可知，在能量角度上该装置实施具有可行性。

（3）日产水量

通过分析装置各部件的能量损失，可以绘制出装置在工作状态下的能流图，如图4-24所示。因此可以计算出装置每日在工作时长内产生的净水量为：

$$V = \frac{E_s - (Q_F + Q_P + Q_M + Q_S + Q_T + Q_H)}{c_2 (t_s - t_0)} = 5.31 \text{ kg} = 5.31 \text{ L} \tag{4-7}$$

式中：Q_F、Q_P、Q_M、Q_S、Q_T、Q_H 分别是菲涅尔透镜光学损失、导光管光学损失、金属管散热及热容损失、蒸汽运输散热及阻力损失、装置顶部散热损失、热管热损失。

由式（4-7）可得，装置日均产水量可达 5.31 L。成年人维持运转的日均需水总量约为 2.5 L，除去从食物中获得的水，成年人日均饮水量为 1.2~1.6 L，可见装置的产水量足以满足三口之家的日均饮水需求。对于单一家庭而言，该装置年均可产纯水 5.31×365 = 1938.15 L。

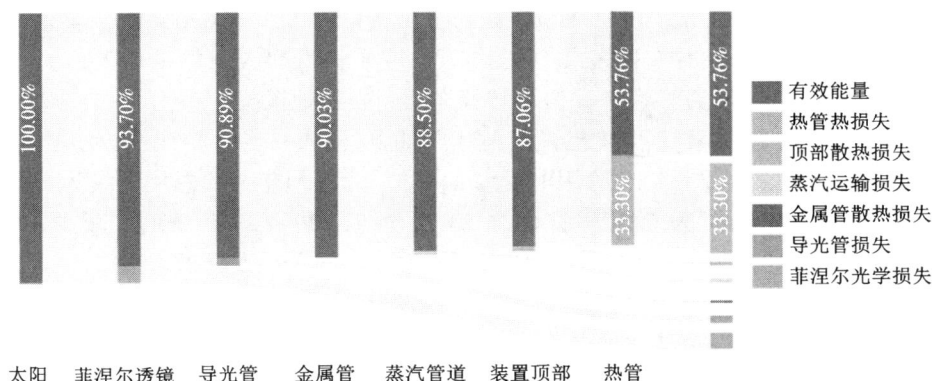

图 4-24　装置能流图

5. 创新点

①节能井水净化。该团队提出直接利用太阳能净化井水的思路。在只以太阳能作为动力的条件下，将井水蒸馏纯化制成纯净水，节约了传统净水器净水所需的电能。此外，该装置通过热管结构回收了蒸汽的凝结潜热，并对预热器中的水进行预热，提高了能源的利用率。

②光能复合利用。装置输入的太阳光不仅可实现井水的净化蒸馏，在结合预热器内壁烧固的光催化剂 TiO_2 后还能实现井水蒸馏前的预处理，去除其中的成垢离子，达到装置防垢的目的。该设计巧妙地实现了光能的多功能应用，在制得纯水的同时，又延长了装置的使用寿命。

③装置结构可靠。通过采用短焦距的菲涅尔透镜以及较大入射口径的导光管，装置能够以简单的结构应对太阳高度角随季节更替发生的变化。除此之外，利用浮筒式液位计的原理构造的液位追踪系统能够应对井水水位的变化，有效提高了装置的可靠性。

6. 效益分析

(1) 经济效益

经京东查询估算市面上类似净水装置的价格和能耗，选取以下两个产品的数据作为代表，具体参数如表 4-1 所示。

表 4-1　市场类似装置参数表

产品名称	价格/(元·台$^{-1}$)	产品尺寸/mm	耗电/(W·h)	纯水产量/(L·h^{-1})
海尔纯水机	1699	466×165×446	28	7.8
史密斯 R50VTC1	2488	450×165×385	60	7.8

该装置完全利用太阳能净化井水，为零电耗。表 4-1 中两款装置的年耗电量分别为 245 度和 512 度左右。以在惠州市的使用情况为例，惠州市第一档电量的价格为 0.620 元/度，

则该装置年节约的电费分别约为：

相对于海尔为 245×0.620＝151.9 元，相对于史密斯为 512×0.620＝317.44 元。

截至 2018 年，惠州共有农村人口 145.46 万。取农村每户人家的平均人口为 3 人，则惠州农村地区约有 48.49 万户家庭。假设装置在惠州农村地区推广率为 20%，则惠州地区将会有约 9.70 万户农村家庭因该装置受益。与市场上单一装置相比（以海尔纯水机为例），该装置为使用家庭每户年节约用电量约 245 度，为惠州年节约总用电量为 245×97000 ＝2376.5 万度电，相当于为惠州节省标煤 2376.5×1.229≈2920.7 吨，减少 CO_2 排放 2920.7×2.493≈7281.4 吨，其 CO_2 吸收效果等同于 19.95 公顷茂密阔叶林。

由于井水所含的杂质种类及含量较自来水多，因此与净化自来水相比，普通净水器对井水进行过滤净化将会缩短其维护周期，进一步增加维护成本。通过对市场上普通净水器的折旧损耗调查，取普通净水器在使用过程中更换滤芯及部件维护所产生的费用的年均值为 300 元，因该装置的设计使用年限为 10 年，则其在设计使用年限内为用户节约的总维护费用约为 10×300＝3000 元。

实际制作模型时所花费的成本数据如表 4-2 所示。假设该装置量产成本为模型制作成本的 0.7 倍，计算得模型制作成本约为 3012 元，则装置量产成本约为 2108.4 元。

表 4-2　模型制作成本计算表

材料	费用/元	材料	费用/元
菲涅尔透镜	300	铜管	330
导光管	450	保温材料（陶瓷纤维毯）	132
复合抛物面聚光器（CPC）	180	其他附件	500
热管组件	520	加工费	600

在设计使用年限内，就每台普通净水器（以海尔纯水机为例）的使用而言，其所消耗总电费约为 1519 元，更换滤芯及维护费用约为 3000 元，则其使用的总成本费用约为 1519+3000+1699＝6218 元。以该装置量产的制造加工成本进行比较，装置可省 6218－2108.4＝4109.6 元/台。

假设该装置在惠州农村地区推广率为 20%，则惠州农村地区将会有约 9.70 万户农村家庭因该装置受益，在此期间，该装置将在产出同样品质的纯水的同时，还能为惠州节省 4109.6×97000≈3.99 亿元。

（2）社会效益

物质生活方面：该装置有效解决了井水品质低下、净化能耗高的问题，缓解了农村存在已久的安全用水供给与居民需求之间的矛盾，改善了农村地区居民的生活品质。

环境发展方面：该装置作为一种环境友好型产品，只使用可再生的太阳能作为驱动能源，绿色而环保。同时，该设计既为净水器制造行业的能源利用提供了新思路，也为农村净水开拓了新途径。

人身安全方面：该装置对公众的人身安全具有一定的保护作用。近几年"吃人水井"、幼童掉落水井受伤等新闻层出不穷，该装置采用了封住井口上方全部空间的设计，在确保装置更好运行的同时，能够有效减少因管理不完善、设施不健全而导致的安全隐患。

7. 前景展望

①利用绿色可再生能源和保护环境。该装置利用太阳能直接对井水进行蒸馏净化，从而达到为用户提供干净安全的饮用水的目的。而且相比于普通的净水装置，其具有结构简单、经济实惠、节能省电等创新点。

②提升农村供水质量以满足实际生活需求。该装置主要面向农村地区用户，可以为全国约 2000 万饮水困难的居民提供一个满足实际生活需求且性价比高的方式来改善水质，解决饮水问题。

③响应国家节能减排与美丽乡村建设。该装置还可作为乡村改革的配套设施，为推进美丽乡村建设、提高农村饮水质量提供新途径。

4.2.3　甲醇-氢气-燃料电池节能装置

作品名称：基于甲醇-氢气-燃料电池一体化车载供电的新型节能装置。设计者：徐然、卢炜钦、徐升、周正若、李晋全、周飞奕、张璇。该作品获得 2020 年全国大学生节能减排社会实践与科技竞赛一等奖。

氢燃料电池汽车是国际前沿研究方向，然而，储氢、运氢与实时制氢技术尚面临能耗大、成本高等挑战，亟待开发新型车载供能装置以实现氢能汽车的长效、可持续发展。甲醇是一种理想的制氢原料，具有高 H/C 摩尔比、低重整温度、高氢气储量、清洁无污染、便于运输（液体燃料）等优势。采用甲醇制氢成本低、反应条件温和。对此，该团队通过甲醇催化重整制氢、余热利用、集成耦合等思路，设计了基于甲醇-氢气-燃料电池一体化车载供电的新型节能装置，搭建了氢燃料电池新能源汽车模型。模型集成了蒸发、重整及质子交换膜燃料电池（PEMFC）模块，通过甲醇（安全运输）-氢气（实时制备）-燃料电池（高效供电），协同实现氢能的储存、运输与实时供给，以期突破氢能汽车面临的技术瓶颈。该装置具备以下节能及减排优势：①反应器流道结构优化，利用 CFD 模拟与装置性能测试强化传热；②能量匹配及余热梯级利用，采用系统流程模拟指导重整反应器与燃料电池的布置；③CO 气体的选择性调控，通过新型催化剂的设计、制备与喷涂达成有害气体的减排。最终，作品实现了甲醇-氢气-燃料电池的集成式供电，为开发安全、高效、灵活、低能耗的氢能汽车提供了研究思路和技术支持。

1. 背景及意义

当今，新能源汽车的发展已成为国际趋势，氢能驱动的新能源汽车（氢能汽车）是其中一个重要研究方向。在 2019 年全国两会上，氢能源首次被列入政府工作报告，意味着我国对新能源产业的重视与支持。新能源燃料电池车在国内已过"概念性"的阶段，开始小规模商业化推广。预计燃料电池汽车未来几年将在商用车领域将实现万辆产销规模，新型燃料电池发电产业也将进入一个爆发期。

目前，氢能源汽车氢源以自身储氢为主，氢气以高压状态存储于储氢罐内，储存空间有限，且储氢技术尚不成熟，安全可靠性不高。氢能源汽车发展中面临的最重要问题是氢气如何低成本、高效、清洁制备以及如何方便地储存携带。而实时制氢可以避开储氢携带，从根本上解决燃料电池的氢气来源问题。相比其他制氢原料，甲醇原料来源广泛，价格低廉稳定，常温常压下呈液态，储存技术成熟。除此之外，甲醇可通过生物质转化后的合成气制备，因此甲醇可视为一种可再生能源。该团队使用甲醇蒸汽重整制氢技术制备氢气，利用质子交换膜燃料电池发电驱动燃料电池汽车，提供了一套清洁、安全、可靠的供电方式，为氢燃料电池汽车提供了一条切实可行的新出路。

2. 整体思路

该团队通过甲醇催化重整制氢、余热利用、集成耦合等思路，采用甲醇蒸汽重整系统，在微型反应器内生成氢气，利用 PEMFC 发电驱动新能源汽车。图 4-25 为该装置原理示意图。该装置包括蒸发重整系统和燃料电池系统。蒸发重整系统主要包括蒸发板、重整板；燃料电池系统包括正、负极板。蒸发板、重整板上布置有蛇形波纹通道，通道内加工有丁胞结构。重整板催化剂为该团队实验室研发的 $Cu/ZnO/Al_2O_3$，通过溶胶-凝胶法耦合冷冻干燥法制取。蒸发重整系统中利用甲醇蒸汽催化重整实时制取氢气；燃料电池系统利用氢气与氧气反应发电，将化学能转化为电能。蒸发重整系统与燃料电池系统耦合，实现余热利用。整个装置体积小，可用于车载供电等领域。直接甲醇燃料电池系统整体效率仅有20%，而利用该装置结构以及甲醇蒸汽重整技术可将整体效率提高到50%，满足人们对氢能源发电技术的期待。

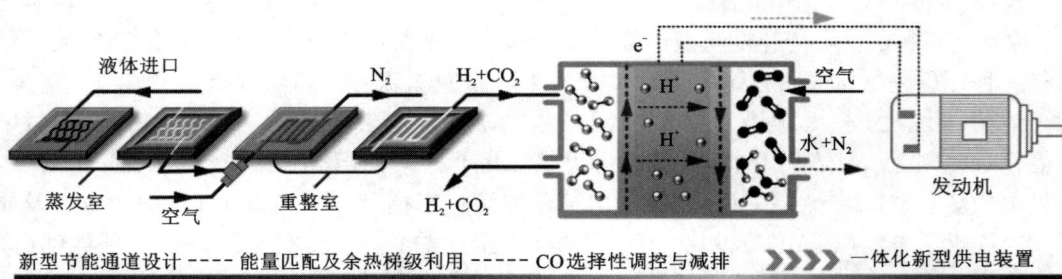

图 4-25　装置原理示意图

3. 设计方案

该装置主要由蒸发重整系统、燃料电池系统两大系统和温度检测热电偶、尾气成分检测气相色谱仪等辅助设备组成。图 4-26 为该作品的模型图、拆分视图、实物图。

（1）蒸发重整系统

蒸发重整系统由蒸发区和重整区组成，材料为高纯钛。两块钛板的流道通过下降管相连。蒸发区的钛板上雕刻有蛇形波纹并带有丁胞结构的微通道，通道内流有甲醇水溶液。钛板侧面留有两个安装加热棒的圆柱通道。加热棒用于加热甲醇水溶液，模拟甲醇的自热反应，以保证进入重整区的反应物质完全汽化。重整区的钛板同样雕刻有蛇形波纹并带有丁胞结构的微通道，微通道内流有完全汽化的甲醇水溶液，表面附着催化剂，蒸汽流动时与催化剂接触反应，钛板侧面留有两个安装加热棒的小孔。反应所需热量主要源自燃料电池余热与辅助加热棒提供的热量，同时由热电偶测出反应区温度，通过负反馈调节控制温度，确保反应区温度处于最佳范围，保证重整区进行高效的甲醇催化重整反应，在保证氢

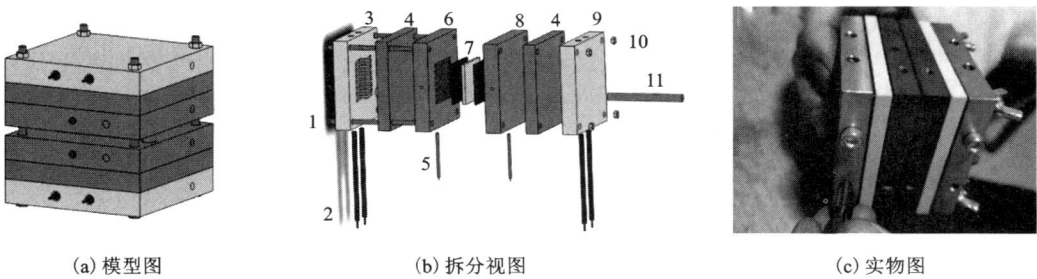

(a)模型图　　　　　(b)拆分视图　　　　　(c)实物图

1—固定螺栓；2—加热棒；3—蒸发板；4—隔板；5—热电偶；6—正极板；
7—MEA；8—负极板；9—重整板；10—固定螺母；11—下降管。

图 4-26　作品

气的产率的同时控制 CO 的产量。图 4-27 为蒸发重整系统原理图、钛板三维图和钛板俯视图。

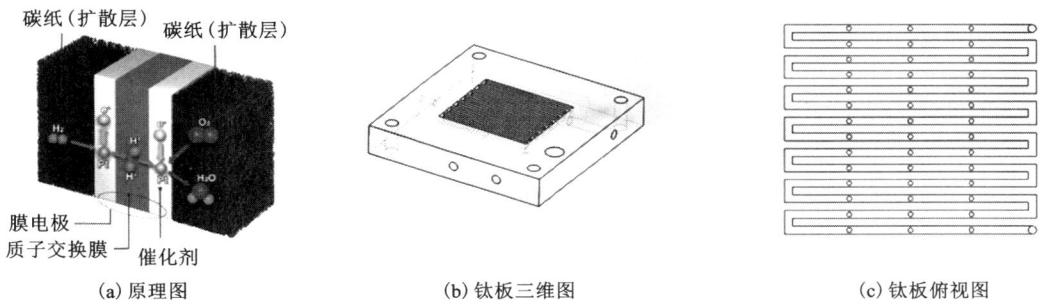

(a)原理图　　　　　(b)钛板三维图　　　　　(c)钛板俯视图

图 4-27　蒸发重整系统

（2）燃料电池系统

燃料电池系统主体为质子交换膜燃料电池，燃料电池主要由电池阳极板（石墨板）、阴极板（石墨板）和质子交换膜组成。阳极发生氢气的氧化反应：$2H_2 \longrightarrow 4H^+ + 4e$。产生的 H^+ 通过质子交换膜扩散进入燃料电池阴极。阴极发生氧气的还原反应：$O_2 + 4H^+ + 4e \longrightarrow 2H_2O$。燃料电池产生的电能由电极引出供给模型车。图 4-28 为燃料电池系统示意图。

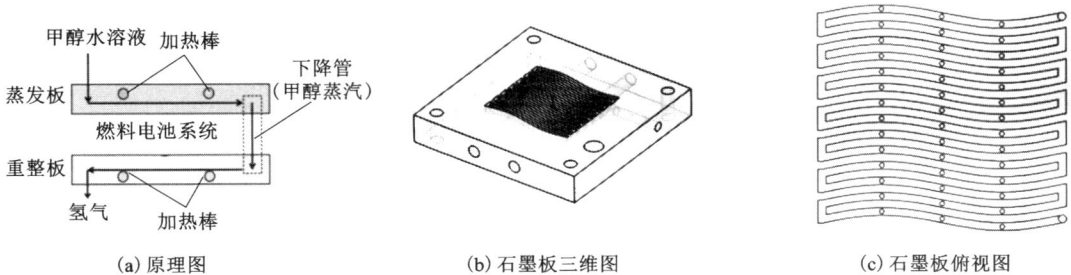

(a)原理图　　　　　(b)石墨板三维图　　　　　(c)石墨板俯视图

图 4-28　燃料电池系统

115

（3）辅助设备

辅助设备主要包含重整区温度检测热电偶、分析尾气成分的气相色谱仪、储液罐、微型泵、加热棒和连接管道。热电偶可实时检测蒸发区反应的温度，保证氢气的产率以及控制 CO 的排放；在重整区末端设计有产物抽样引出管，将抽样的部分产物通过气相色谱仪进行产物成分与含量分析，进而调整重整区反应温度，最大限度地减少副反应的发生，从而保证甲醇向氢气方向的转化；储液罐用于储存甲醇的水溶液；微型水泵用于将甲醇的水溶液送入反应器中进行蒸发与重整；空气泵用于将空气送入燃料电池阴极发生还原反应；加热棒用于给反应器辅助加热，在蒸发区供给热量使甲醇水溶液汽化，在重整区维持反应发生所需要的温度条件；连接管道主要为软管（蒸发区、重整区的两个钛板由 Pi 材料制成的下降管连接），将蒸发区与重整区连接在一起，输送反应物和产物。

4. 理论设计计算

理论设计计算包括化学反应设计计算、加热棒功率设计校核、催化剂涂覆量设计校核、通过模拟仿真验证可行性。

（1）化学反应设计计算

该团队以驱动一辆模型车为例，计算反应相关参数。设计标准如下：质量为 2 kg 的模型车以 5 km/h 设计速度爬上 15°的斜坡，斜坡的滑动摩擦系数取 0.8。确定模型车为研究对象，以大地为参考系，以模型车行驶方向为 x 轴，垂直于斜面方向为 y 轴，受力分析如图 4-29（a），实物如图 4-29（b）。

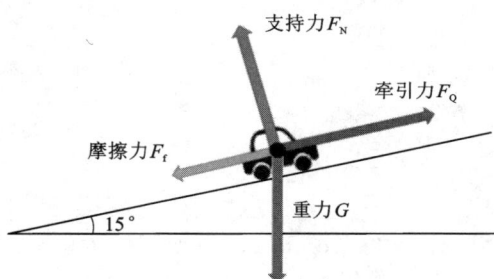

(a) 模型车受力分析图　　　　(b) 小车实物图

图 4-29　模型车受力分析图及小车实物图

由牛顿第二定律，根据式（4-8）计算模型车所需牵引力：

$$F=mg\sin \alpha+umg\cos \alpha = 20.24 \text{ N} \tag{4-8}$$

式中：g 为重力加速度；m 为模型车质量；u 为斜坡的滑动摩擦系数；α 为斜坡倾斜度。

模型车功率由式（4-9）计算：

$$P=Fv=28.11 \text{ W} \tag{4-9}$$

设计时应留有裕度，因此取模型车功率为 30 W。

结合化学反应方程式，由式（4-10）计算燃料电池的氢气进料速率与空气进料速率：

$$v_h = \frac{1.264 \times 10^{-4} \times p}{u_h \times v_1} \times 60 = 0.41 \text{ L/min}$$

$$v_k = \frac{3.02 \times 10^{-4} \times p}{v_1 \times u_a} \times 1000 \times 60 = 3.11 \text{ L/min}$$ (4-10)

式中：v_1 为单电池电压，取 0.7 V、u_h、u_a 分别为氢气和空气利用率，经查阅文献，计算时取 80%、25%。

甲醇与水消耗速率由式（4-11）计算：

$$v_j = \frac{v_h}{V} \times \frac{32}{r_j} = 0.67 \text{ mL/min}$$

$$v_s = \frac{v_h}{V} \times \frac{18}{r_s} = 0.30 \text{ mL/min}$$ (4-11)

式中：r_j、r_s 分别为甲醇和水的密度，g/mL；V 表示 25℃、0.1 MPa 下，1 mol 理想气体的体积为 24.4 L。

甲醇水溶液的消耗速率由式（4-12）得：

$$v = v_j + v_s = 0.97 \text{ mL/min}$$ (4-12)

实验室使用的软管内径为 2 mm，可通入最大流量为 1 mL/min 的液体，满足设计要求。

（2）加热棒功率设计校核

加热棒和 PEMFC 为蒸发重整系统提供了达到反应温度所需的部分热量。该装置的蒸发板与重整板各设有两个加热棒放置通道，初步设计加热棒规格为 φ3，单个加热棒功率为 30 W。以普通直通道结构的蒸发板为例计算，通道内流有 $n_{CH_3OH} : n_{H_2O} = 1 : 1$ 的甲醇水溶液，入口处溶液体积流量取软管的最大流量为 $Q_V = 1 \text{ mL/min}$，通道平均长度为 $L = 446 \text{ mm}$，通道截面为矩形截面（长×宽 = 1 mm×2 mm），溶液平均密度为 $\rho_{液} = 0.8856 \text{ g/mL}$，甲醇和水的汽化潜热分别为 $r_{CH_3OH} = 1109 \text{ kJ/kg}$，$r_{H_2O} = 1718 \text{ kJ/kg}$，根据式 4-13 计算平均停留时间 t：

$$t = \frac{1 \times 2 \times L \times 10^{-3}}{Q_V} = \frac{(1 \times 2 \times 446 \times 10^{-3}) \text{ mL}}{1 \text{ mL/min}} = 0.892 \text{ min} = 53.52 \text{ s}$$ (4-13)

可根据式（4-14）计算甲醇水溶液的平均汽化潜热 r：

$$r = r_{CH_3OH} \times 0.64 + r_{H_2O} \times 0.36 = 1328.24 \text{ kJ/kg}$$ (4-14)

进而由式（4-15）可计算通道的平均热负荷 P：

$$P = Q_V \times \rho_{液} \times r = \frac{1}{60} \text{mL/s} \times 0.8856 \text{ g/mL} \times 1328.24 \text{ J/g} \approx 19.6 \text{ W} < (30 \times 2) \text{ W}$$ (4-15)

经校核，符合蒸发板要求。

（3）催化剂涂覆量设计校核

该装置中催化剂涂覆于重整区的重整板微通道，查阅文献可知重整板催化剂涂覆量为几十毫克，设计取催化剂涂覆量为 $m \in [50, 100] \text{mg}$。催化剂涂覆量与催化剂密度 $\rho_{催化剂}$ 和催化剂体积有关，对于确定的通道，催化剂体积仅与催化剂涂覆厚度 σ 有关。取 $\rho_{催化剂} = 2.65 \text{ g/cm}^3$，以普通直通道结构为例，涂覆面积为 $S \approx 2229 \text{ mm}^2$，根据式（4-16）可计算催化剂涂覆厚度 σ：

$$\sigma = \frac{m}{\rho \times S} \qquad (4-16)$$

计算得 $\sigma \in [0.0085, 0.017]$ mm。不同的催化剂涂覆方式直接影响催化剂涂覆厚度，经试验证明该装置采用的催化剂涂覆方式能够达到该厚度。计算相关参数汇总见表4-3。

表4-3　计算相关参数汇总表

参数	数值	参数	数值
斜坡角度 $\alpha/°$	15.00	牵引力 F/N	20.20
模型车质量 m/kg	2.00	氢气利用率 u_h	0.80
单电池电压 v_1/V	0.70	模型车功率 p/W	30.00
模型车设计速度 $v/(km \cdot s^{-1})$	5.00	氢气的生成速率 $v_h/(L \cdot min^{-1})$	0.41
滑动摩擦系数 u	0.80	甲醇消耗速率 $v_j/(mL \cdot min^{-1})$	0.67
空气利用率 u_a	0.25	入口管的流量 $n_1/(mL \cdot min^{-1})$	0.97

（4）模拟仿真验证可行性

作品以 Fluent 结合 Aspen Plus 进行理论计算，通过系统优化，得到了各系统间各模块的最佳匹配运行参数，模拟仿真的结果初步验证了该系统和方法的合理性与可行性。

作品运用 Fluent 对不同流道进行流动传热仿真，通过对比确定为波纹丁胞通道，如图4-30。

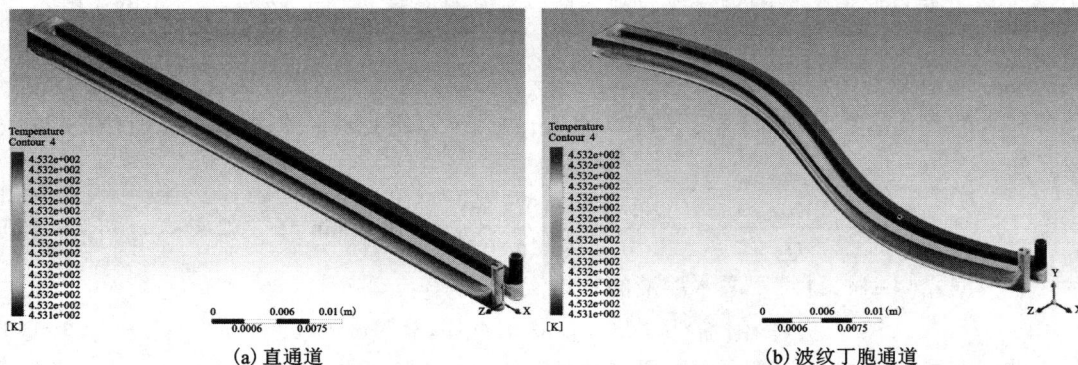

(a) 直通道　　　　　　　　　　　　　　(b) 波纹丁胞通道

图4-30　流道对温度分布的影响

新型车用甲醇重整耦合燃料电池系统总运行分为启动阶段和正常运行阶段。启动阶段以晶格氧为甲醇水蒸气重整反应提供反应所需氧，探究 H_2O/CH_3OH 和 CuO/CH_3OH 对甲醇转化率、氢气产率、氢气浓度、CO 浓度以及重整室热平衡的影响，最终达到满意的 H_2 浓度和产率，并有效控制 CO 的浓度，如图4-31所示。

在运行阶段，综合考虑温度和 H_2O/CH_3OH 对氢气浓度和产率、CO 浓度以及重整室热平衡等问题的影响。当温度在180℃左右，H_2O/CH_3OH 维持在 0.95~1.25 时，理论上可满足在保证较高 H_2 浓度（>70%）和产率的前提下，保持良好的重整室热平衡，同时确保

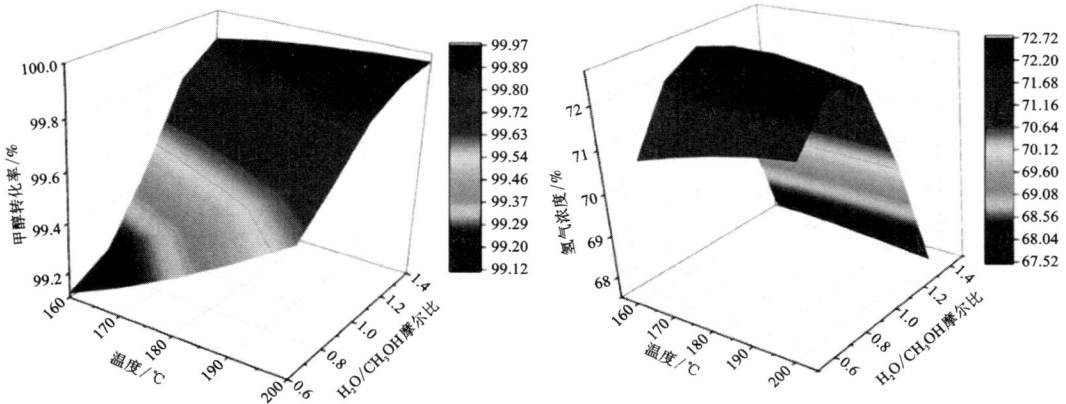

(a) 甲醇转化率 n　　　　　　　　　　　　(b) 氢气产率

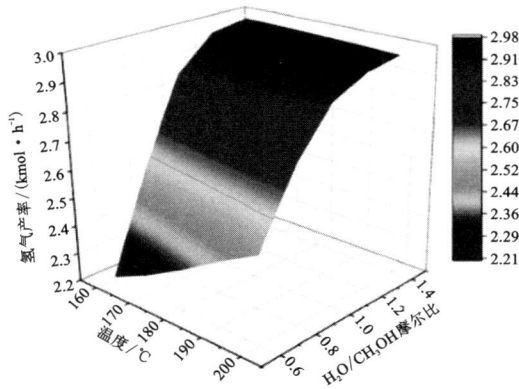

(c) 氢气浓度

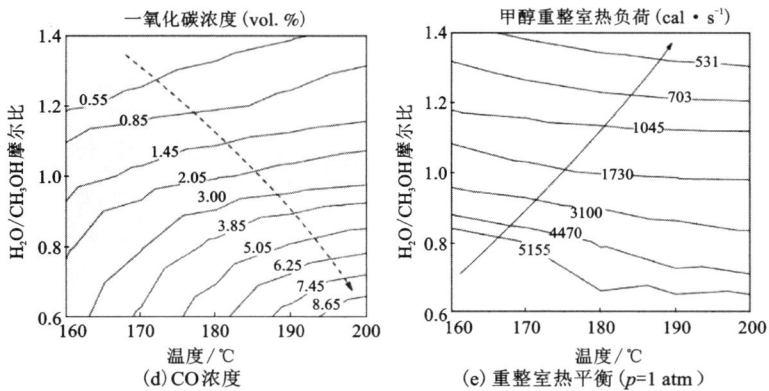

(d) CO 浓度　　　　　　　　　　　　(e) 重整室热平衡 (p=1 atm)

图 4-31　温度和 H_2O/CH_3OH 的影响

CO 浓度低于 3 vol.%。鉴于实际过程中重整气中的氢气浓度不稳定，燃料电池的氢气利用率（μ_H）和电效率会产生一定的波动。如图 4-32(a) 所示，系统效率随着燃料电池电效率的增大或氢气利用率的减小而增大，但总能维持在 75% 以上。此外，如图 4-32(b) 所示，在一定的波动范围内，甲醇重整反应室的热负荷始终为正，证明了整个耦合系统自热运行的稳定性。

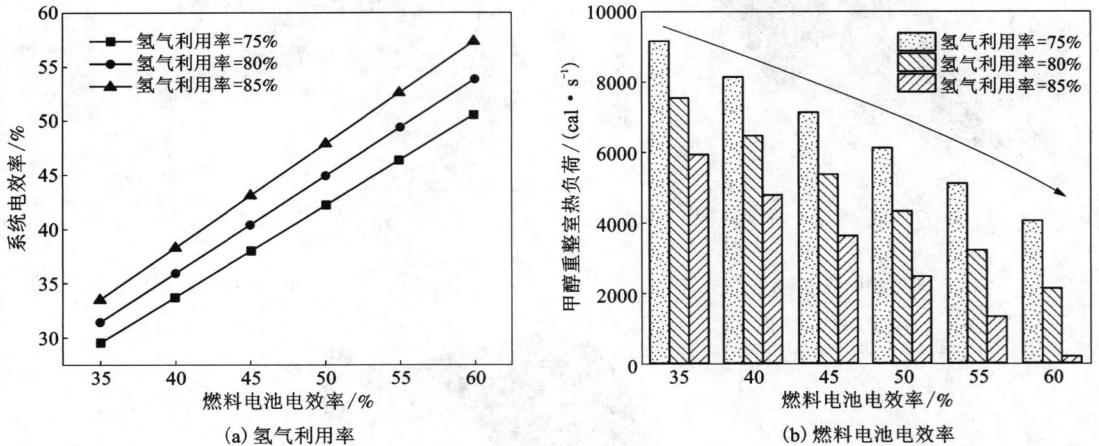

图 4-32　系统效率的影响因素

在整个运行过程中，假设甲醇重整室运行温度为 180℃，在启动阶段选取 $H_2O/CH_3OH = 0.4$，$CuO/CH_3OH = 1.0$，由于重整气体 H_2 浓度较低和燃料电池运行温度较低，燃料电池 H_2 利用率为 70%，燃料电池发电效率为 37.5%。正常运行阶段选取 $H_2O/CH_3OH = 1$，燃料电池 H_2 利用率为 85%，燃料电池发电效率为 47.5%，甲醇转化率接近 100%，H_2 浓度可达 75vol.%，并维持 CO 浓度在 3vol.% 以下。启动阶段和运行阶段的系统运行效率与相关运行参数如图 4-33 所示。

5. 创新点

(1) 创新的反应器结构设计

以加强扰动、增强换热和增大反应空间为目标，该团队提出一种新型反应器结构设计。该设计使用蛇形波纹丁胞结构的通道，用下降管连通蒸发区和重整区，并耦合燃料电池达到集成的效果，也使得燃料电池的散热在蒸发区和重整区实现梯级利用，提高了能量利用效率，实现了能源的回收利用。该反应器设计可容纳检测装置（如热电偶），保证了反应器系统的安全运输。其总体质量小、占用空间小，在未来投入市场具有极大的优势。

(2) 创新地实现能量梯级利用

鉴于质子交换膜燃料电池在运行过程中约有 30% 的能量会以热能形式散失，该团队设计的反应器巧妙地将质子交换膜燃料电池与蒸发重整反应器耦合在一起，对燃料电池的散热进行余热利用，加热蒸发区的甲醇水溶液使其汽化，为重整板的甲醇氧化重整反应提供部分热量，实现能量的梯级利用，达到节能的目的。

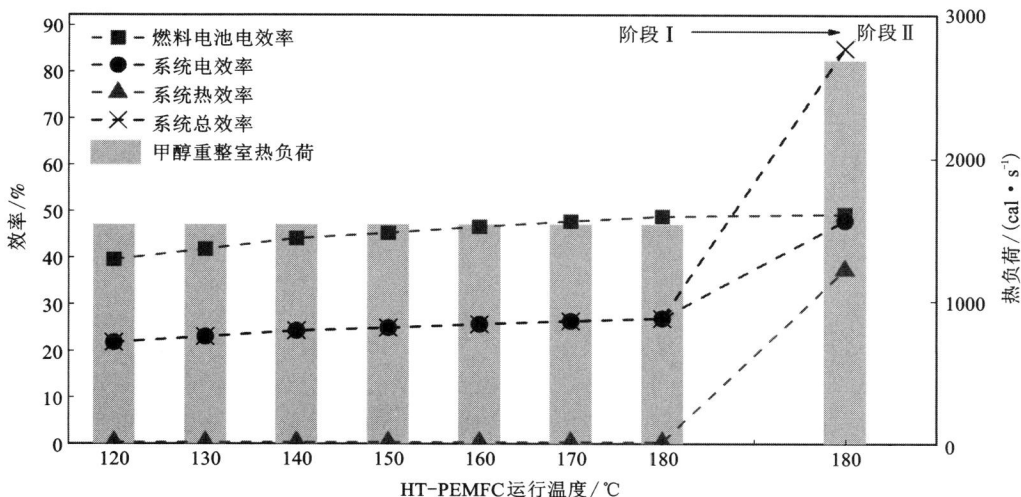

图 4-33　甲醇-氢气-燃料电池耦合系统运行总图(系统电效率、热效率、总效率等)

(3)创新的催化剂种类与制备

在"甲醇蒸汽催化重整制氢"反应机理的基础上,该团队通过比较各种催化剂的催化效率,并改变催化剂元素质量配比,研发出了一种功能性甲醇制氢催化剂($Cu/ZnO/Al_2O_3$)。实验表明,该催化剂的催化效率高,在趋向于低温条件下催化产生的 CO 等有害气体量极低。

6.效益分析

(1)推广效益

以乘用车为例,不考虑汽车的前期投入成本,分析采用汽油发动机和该装置驱动燃料的成本。查阅资料可知,排量 1.6 的汽油车百公里油耗为 8.0 L,市场汽油价格约为 7.0 元/L,百公里价格为 8×7=56.0 元。同样排量的该装置汽车百公里耗氢为 1.0 kg。假定甲醇转化率为 99%,自热与吸热平衡,1 mol 甲醇完全催化转化可产生浓度为 72.17vol.%的氢气,该浓度对 PEMFC 的发电效率的影响系数为 38.95%,则百公里消耗甲醇量 1÷2÷38.95%÷19.16×7.39×32≈15.8 kg。市场工业甲醇价格为 3.0 元/kg,即可得到百公里耗费价格为 15.8×3.0=47.4 元,同里程节省了 15.4%的燃料消耗费用,技术经济优势明显。二者经济性对比见表 4-4。

表 4-4　经济性对比

乘用车种类	单价	百公里消耗	百公里价格/元
该装置驱动车	3.0 元/kg	15.8 kg	47.4
汽油驱动车	7.0 元/L	8.0L	56.0

(2)成本分析。

团队将制作模型所花费的费用列出,如表 4-5 所示,共计花费 15717.0 元。

表 4-5　费用明细

名称	单价/元	数量	总价/元	名称	单价/元	数量	总价/元
第一代制氢装置	2250.0	4	9000.0	加热棒	92.0	4	368.0
第二代耦合装置	4000.0	1	4000.0	车模配件	185.0	1	185.0
燃料电池组件	600.0	1	600.0	温度控制器	148.0	1	148.0
泵	688.0	2	1376.0	热电偶	20.0	2	40.0

7.应用前景

氢能是清洁能源，作为未来给汽车供能的新型能源物质，其具有极大的优势。基于当前氢气易燃易爆，储存在汽车中的高压氢气存在安全隐患，直接甲醇燃料电池效率较低的问题，该团队利用甲醇蒸汽催化重整实时制氢为燃料电池提供氢气，再通过质子交换膜燃料电池为汽车提供动力，巧妙地解决了上述问题。从作用上看，该装置有以下用途：①可用于产生电能。相比于传统发电机，该装置体积小、污染小、安全可靠，且能量效率高。②可作为氢能源汽车、应急供电设备等的能量来源，市场适应力强。③可将反应器等比例放大后，用于驱动商用轿车、公交车，相比汽油经济性好。甲醇来源广，在未来无须新建甲醇站，只需对加油站进行简单改造实现"加醇"，市场前景广阔。

4.2.4　驰振供电公路桥安全预警系统

作品名称：基于驰振供电的中小型公路桥智能安全预警系统。设计者：柴盈华、戴国润、陈思灼、黄致睿、陆广锐、赵艳伟、陈宝轩。该作品获得 2020 年全国大学生节能减排社会实践与科技竞赛一等奖。

针对中小型公路桥安全隐患大和监测预警系统供电困难等问题，该作品提出了以自动变向式驰振风能收集器为核心，联合光伏发电为系统供能，通过监测桥梁危险截面应变大小，结合单片机智能算法和灯光报警技术，及时反馈桥梁的安全信息，提高中小型公路桥运营安全系数的方案。该作品共有以下三个亮点。①自动变向式驰振风能收集：将驰振风能收集器作为系统的能源之一，利用自然风激发压电片驰振，收集压电能量供电；结合尾舵对风原理，确保收集器稳定工作。②低功耗智能桥梁应变监测：利用传感器监测桥梁应变，通过智能算法判断其安全状况，同时实现应变监测器件极低功耗下运作。③适用于中小型公路桥安全预警：通过合理选择监测指标和系统组件，构建规模小、成本低、预警及时的桥梁监测预警系统，适应中小型公路桥跨度小、数量多、分布广的特点，能有效降低故障发生率。

1.设计背景

截至 2019 年底，我国中小型公路桥达 76 万座，约占公路桥总数的 87%。这类桥梁数量多、分布广，但是相关人员对其养护的重视程度和其本身运营的安全性均低于大型桥梁（图 4-34）。另外，中小型公路桥常规监测措施以人工监测为主，监测信息具有一定滞后性。因此，近年来中小型公路桥故障频发，例如山东栖霞中桥、江苏丹阳庭河桥等多座中小型公路桥发生过坍塌事故，严重危害人们的生命和财产安全。为保障中小型公路桥的运营可靠性，提高桥梁安全性，有必要在这类桥梁上安装监测预警系统，实时监测桥梁安全状况，以便及时应对可能出现的危险。

现有桥梁监测预警系统多用于大型桥梁，一般通过电网供电，而中小型公路桥数量众多、分布广泛，输电线架设成本较高且布线困难，不宜采用这种供电方式。考虑到桥下风能资源一般比较丰富，若采用适当的能量收集或利用方式，有望实现对桥梁监测预警系统的供电。

桥梁监测预警系统分为传感器子系统、数据采集子系统、数据传输和处理子系统、远程综合管理子系统四部分，其中传感器子系统和数据采集子系统是最基本部分。传统的水平轴风力发电机维护成本高、占用空间大，输出功率与传感器、数据采集子系统的功率不匹配，不宜作为这两个子系统的电源。而基于驰振的风电转化装

图 4-34　中小型公路桥安全隐患

置，能以较低成本解决两个子系统的供电问题，在中小型公路桥监测预警系统中具有重要的推广应用价值。

2. 设计思路

该团队提出的基于驰振供电的中小型公路桥智能安全预警系统的整体设计思路如图 4-35 所示，根据中小型公路桥的现状以及现行桥梁的监测方式，利用传感器对桥梁安全进行实时监测，并通过预警灯及时反馈安全信息，从而达到桥梁安全自动监测及预警的双重目的。中小型公路桥数量多、分布广，市电供应困难，利用微型风能和太阳能等分布式能源实现自供电，能有效降低系统成本，提高能源利用率，适合在中小型公路桥监测系统中推广。

图 4-35　装置整体设计思路图

3. 设计方案

该系统应用概念图如图 4-36 所示，考虑到中小型公路桥的特点，结合桥面与桥下太阳能和风能分布情况，该团队使用光伏板、驰振风能收集器为系统供电。此外，该系统利用传感器实时监测桥梁安全状况，并通过预警灯反馈给行人与车辆，提高中小型公路桥运营安全性。

图 4-36　系统应用概念图

（1）系统原理

系统原理如图 4-37 所示，传感器测得的应变信号经监测单片机 A/D 转换后，通过蓝牙模块送入预警单片机中进行计算分析，以判断桥梁的安全状况。同时，预警单片机驱动预警灯对外反馈桥梁的安全信息。系统有两种供电方式。其一是利用自动变向式驰振风能收集器中的钝体、压电片等结构将风能转化为电能，经整流滤波储能后，为传感器和蓝牙发射模块供电。其二是利用光伏板将太阳能直接转化为电能，为蓝牙接收模块、预警单片机、预警灯供电。

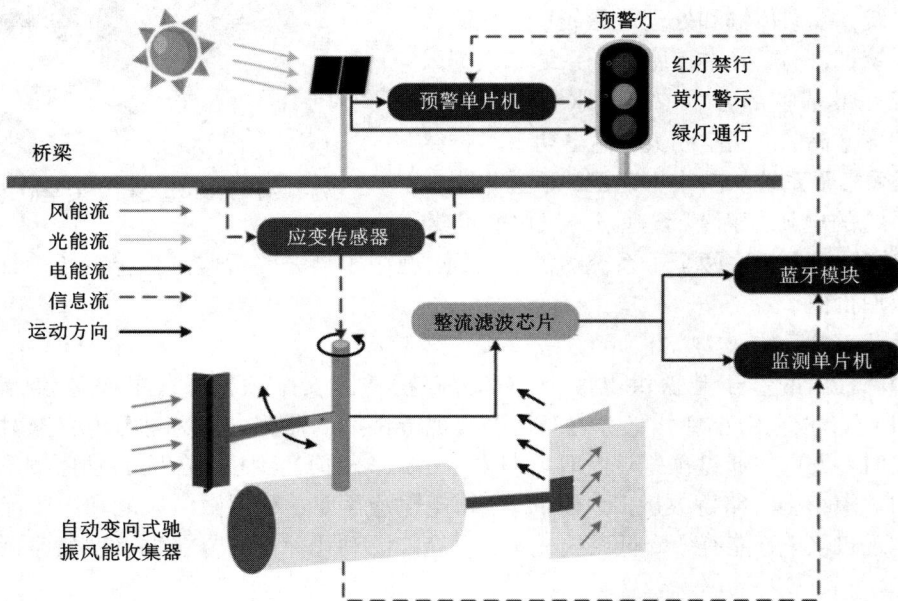

图 4-37　系统原理图

（2）系统整体结构

自动变向式驰振风能收集器主要由中间轴、深沟球轴承、尾舵、悬臂梁、压电片、Y 型迎风钝体和 LTC3588-1 芯片组成。其连接方式如图 4-38 所示，中间轴的下半轴与装置外筒连接，尾舵安装于装置外筒背风侧。中间轴的迎风侧装一悬臂梁，悬臂梁靠近中间轴的一端固定有压电片，另一端设有 Y 型迎风钝体。压电片通过导线与装置内部的 LTC3588-1 芯片连接。自动变向式驰振风能收集器可分为风向追踪模块和能量收集模块两部分。

风向追踪模块的工作目的是随风向变化调整收集器与风的相对位置，实现风向实时追踪，保证能量收集效率最大化。具体而言，自然风与尾舵存在夹角时，尾舵受力转动，带动装置旋转达到受力平衡，此时钝体与风向夹角向 90°靠拢，从而追踪自然风，使装置始终处于最佳工作状态。

能量收集模块的原理是，自然风绕流钝体产生旋涡，带动悬臂梁产生驰振，向压电片施加周期性的压力作用实现压电转化，产生的电能由预留导线引至 LTC3588-1 芯片整流

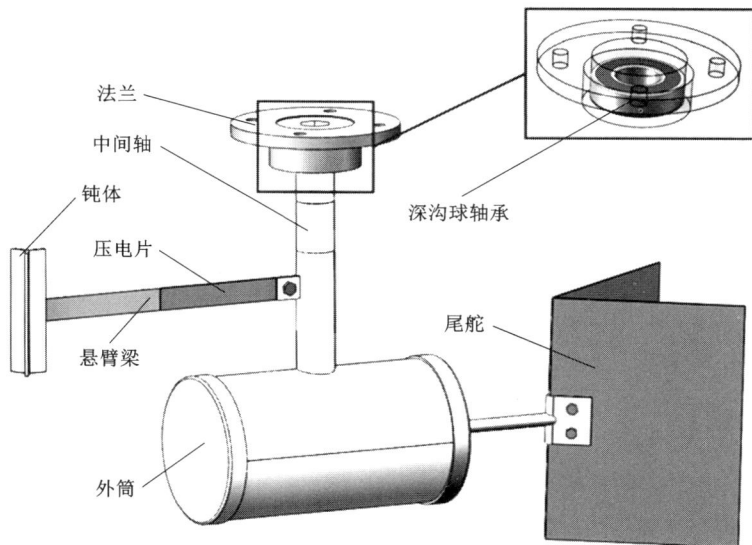

图 4-38　自动变向式驰振风能收集器

滤波储能，为中小型公路桥智能安全预警系统的传感器模块、蓝牙发射模块独立供电，避免远离电网区域所带来的繁杂拉线问题，实现桥梁安全自主监测与实时预警，提升桥梁运营可靠性。

低功耗智能桥梁应变监测器主要由传感器模块、MSP430 单片机（监测单片机）、蓝牙、STM32 单片机（预警单片机）、预警灯组成，预警灯和 STM32 单片机由光伏板供电，其他部分均由自动变向式驰振风能收集器供电。

传感器模块由设置在桥梁不同位置的多个应变传感器及相应导线组成，实时监测桥梁在不同动、静态工作条件下的应变强度。采集到的应变信号导入与传感器连接的 MSP430 单片机并通过 A/D 转换后，经蓝牙向 STM32 单片机传输，信号在 STM32 单片机内与预设预警阈值比较，当应变信号达到预警阈值的 0.95 倍、1.05 倍或 1.15 倍时，单片机驱动预警灯对应显示三种不同颜色的指示信号，警示行车路人桥梁承载情况，从而避让桥梁过载期，确保桥梁安全通行。

另外，该团队通过编程，实现了MSP430 单片机和蓝牙模块的间歇工作。传感器测得的应变信号间隔一定时间向STM32 单片机发送一次，需要处理或传输信号时，MSP430 单片机与蓝牙处于正常功耗模式，其他时间处于休眠模式，从而实现了 MSP430 单片机与蓝牙的低功耗运作，提升了系统工作的可靠性。实物装置如图 4-39 所示。

图 4-39　驰振风能收集器实物装置

4. 可行性分析

(1)能量分析

由于不同城市的年平均风速和日平均风电利用小时数不同,该系统在不同城市的工作情况也会有所不同,如表4-6所示。

表 4-6 该系统在不同省份工作情况

省份	日平均风速/(m·s⁻¹)	年平均风电利用小时数/(h·d⁻¹)	系统产生电能/(J·d⁻¹)
湖南省	2.6	5.63	114.01
辽宁省	3.6	6.2	270.07
新疆维吾尔自治区	3.15	5.5	178.70
海南省	4.3	4.5	364.52

以风力资源较为贫乏的湖南省为例,湖南省近十年来年平均风速为 2.6 m/s,2018 年年平均风电利用小时数为 2054 h,平均每天为 5.63 h。该装置的工作时长主要取决于有风时间及风向追踪模块的工作情况。根据数据统计得出,湖南省日平均风电利用小时数 $T=$ 5.63 h/d,该装置在 2.6 m/s 的稳定风速下输出电压 U 约为 15 V,取 40 kΩ 为最佳电阻,则每天可输出电能 E_1 为:

$$E_1 = \frac{U^2}{R} \times T = \frac{15^2}{40000} \times 5.63 \times 3600 = 114.01 \text{J} \tag{4-17}$$

硬件系统主要分为监控、预警两大部分。

监控部分由 MSP430 单片机、蓝牙发射模块和传感器模块构成,通过驰振风能收集器供电。蓝牙发射模块采用低功耗蓝牙(HC-08),工作电压 $U_1 = 3.3$ V,查阅手册可以得知,正常工作时,工作电流 $I_{11} = 8.5$ mA,工作时间 $t_{11} = 345.6$ s,其余时间处于低功耗模式,工作电流可忽略。

根据手册查得,MSP430 单片机工作电压 $U_2 = 3.0$ V,闪存程序执行、8 MHz 系统时钟时,工作电流典型值 290 μA/MHz 为 3.0 V,工作电流典型值 $I_{21} = 2.32$ mA。对于系统工作时间,该团队按照蓝牙每 10s 采样发送一次应变信号,每次信号发送用时 200 ms,计算可得一天总正常工作时间 $t_{21} = 1728$ s,其余时间单片机处于超低功耗待机状态,工作电流在 3.0 V 供电时理论值仅为 1.1 μA,计算时可以忽略不计。

其余模块通过实物测量,得到具体功耗参数如下:

传感器模块工作电压 $U_3 = 5$ V,工作电流 $I_3 = 23.6$ mA,仅采样应变大小时工作,每次采样时间为 20 ms,计算可得一天总工作时间 $t_3 = 172.8$ s,其余时间通过继电器断开,不消耗能量。预警灯正常工作状态下电压 $U_4 = 3.3$ V,电流 $I_4 = 22.4$ mA,工作时间 $t_4 = 24$ h,全天工作。STM32 单片机正常工作状态下电压 $U_5 = 5$ V,电流 $I_5 = 42.3$ mA,工作时间 $t_5 = 24$ h,全天工作。

$$W_1 = U_1(I_{11}t_{11} + I_{12}t_{12}) \approx U_1 I_{11} t_{11} = 3.3 \times 8.5 \times 345.6 \times 10^{-3} = 9.69 \text{ J} \tag{4-18}$$

$$W_2 = U_2(I_{21}t_{21} + I_{22}t_{22}) \approx U_2 I_{21}t_{21} = 3 \times 2.32 \times 1728 \times 10^{-3} = 12.03 \text{ J} \tag{4-19}$$

$$W_3 = 3U_3 I_3 t_3 = 3 \times 5 \times 23.6 \times 172.8 \times 10^{-3} = 61.17 \text{ J} \tag{4-20}$$

$$W = W_1 + W_2 + W_3 = 82.89 \text{ J} < 114.01 \text{ J} \tag{4-21}$$

其中，W_1、W_2、W_3 分别为无线收发模块、单片机模块、传感器模块的功耗，W 为三者功耗之和。由于 $E_1 > W$，因此驰振风能收集器可以维持传感器模块和蓝牙发射模块正常运行。

预警部分由 STM32 单片机、蓝牙接收模块和预警灯构成，由光伏板供电。

光伏板功率为 100 W，日照时数为 $t_s = 4.2$ h/d。根据功耗需求，取光伏板面积为 0.3618 m^2。光伏板每日输出电能 E_2、预警灯单日功耗 W_4、STM32 单片机单日功耗 W_5 为：

$$E_2 = 50 \times 4.2 \times 3600 = 7.56 \times 10^5 \text{ J} = 756 \text{ kJ} \tag{4-22}$$

$$W_4 = U_4 I_4 t_4 = 3.3 \times 23 \times 10^{-3} \times 24 \times 3600 = 6557.76 \text{ J} \tag{4-23}$$

$$W_5 = U_5 I_5 t_5 = 5 \times 42 \times 10^{-3} \times 24 \times 3600 = 18114 \text{ J} \tag{4-24}$$

蓝牙接收模块的功耗与发射模块相同，为 9.69 J，由此可计算出预警部分日总功耗：

$$W_{32} = W_1 + W_4 + W_5 = 24681.45 \text{ J} \approx 24.68 \text{ kJ} < 756 \text{ kJ} \tag{4-25}$$

因此，光伏板每日产生电能可以维持 STM32 单片机和预警灯的正常运行。

综上所述，系统每日总功耗小于每日产生电能，足以维持系统的正常运行。

（2）力矩分析

为了便于分析装置在自然风作用下的状态，简化自然风为水平风，风速为 v。假设装置初始状态静止，风速与外筒轴的夹角为 θ。已知尾舵为 60° 夹角双叶式尾舵，两侧叶片关于外筒轴完全对称，且均为长 L、高 H 的长方形。单片叶端力的等效作用点在长方形重心，尾舵左端面距离中间轴为 M，力臂是 $(M+L/2)$。由于外筒部分相对于中间轴完全对称，故在风场中，自然风对外筒的合力相对于中间轴的力矩为 0。因此，只考虑深沟球轴承的摩擦阻力矩以及尾舵所受风力的力矩。

摩擦阻力矩 T_1：

$$T_1 = uP \frac{d}{2} \tag{4-26}$$

其中，中间轴采用的是 6206-RS 型深沟球轴承，d 为公称内径，P 为轴承的载荷，u 为轴承的摩擦系数。

转动力矩 T_2：

由于尾舵形状特点，其受力情况和风向与钝体迎风方向的夹角 θ 有关，在此以 θ 为变量分析不同风向下尾舵的受力情况，其中 ρ 为空气密度，C 为空气阻力系数。

当 $\theta = 0°$ 时，尾舵两片尾翼受力平衡，转动力矩 T_2 为 0，钝体处于迎风状态。

当 $0° < \theta \leq 90°$ 时，尾舵端只有外侧受风力作用，所受力矩为：

$$T_2 = \frac{1}{2}\rho(v \cdot \sin\theta)^2 \cos 30° \times SC_1 \left(M + \frac{L}{2}\right) \tag{4-27}$$

当 $90° < \theta < 150°$ 时，尾舵内外侧均有一片叶受风力作用，内部迎风投影面是矩形，尾舵端所受力矩为：

$$T_2 = \frac{1}{2}\rho(v \cdot \sin\theta)^2 \cos 30° \times S\left\{C_1 + C_2\left[\frac{1}{2} - \frac{\sqrt{3}}{2}\tan(120° - \theta)\right]\right\} \tag{4-28}$$

当 150°≤θ≤180°时，尾舵内侧受风力作用，其迎风投影面是矩形，尾舵端所受力矩为：

$$T_2 = \frac{1}{2}\rho(v \cdot \sin\theta)^2 \cos30° \times SC_2\left(M+\frac{L}{2}\right) \tag{4-29}$$

当−180°<θ<0°时，与上述 5 个工况相同。

（3）装置自动迎风条件分析

已知该系统的能量收集器最低工作风速为 V_{min}，要保证在工作风速范围内的任意自然风速下尾舵都能带动钝体转动，只需在最低工作风速下满足 $T_2>T_1$，由式（4-27）、式（4-28）、式（4-29）知，在 0<θ≤90°、150°≤θ≤180°区间有转矩 T_2 的最小值。

当 0<θ≤90°时，转矩随着 θ 的减小而减小，当 θ 趋近于 0 时，要使尾舵转动，v 趋于无穷大；当 0<θ≤5°时，通常情况下由于转动力矩小于摩擦力矩，尾舵无法随风转向，但此时钝体仍然能够在风力的作用下工作，因此无须转向。为使 5°<θ≤90°时，$T_2>T_1$ 恒成立，需满足：

$$\frac{1}{2}\rho(V_{min} \cdot \sin5°)^2 \cos30° \times SC_1\left(M+\frac{L}{2}\right) > uP\frac{d}{2} \tag{4-30}$$

当 150°<θ<180°时，转矩随着 θ 的增大而减小；当 θ=180°时，尾舵内部两叶片受力平衡，转动力矩 T_2 为 0，钝体背对风向，此时尾舵处于不稳定的平衡点；θ 保留 5°的转动死区，为使在 150°<θ≤175°时 $T_2>T_1$ 恒成立，需满足：

$$\frac{1}{2}\rho(V_{min} \cdot \sin175°)^2 \cos30° \times SC_2\left(M+\frac{L}{2}\right) > uP\frac{d}{2} \tag{4-31}$$

在转动的过程中，θ 不断减小，T_2 不断增大，最终 θ 向 0°~90°区间变化，使钝体转动到工作区间。

将 $S=LH$ 代入式（4-30）、式（4-31）得：

$$LH\left(M+\frac{L}{2}\right) > \frac{uPd}{C_{min}\rho\cos30°\times(V_{min} \cdot \sin175°)^2} \tag{4-32}$$

为满足以上要求，综合考虑尾舵成本、空间利用率等因素，初步选取尾舵长度 L 为 200 mm、高度 H 为 150 mm，支撑杆长 200 mm，并通过实验验证得该尺寸在上述角度区间能够实现尾舵转动。尾舵转动过程中带动收集器的外筒向迎风方向旋转，当其转过迎风位置偏离平衡时，又会因尾舵所受力矩方向改变，带动外筒再次向迎风位置回转。在摩擦阻力矩和尾舵力矩的作用下，如此往复，装置于风力作用下在迎风方向摆动，直至其正面迎风趋于稳定。

（4）性能评价

该团队将传感器监测应变信号的采样频率设置为 0.1 Hz。测量点应变达到预警阈值后，预警灯的响应时间为 50~200 ms。以上数据表明，系统的响应速度较快，越能及时反馈桥梁安全状况，可满足中小型公路桥安全状况实时监控预警的需求。

5.效益分析

（1）经济效益

该系统利用驰振风能收集器为传感器模块、蓝牙发射模块供电，利用光伏板为预警灯、STM32 单片机、蓝牙接收模块供电，无须连接计算机，系统整体无须外接电源供应。

传感器每日最低电耗为 6.24×10^{-6} 度，假设传统桥梁安全监测系统设计使用年限为 10

年，为一座中小型公路桥设置 9 个测量点(根据桥梁长度不同略有调整)，每个测量点设置 1 个传感器，在设计使用年限内最低耗电量为 0.2 度。传统桥梁安全监测系统须连接计算机，计算机正常工作时总功率为 100 W 左右，工作 24 h 耗电量为 2.4 度，在设计使用年限内，总耗电量为 8760 度。

综上，该系统相比传统的桥梁安全监测系统，在对中小型公路桥提供实时监测和预警的同时，将在设计年限内为每座桥节约电能 0.2+8760＝8760.2 度，按湖南省 2019 年一般工商业及其他用电收费标准(0.769 元/度)，合计节约人民币约 6736 元。

表 4-7　模型制作成本计算表

材料	费用/元	材料	费用/元
应变传感器	40	单片机	140
LTC3588-1 芯片	37.5	蓝牙	37.6
压电片	568	光伏板	64
加工费	717	其他附件	185
预警灯	60	总成本	1849

实际制作模型时所花费的成本数据列出，如表 4-7 所示，假设系统量产成本为模型制作成本的 0.7 倍，计算得模型制作成本约为 1849 元，系统量产成本约为 1294 元。

在该系统设计使用年限内，针对使用传统桥梁监测系统的中小型公路桥而言，其所消耗的总电费为 6736 元/年。以该系统量产的制造加工成本进行比较，安装该系统的中小型公路桥可节省 6736-1294＝5442 元/年。

假设国家投资建设中小型公路桥监测预警体系，该系统在全国范围内普及率为 1%，则全国将有约 7600 座中小型公路桥因该系统受益，在此期间，该系统将在对中小型公路桥实时监测和预警的同时，节约投资 4136 万元，节约电能 6570 万度，按主要能源参考折标系数计算，相当于节省标准煤 8074 吨，减少 CO_2 排放 2 万吨，其 CO_2 吸收效果等同于 5 公顷茂密阔叶林。

(2)社会效益

桥梁安全方面。该系统利用传感器检测应变、单片机处理数据、预警灯警示行人和车辆，对中小型公路桥安全状况进行监测预警，有效降低中小型公路桥事故的发生概率，保障人身财产安全，提升人民生活的幸福感、安全感。

行业发展方面。该系统基于驰振和压电能量转化原理，实现风能向电能的转化，为传感器模块、蓝牙发射模块供电，为桥梁监测系统供电方式提供了新思路。

环境保护方面。利用驰振风能收集器和光伏板分别将风能和光能转化为电能，实现风光联供，无须接入外部电网，桥梁监测绿色环保。

6.创新点

(1)自动变向式驰振风能收集

该系统将驰振风能收集器作为电源之一，利用自然风形成钝体绕流激发压电片的驰振，使压电片产生压电能量，为传感器等供电。同时，在收集器背风侧加装尾舵，基于力矩平衡原理，实现自动变向，应对桥下自然风的风向变化。驰振风能收集器与尾舵相结合，解决了中小型公路桥监测系统中传感器等器件供电困难的问题。

（2）低功耗智能桥梁应变监测

该系统利用传感器监测桥梁危险截面应变，通过单片机智能算法判断桥梁安全状况，同时编程实现传感器、单片机等的低功耗运作模式，使其工作电流由毫安级降至微安级。将传感器技术、单片机技术以及智能算法灵活结合，在有限的能源供给下最大程度提升桥梁应变监测的可靠性。

（3）适用中小型公路桥安全预警

该系统选择危险截面应变作为监测指标，使用风能、太阳能绿色供电方式，通过灯光报警技术警示行人、车辆，规模小、成本低、预警及时，适应中小型公路桥跨度小、数量多、分布广的特点，既解决了传统人工检测滞后性问题，又弥补了现有桥梁监测系统用于中小型公路桥成本高、供电困难的缺陷。

7. 前景展望

（1）广泛覆盖，弥补监测体系缺口

自供电桥梁监测系统，能够广泛应用于中小型公路桥梁的监测，有效弥补当前桥梁监测体系的缺口与不足，推动桥梁监测体系的健康优良发展，为桥梁安全监测提供了新的发展思路。

（2）实时反馈，掌握桥梁实时动态

系统能够实时监测桥梁状态，实现对桥梁的实时监控与评估，为桥梁的维护维修和管理决策提供依据与指导，帮助政府及相关建设单位更加迅速和清晰地了解桥梁"健康"状况，从而掌握维护的主动权，有效保障桥梁安全。

（3）降低成本，推进监测体系升级

自供能的桥梁监测装置可以有效减少人力维护成本，并能够在不需要外部供能的情况下完成桥梁的实时监测，这为桥梁监测领域的创新发展提供了新的契机。

（4）创意外延，惠泽类似工程应用

研究成果不仅能够有效应用于桥梁监测领域，还能够创新性地推广应用到其他工程领域及其他具有类似特征的研究领域，为其他领域的决策人员提供决策支持，为相应领域类似问题的妥善解决提供有益参考。

4.2.5　梯次电池耦合超级电容充电桩

作品名称：基于梯次动力电池耦合超级电容器的储供一体化节能充电桩。设计者：李嘉晔、刘彦淏、彭佳怡、谭惟伊、徐照鑫、李科。该作品获得 2021 年全国大学生节能减排社会实践与科技竞赛一等奖。

充电桩的推广及应用是电动汽车行业长效、可持续发展的重要保障，然而，随着电动汽车行业的快速发展，充电桩供需不平衡、分布不均匀等问题日益突出。此外，如何为电网设施不完善的偏远地区电动汽车充电成为急需解决的瓶颈问题。针对上述问题，该团队基于光伏供能、混合储能与分频控制思路，本着绿色供能、低耗节能、高效储能的理念，设计并搭建基于梯次动力电池耦合超级电容器的储供一体化直流微网充电桩。该充电桩主要包括光伏输出模块、混合储能模块和负载充电模块,通过光伏发电(绿色供能)—梯次动力电池耦合超级电容器(高效储能)—分频控制(低耗节能),实现电动汽车充电。本作品的亮点在于:①供能模块采用光伏发电,可实现偏远地区的离网供电;②储能模块由梯次动力电池耦合超级电容器构成,可实现动力电池的梯次利用;③基于分频控制策略,可提高梯次动力电池寿命,实现能量高效利用。

1. 研究背景及意义

储能是支撑新型电力系统的重要技术和基础装备,对推动能源绿色转型、保障能源安全、实现碳达峰碳中和具有重要意义。在偏远地区,由于电网设施及配套储能系统不完善,能源电力系统的调节能力、综合效率和安全保障能力均有所欠缺,由此产生的电动汽车充换电基础设施建设不完善问题尤为突出。为贯彻落实《新能源汽车产业发展规划(2021—2035 年)》,解决电网储能设施和偏远地区充换电设施建设不完善问题,有必要支持新型储能电力系统建设,科学布局充换电基础设施,提高充电便利性和产品可靠性,推动新能源汽车产业发展。

截至 2020 年,我国动力电池年累计退役量达到 20 万吨,2025 年累计退役量将达到 78 万吨,磷酸铁锂电池回收工艺仍然会残留重金属离子,以钴离子为例,火法回收工艺对磷酸铁锂电池的回收钴离子回收率仅仅为 85%,而这些工艺对剩余的部分进行填埋,残余的重金属离子对土壤、水源等仍然存在污染,并造成资源浪费(图 4-40)。有研究表明,汽车的动力电池退役后,仍具有 75%~85% 的容量,其容量随使用时间的变化趋势如图 4-41 所示,其余性能参数如额定电压、额定电流等仍然保持良好,尚可用于一些工况比较温和的储能场景中,如分布式储能系统等。

基于偏远地区充电设施不完善,退役动力电池处理难度大、成本高、污染严重等问题,该团队从绿色供能、低耗节能和高效储能三方面出发,搭建光伏发电独立微网节能充电桩,实现供能、节能、储能一体化,以满足新能源汽车的充电需要。

图 4-40　废弃动力电池

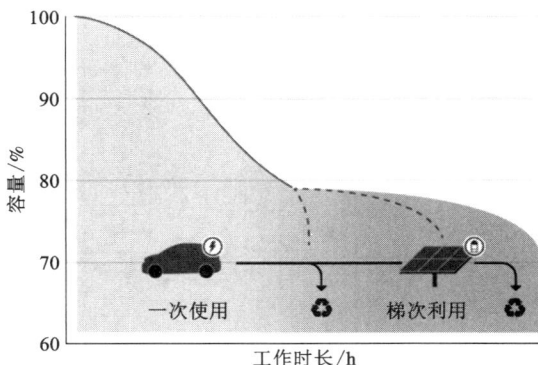

图 4-41　动力电池剩余电量图

2. 整体思路

本作品提出构建基于梯次动力电池耦合超级电容器的储供一体化节能充电桩方案及系统，具体如图 4-42 所示。该系统通过光伏电池发电，向负载供电，同时将多余的电能储存在梯次动力电池和超级电容器中，以便在光照不足的情况下供电。

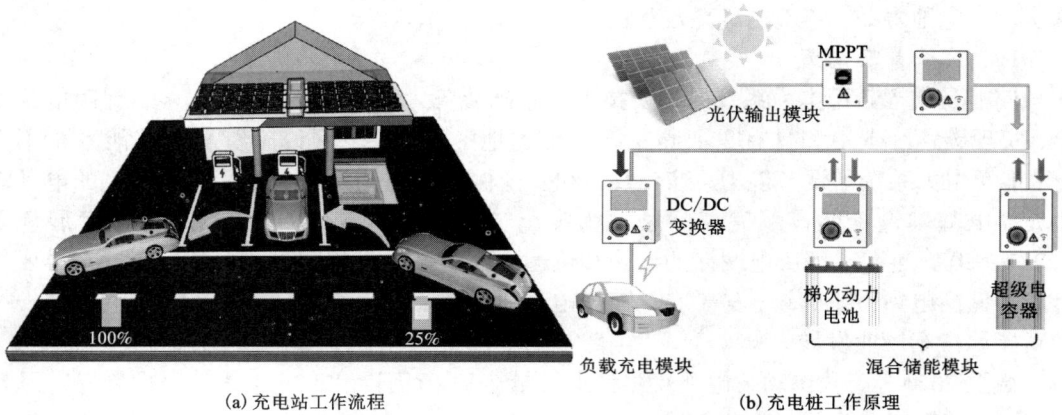

(a) 充电站工作流程　　(b) 充电桩工作原理

图 4-42

系统由光伏发电模块、混合储能（HESS）模块、系统控制模块组成，如图 4-43 所示。

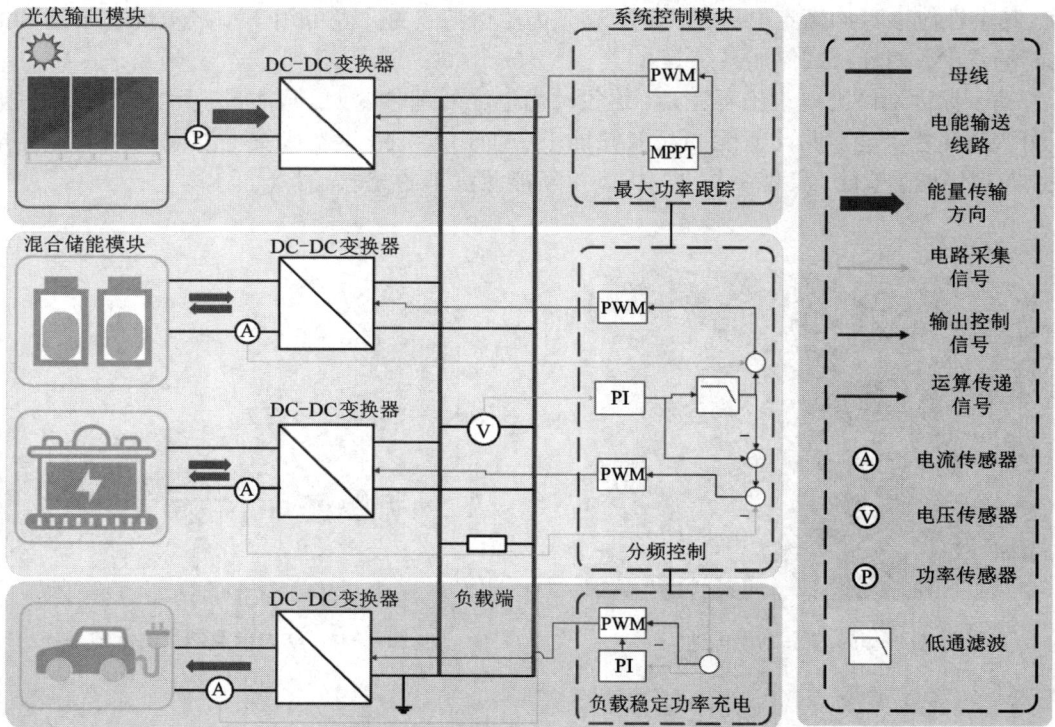

图 4-43　充电桩设计原理及组成

光伏发电部分包括太阳能电池板和最大功率跟踪（MPPT）控制器，MPPT 控制器基于扰动观察法设计而成；混合储能部分主要包括超级电容器、梯次动力电池、双向 DC/DC 变换器和相应的控制部分，超级电容器平抑系统中产生的波动，双向 DC/DC 变换器和控制部分实现超级电容器与母线、梯次动力电池与母线的电压变换以及功率分配和工作模式切换；负载供电模块由 DC/DC 变换器和电动汽车负载构成，通过控制双向 DC/DC 变换器来实现不同充电策略的切换。

3. 设计方案

该作品的模型图、实物图分别如图 4-44、图 4-45 所示。

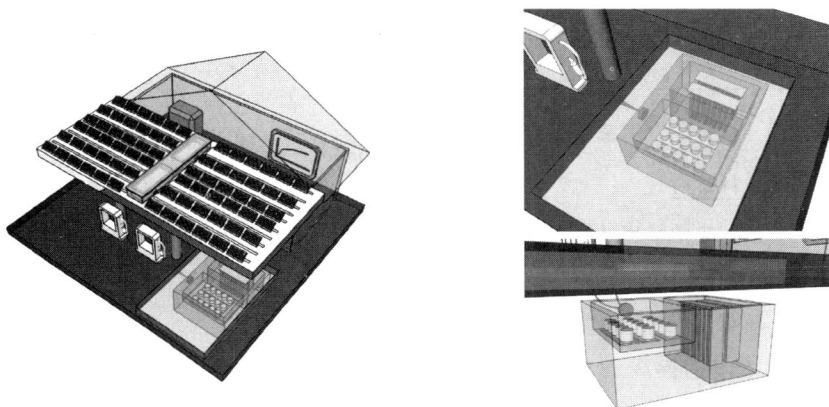

图 4-44　储供一体化节能充电桩模型

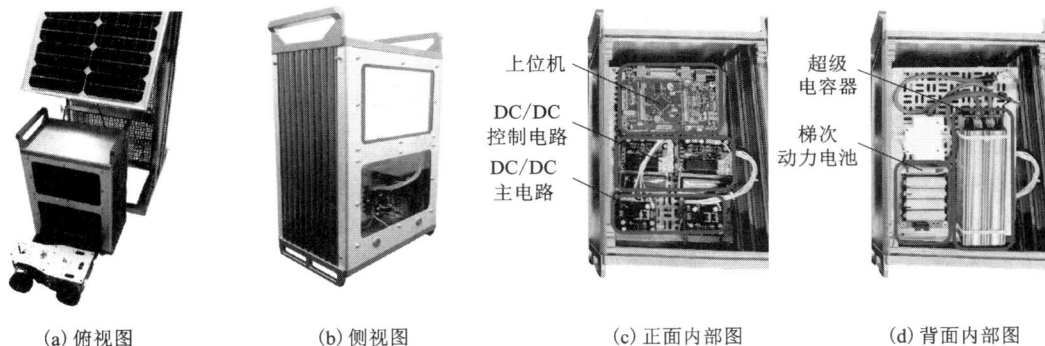

(a) 俯视图　　　　(b) 侧视图　　　　(c) 正面内部图　　　　(d) 背面内部图

图 4-45　实物

（1）光伏发电模块

目前，太阳能光伏发电系统的结构主要包括四种：光伏电池通过开关直接进行能量传递、光伏电池通过 DC/DC 实现 MPPT、蓄电池通过双向变换器控制和多种储能装置供电。该系统采用多种储能装置组成混合储能系统储存能量，可以使蓄电池的最大放电深度维持在较低水平，提高光伏系统的能量转换效率，在一定程度上延长蓄电池的使用寿命。

由于光伏电池的输出特性受光照强度和温度的影响，为减少输出功率波动，同时充分利用太阳能，该团队采取扰动观察法实时跟踪光伏电池的输出功率，实现光伏电池的最大功率跟踪（MPPT），光伏电池的输出特性曲线如图4-46所示。同时，为保证太阳能板与直流母线相连接，系统通过图4-47所示的Boost电路实现MPPT控制。

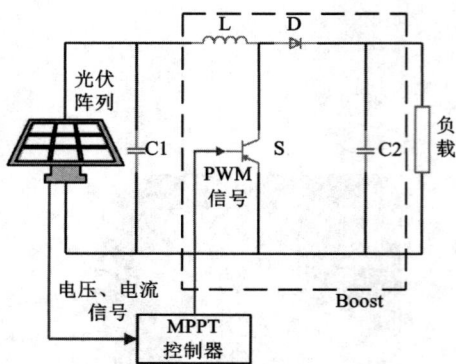

图 4-46　光伏电池输出特性曲线

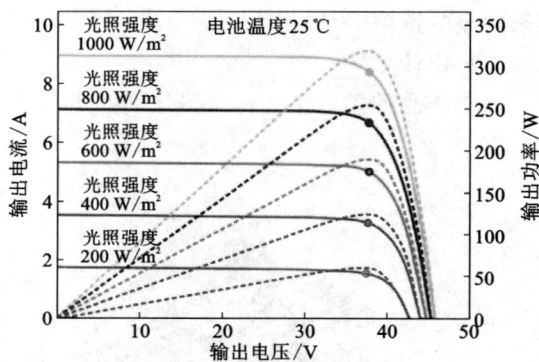

图 4-47　Boost 电路图

（2）混合储能模块

混合储能模块包括梯次动力电池和超级电容器两部分。超级电容器功率密度大，循环寿命长，但能量密度偏低；而退役动力电池其可用容量仍有75%以上，具有能量密度大、功率密度小、循环寿命短等特点，不适宜频繁充放电。该团队采用DC/DC变换器将两者耦合，设计基于STM32的分频控制算法，协调控制两储能部件，实现优势互补，并通过系统仿真优化了储能部件容量及充放电参数，有效提高储能装置性能和梯次动力电池的循环寿命。

当光照充足时，光伏发电系统给超级电容器和蓄电池充电，由于天气和光照强度的变化，太阳能供给不稳定，当光照变化时，光伏发电系统会产生一定的冲击负载，利用超级电容器来减缓冲击并延长储能装置使用寿命；当接入电动汽车充电时，接入瞬间也会对混合储能系统产生冲击，同样由超级电容器来吸收；若光照不足，光伏发电系统功率较低，则主要由梯次动力电池为负载提供能量。

（3）系统控制模块

系统控制单元用于实现混合储能单元功率分配和直流微网母线稳压，对此使用分频控制策略和DC/DC变换器控制方法实现上述功能，分频控制的仿真如图4-48所示。分频控制策略的目的是对梯次动力电池和超级电容器的功率进行合理分配，通过低通滤波器，由梯次动力电池进行低频功率传输，由超级电容器承担高频的功率波动。该系统将母线电压与预期电压进行比较，电压差值通过PI控制器后转化为预设电流并进入低通滤波器，低通滤波器可以抑制高频信号，而低频信号能很容易地通过，由此将高频信号和低频信号分开，其中低频信号分配给梯次动力电池，高频信号分配给超级电容器。DC/DC变换器的控制通过PWM控制技术实现，即通过控制占空比控制变换器两端电压比值，占空比由分频后的电流信号通过 PWM 生成器生成。

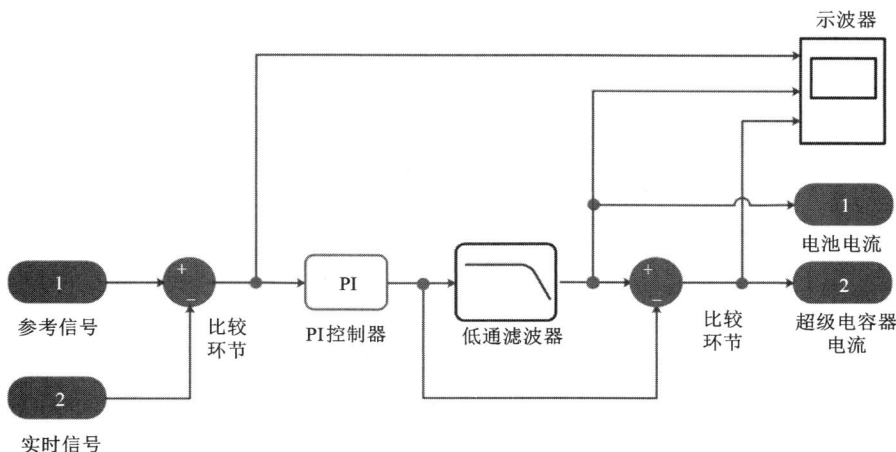

图 4-48　分频控制仿真图

4. 理论设计计算

(1)容量配置计算

根据经济效益分析的结果以及现有充电桩规模,该团队选择 500 m^2 的太阳能,其输出功率为 730(kW·h)/年,这样可以产生最大的经济效益和最具性价比的电能输出效益。该团队以给一辆电动汽车充电为例,依据查阅的文献,则梯次动力电池容量 C_b 为:

$$Q = C_l \times V_l = 96 \times 175 = 16800 \text{ Wh} \tag{4-33}$$

$$C_b = \frac{Q \times N \times R_b}{V_b \times \eta \times D \times L_b} = \frac{16800 \times 3 \times 1.05}{175 \times 95\% \times 0.75 \times 0.9} = 471.58 \text{ Ah} \tag{4-34}$$

负载电池总容量 C_l 为 96 Ah,负载电池额定电压 V_l 为 175 V,Q 为电池需向负载提供的能量,连续阴雨天气 N 取 3 天,动力电池放电效率的修正系数 R_b 一般取 1.05,动力电池额定电压 V_b 取 175V,直流变换器的效率 η 为 95%,动力电池最佳放电深度 D 取 0.75,动力电池维修率 L_b 为 0.9。

该系统设计中冲击功率为 49000 W。超级电容器电容 C 根据系统中需要超级电容器提供的功率和超级电容器减少的功率近似计算:

$$C = \frac{2tW}{V_0^2 - V_f^2} = \frac{2 \times 30 \times 49000}{175^2 - 87.5^2} = 128 \text{ F} \tag{4-35}$$

放电时间 t 取 30 s;超级电容器需向负载提供功率 W 为 49000 W;电容额定电压 V_0 为 175 V;放电终止电压 V_f 为 87.5 V(超级电容器放电 75%,端电压变化约为 50%)。

(2)模拟仿真验证可行性

采用 Matlab/Simulink 理论计算与实验验证相结合的方式,系统的整体仿真如图 4-49 所示,通过系统优化,得到了系统间各模块的最佳匹配运行参数,模拟仿真的结果初步验证了该系统和方法的合理性与可行性。

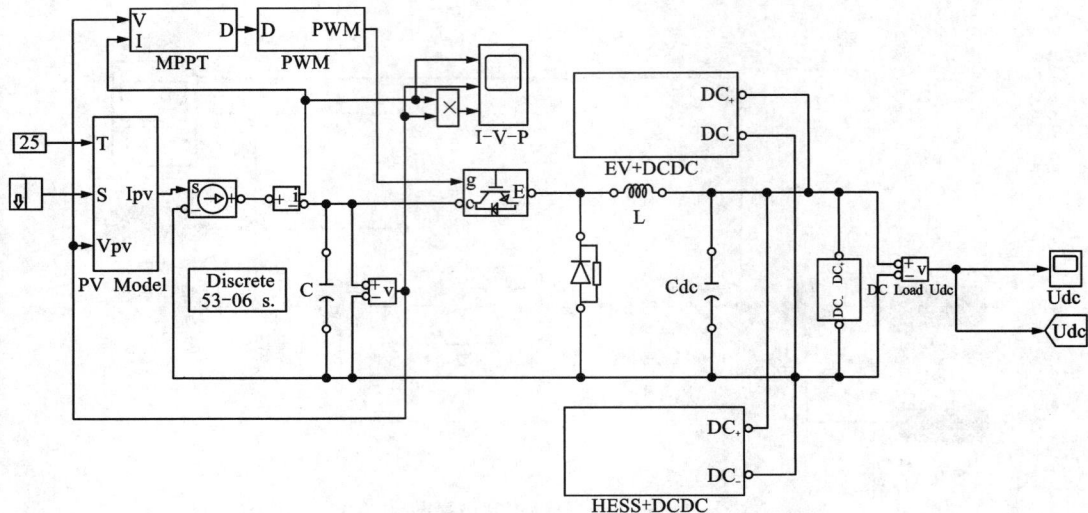

图 4-49　系统仿真图

与现有技术相比，该系统的优越性如下：

首先，使系统母线电压的稳定性增加。在仿真环境中设置相同的功率突增和突减，将包含混合储能的直流微网系统与只有梯次电池储能的直流微网系统运行效果进行比较，仿真结果如图 4-50 和图 4-51 所示。混合储能系统响应的时间更短，响应速度更快，超调量更小。

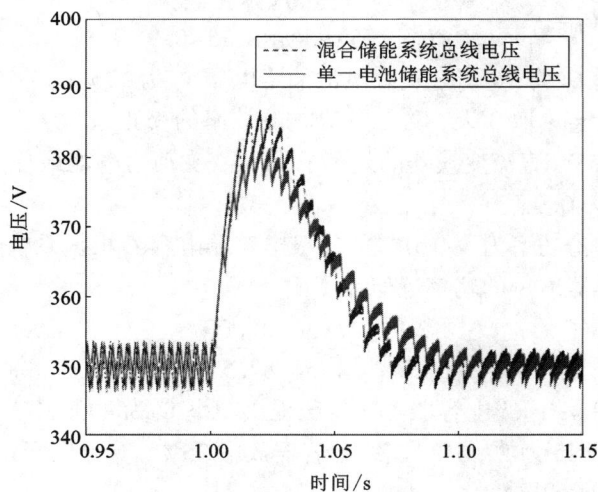

图 4-50　总线电压比较图

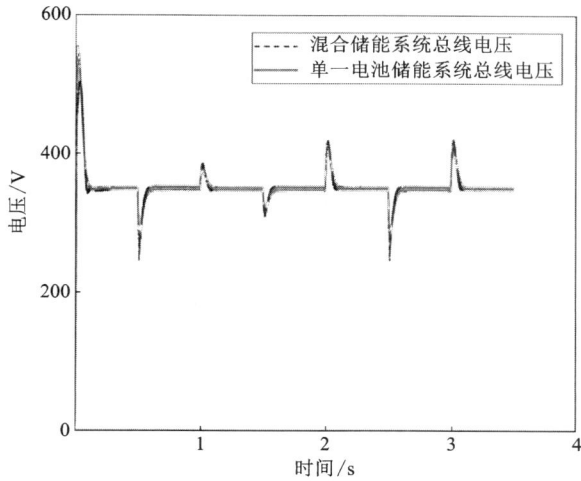

图 4-51　总线电压局部放大图

其次，减少了高频功率波动对电池的损耗。在仿真环境中设置相同的功率突增和突减，该团队比较了有无混合储能系统时梯次电池的充电电流，结果如图 4-52 所示。从图中可以清楚地看出，在有混合储能系统作用时，梯次电池的充电电流更加平缓，且波动显著减少。这对延长梯次电池寿命至关重要，有效地减少了高频波动对锂电池的损害。

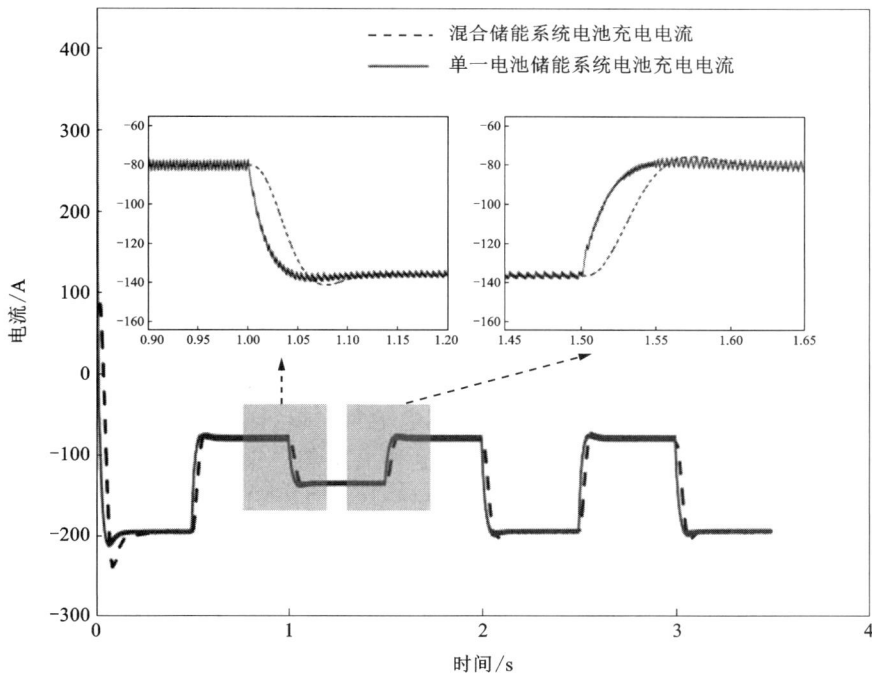

图 4-52　梯次动力电池充电电流

最后，混合储能单元各模块响应频率不同，提高了系统动静态性能。波动功率中的高、中、低频功率波动分别由母线电容、超级电容、蓄电池储能进行补偿，如图 4-53 所示，X 表示输入功率，Y 表示输出功率。这样从子系统频率特性的角度结合超级电容功率密度大、蓄电池能量密度大的优点，有效提高了系统的动静态性能。

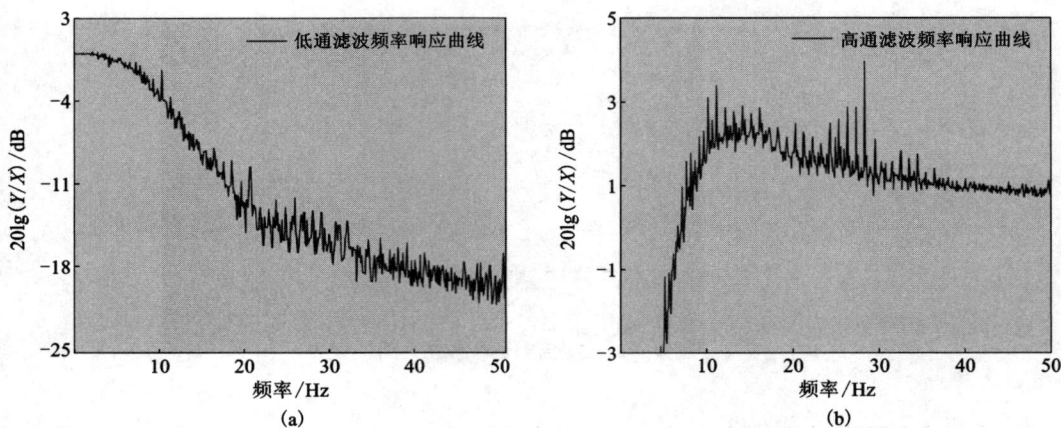

图 4-53　数字滤波响应曲线

5. 创新点

①用于偏远地区的光伏供能独立微网节能充电桩：构建了涵盖混合储能系统及光伏发电系统的实物模型，有效地解决了偏远地区充电设施不完善、废旧电池处理难度大、污染严重等问题。

②梯次动力电池耦合超级电容器的混合储能系统：提出了基于退役磷酸铁锂电池耦合超级电容器的混合储能模块，实现了动力电池的梯次利用，提高了资源利用率，有效节省了系统建设成本。

③提出基于储能模块的控制策略和配置优化方法：利用超级电容器吸收高频波动，梯次动力电池吸收低频波动。在两者协同作用下，达到了稳定母线电压、延长梯次动力电池寿命的效果。

6. 效益分析

(1) 成本分析

混合储能汽车充电桩的成本主要是太阳能电池板、超级电容器、梯次动力电池、DC/DC 变换器的投入成本以及系统运维成本。根据相关资料，充电桩采用 500 m² 的太阳能，输出功率为 75000 W，由于偏远地区的年日照时长约为 2700 h，使用寿命为 20 年，故成本为 11250 元/年；该系统的超级电容器组的投入成本为 800 元/年。

由于采用控制系统对电池进行保护，故梯次动力电池放电深度为 1.0 时，循环次数在 2000 次左右，考虑到该电池需要满足一天 12 辆车的充电规模，且可连续为 6 辆车充电，每辆车电池完全充放电能量约为 50 kW·h，经成本及使用优化，采用放电深度为 0.5，梯次动力电池投入成本为 5.38 万元/年；50 kW 的 DC/DC 变换器的价格为 3.65 万元，使用寿命为 15 年，投入成本为 0.97 万元/年。系统运维成本约为 0.02 万元/年，总成本约为 7.60 万元，具体如表 4-8 所示。

表 4-8　储供一体化充电桩年均成本

	太阳能电池板成本	超级电容器成本	梯次动力电池成本	DC/DC 变换器成本	额外成本	运维成本	总成本
成本 /（万元·年$^{-1}$）	1.12	0.08	5.38	0.97	0.015	0.02	7.59

（2）经济效益

由于该系统采用太阳能电池获得电能，故其收益主要由该清洁能源得到的电费计算，考虑到国家对太阳能的电费补贴，500 m^2 太阳能生产电能为 202500 度电，年利润为 13.16 万元。对于不同的储能系统，其利润以及具体工作情况如表 4-9 所示。

表 4-9　储能系统利润及工作情况

储能模式	总成本 /（万元·年$^{-1}$）	年均生产电能收益 /（万元·年$^{-1}$）	生产电能利用率	实际电能利用收益 /（万元·年$^{-1}$）	总利润 /（万元·年$^{-1}$）
PV	2.1	13.2	30%	4.0	1.8
PV+POWBA	8.6	13.2	88%	11.6	3.0
PV+POWBABA+SC（GC）	7.7	13.2	97%	12.8	5.0
PV+POWBABA+SC（NGC）	7.6	13.2	93%	12.2	4.7

根据表 4-9，比较理想的方案是采用太阳能电池、超级电容器和梯次动力电池组合储供能的系统，这样能使总体方案具有最高的性价比。在选择采用离网系统还是并网系统时，应该依据该充电桩与电网的距离、单位铺设成本等计算并网投入成本，这里给出的成本仅考虑系统加设并网接口的费用增加。

（3）社会效益

①采用清洁能源，减少化石能源消耗：该充电系统由太阳能供能。太阳能在日照充足的地区具有较高的使用价值和较低的投入成本，限制少且绿色无污染，从根本上减少了化石能源消耗。

②延长电池寿命，减少电池污染：将淘汰的动力电池进行梯次利用可以延长电池生命周期，减少电池处理过程中产生的污染物排放。同时，通过控制算法的优化延长了梯次动力电池寿命，进一步降低了建设成本。

③基于退役电池梯次利用，提高性价比：由于该系统的混合储能模块是对退役的动力电池进行了梯次利用，故该电动汽车充电桩成本较低，具有高性价比。

7. 应用前景

从功能和效益上看，该装置有以下应用前景：①该系统应用形式灵活，应用场景广阔，具有电能损耗低、能量利用率高、经济效益好和安全可靠等优势，可有效避免现有电网铺设带来的成本高、推广难度大等问题；②高效的供能方案，减少能量损失。运用功率分配策略与双向 DC/DC 控制策略，延长了梯次动力电池寿命，在回收梯次动力电池，减少污染方向上，市场前景广阔；③该团队已搭建了基于超级电容器耦合梯次动力电池的储供一体化节能充电桩，实现了系统的储能与供能，并成功为模型车充电，有望实现储供一体化节能充电桩的推广应用。

4.2.6　太阳能蒸发及脱汞纯水发生器

作品名称：一种太阳能高效蒸发协同脱汞纯水发生器。设计者：李雅楠、邢宏志、李鸿增、迟文欣、谢佩霓。该作品获得 2021 年全国大学生节能减排社会实践与科技竞赛一等奖。

传统太阳能蒸发器光损失和热损失较大，导致蒸发效率低，而且无法有效去除水中易挥发的重金属汞。该作品针对上述问题设计了一种以 $MoS_2/C@PU$ 光热材料为基础，结合 3D 蒸发路径和波纹板高效冷凝的太阳能高效蒸发协同脱汞纯水发生器，在高效利用太阳能的同时能深度去除水中的汞，产生符合饮用水标准的纯净水。该作品具有以下优点。①太阳能吸收率高：选择具有多孔结构的聚氨酯海绵（PU）作为支架提供大量水分微通道，负载 MoS_2/C 微球后，光谱吸收范围扩大，能显著提高太阳能吸收率。②水分蒸发效率高：3D 人工转运采用三维蒸发路径间接接触式设计，从改善热管理和水输送两个方面提高水分蒸发率。③水汽冷凝效果好：通过对顶部盖板刻蚀波纹，获得较快的水汽冷凝速度，提高装置产水收集率。④净水功能强：相较于传统的太阳能蒸发器，该作品能深度去除水中易于与水共同挥发的汞，获得品质更高的纯净水。

1. 设计背景

受人口增长、环境污染以及气候变化等因素的影响，全球水资源短缺压力不断增大。据统计，在过去 20 年间，全球人均淡水供给量减少了 20% 以上。面对水资源短缺的挑战，不少国家都进行了改善水资源管理的成功实践。提高水资源综合管理策略和技术，成为解决水资源危机的重中之重。在发展中国家和工业化国家，水污染特别是重金属污染已经成为普遍存在的严重问题。水源受到汞、铬等重金属离子的污染，对生态环境和人类身体健康均会造成严重威胁。其中，汞可以通过饮用水等方式进入人体，在人体内累积，永久性地损害人类大脑等器官功能，造成水俣病。利用可再生的太阳能将受到污染的水，甚至是含汞废水转化成为可饮用的纯净水，对于解决全球水资源短缺问题，保护环境和人类健康等具有重要意义。

在水资源短缺、太阳能资源丰富的地区，太阳能蒸发器已成为水净化、杀菌和脱除重金属离子等领域最有前景的可持续性技术之一。但是，仍然存在太阳光吸收效率低、系统热损失大，水汽冷凝效率低等问题。此外，由于汞化合物相较于其他重金属极易挥发，可以在太阳能蒸发器内与水一道汽化，并进入水产品，传统的太阳能蒸发器很难有效脱除水中的汞。本项目受植物蒸腾作用启发（蒸腾作用原理如图 4-54 所示），采用隔离式蒸发系

统和 $MoS_2/C@PU$ 光热材料，可以大幅度提高太阳光吸收效率，最大限度地减少辐射、对流和传导热损失，从而有效提高蒸发效率，同时利用 $MoS_2/C@PU$ 材料对汞的强吸附作用实现水的深度净化。

图 4-54　植物蒸腾作用原理

2. 设计思路

目前，常用的净水方法有化学沉降、吸附、离子交换、电化学处理和膜净化等。将太阳能蒸发与这些技术结合发展是解决能源消耗、二次污染、成本效益问题的新趋势。传统的太阳能蒸发器对太阳光的吸收能力弱，蒸发效率低，并且难以去除水中易挥发的汞化合物，实际应用有很大的局限。该团队受植物蒸腾作用的启发，设计了一种具有独特 3D 蒸发路径的纯水发生器，通过减少装置的热损失实现高效蒸发；含硫材料与汞的强相互作用使其在除汞方面表现出优异的性能，$MoS_2/C@PU$ 光热材料的独特结构可以达到提高太阳光吸收率和废水脱汞的双重目的；同时，为加快水蒸气在顶盖的凝结速率，增加纯水收集量，该团队提出了波纹刻蚀的理念。装置设计思路如图 4-55 所示。

3. 设计方案

（1）装置原理

该装置的原理如图 4-56 所示，废水池中的水在吸水海绵棒的毛细作用下到达"伞"状 $MoS_2/C@PU$ 光热材料中，作为太阳能接收器和汞吸附部件，PU 海绵的孔隙为汞离子和吸附剂的接触提供了有效的接触面积，负载 MoS_2/C 后有效提高了太阳能吸收率，同时隔离非接触式设计减少了装置在运行过程中的各项热损失。纯水发生器将太阳能转化为热能，$MoS_2/C@PU$ 复合材料在太阳光照射下温度升高，废水受热被蒸发，在蒸发过程中，由于

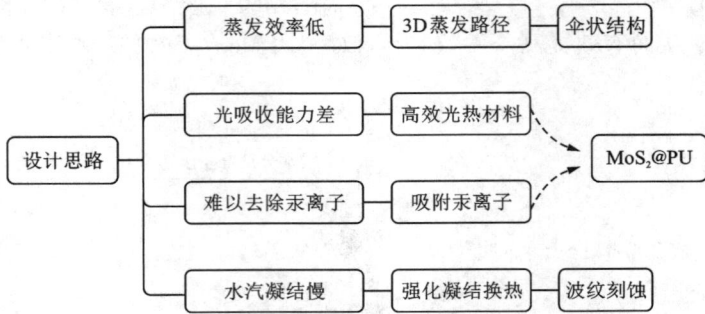

图 4-55　装置整体设计思路

污水中的汞离子与 MoS_2 的强结合性,汞离子回收在海绵材料中,蒸发得到的水蒸气与波纹刻蚀的锥形顶盖相接触后冷凝,顺着装置侧壁流入纯净水收集池中。该装置可以对废水进行高效蒸馏净化,兼具消毒杀菌和除去废水中重金属离子的功能,能够对废水进行有效处理,得到符合饮用水安全标准的纯净水。

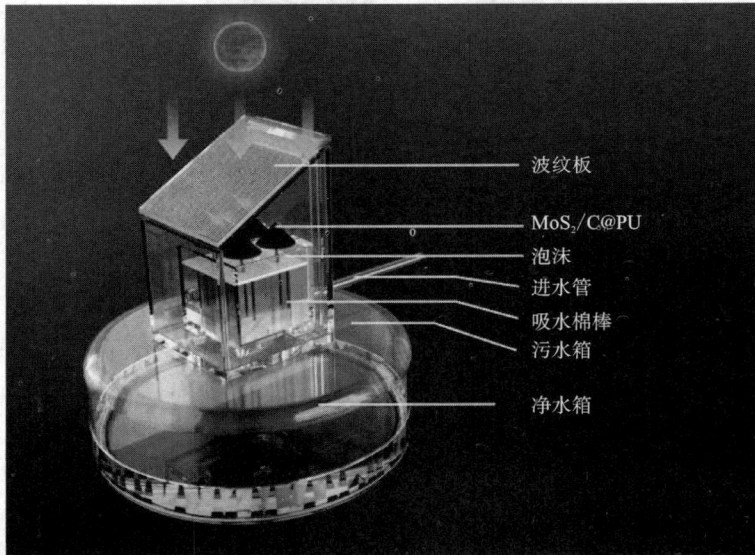

图 4-56　蒸发装置原理图

（2）MoS_2/C@ PU 光热材料

光热材料在太阳能蒸发系统中起着重要作用。光热材料设计需要考虑：①宽光带吸收能力和光热转化能力；②热稳定性和化学稳定性；③多孔、亲水结构和蒸发效率；④低热量损失和经济性。

①材料制作。

MoS_2/C 微球的制备。第一步（水热反应）：将去离子水（150 mL）、葡萄糖（0.6 g）、钼酸钠($Na_2MoO_{42}H_2O$，0.6 g)和硫脲(1.2 g)加入内衬聚四氟乙烯的不锈钢高压反应釜中，在 220℃的电炉中保存 24 小时进行水热合成。第二步(离心洗涤)：待反应釜冷却至室温后将其打开，将析出的黑色 MoS_2/C 微球离心，用去离子水和乙醇交替洗涤 3 次，在 60℃真空烘箱中烘干 12 小时。

MoS_2/C@PU 的制备。第一步(电解质化)：将直径 D＝50 mm，高度 h＝5 mm 的圆柱形聚氨酯海绵依次浸泡在聚二烯丙基二甲基氯化铵溶液(PDDA，4%wt%)和聚对苯乙烯磺酸钠溶液(PSS，4%wt%)中超声破碎 10 min，用去离子水冲洗，吹干。这个步骤重复两次后，再涂一层 PDDA 涂层，生成涂覆有 5 层电解质层的功能化海绵。第二步(负载试验)：将涂有 5 层聚电解质层的聚氨酯海绵浸入由 MoS_2/C(0.5g)和乙醇(100 mL)组成的 MoS_2/C 油墨中，在涡流混合器中摇 12 h，然后在 60℃真空烘箱中烘干 6 h。成品如图 4-57 所示。

MoS_2/C 微球保持粗糙表面(如图 4-58)，保证了有效的光热相互作用区域和丰富的去除汞的活性位点，MoS_2 将微球的整体 Zeta 电位变为负值带负电荷。用聚电解质逐层将带正电荷的 PU 海绵功能化，由于静电相互作用，MoS_2/C 微球紧密而均匀地负载在整个三维聚氨酯表面。这种静电组装方法也可用于其他复合材料，优化应用程序。

选择聚氨酯海绵(PU)作为三维骨架的原因是：聚氨酯海绵的多孔结构提供了大量的比表面积和分支微通道，用于水的储存、处理和蒸发；相较于其他复合材料，聚氨酯海绵具有极低的导热系数(表 4-10)，且成本很低，几乎可以忽略。

图 4-57　MoS_2/C@PU 样品实拍图

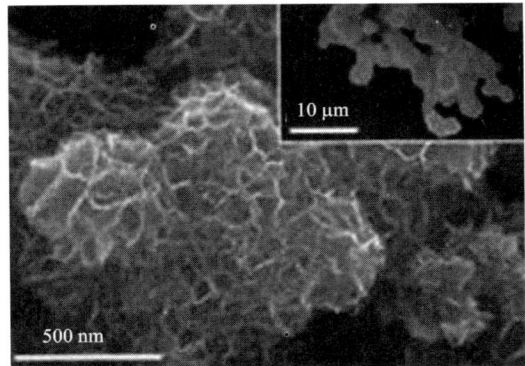

图 4-58　MoS_2/C 的 SEM 扫描电镜图

表 4-10　各种复合材料的导热系数

复合材料	导热系数/($W \cdot m^{-1} \cdot K^{-1}$)
聚氨酯海绵	<0.03
氧化石墨烯薄膜	0.2
碳纳米管复合材料	0.2
石墨烯泡沫	1.0

②光吸收性能。

作为太阳光吸收部件，具有粗糙表面的 MoS_2/C 微球与纯碳微球相比，增加了比表面积和提高了太阳能吸收效率。MoS_2/C 微球的负载使聚氨酯海绵的颜色变为黑色，在 2500~200 nm 的紫外-可见-近红外光范围内进行测试，使用 MoS_2/C 微球后，在 500 nm~2 μm 的光谱范围内，海绵的平均吸光率从47%~58%大幅度提高到98%。同时，$MoS_2/C@PU$ 复合材料具有优良的润湿性，可以快速吸收水滴，这种高亲水性有利于水与吸热表面的充分接触和高效蒸发。

③除汞原理。

作为汞吸附部件，$MoS_2/C@PU$ 吸收含有汞离子的废水，并产生紧密的表面接触，在水转化为蒸汽之前，大部分汞离子可以被涂覆的 MoS_2/C 表面吸附。聚氨酯海绵上负载的 MoS_2/C 呈微球状，其化学结构如图 4-59 所示。MoS_2/C 去除汞可以归因于 Hg^{2+} 与 H^+ 的交换并形成强的 Hg-s 键合，当用 $HgCl_2$ 模拟水污染中的汞污染源时，发生如下反应：

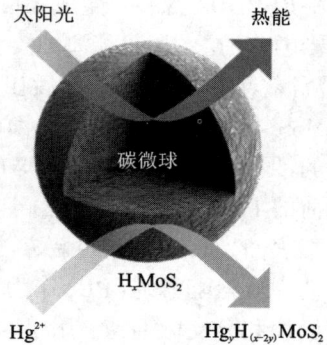

图 4-59 MoS_2/C 化学结构

$$H_xMoS_2 + yHgCl_2 \longrightarrow Hg_yH_{(x-2y)}MoS_2 + 2yH^+ + 2yCl^-$$

污水中的汞被吸附于含 MoS_2/C 的 PU 海绵中。

（3）3D 人工转运

大自然已经为高效蒸发提供了优良的解决方案。在植物的蒸腾作用中，水从根部被抽取，沿着狭窄的小路输送至叶片，从而实现有效供水和蒸发。此外，植物天然的 3D 结构能保证最大限度地全天候吸收太阳光。

该团队设计的一个 3D 人工蒸发装置有两个独立的组件，即水运组件（1D 水道）和光热组件（$MoS_2/C@PU$），如图 4-60 所示，此设计避免了蒸发过程中的热量损失。在人工蒸发过程中，水被密闭的一维水道（该装置采用吸水棉棒）通过毛细管力一直吸收至空心锥体吸收器顶部的连接点，通过水扩展层沿着圆锥体薄侧壁流下，"伞"状 3D 空心锥体吸收器作为独立蓄水池，吸收太阳能并转化为热能，废水蒸发产生的蒸汽在装置顶部冷凝，并沿侧壁流入净水收集池。

与直接接触的设计相比，这种人工转运装置有几个独特的功能：

①将 3D 锥体吸收器与 1D 水道相结合，可增加蒸发面积和提高蒸发速率，降低工作温度，减少辐射、对流和传导热损失。

②可以从各个角度接收太阳光，减少了对阳光照射角度的依赖性。

③具有快速的热响应，可减少各种不利因素对实际应用的影响（如部分云层覆盖导致的阳光辐射不一致）。

（4）波纹刻蚀

废水蒸发产生的蒸汽在装置顶部冷凝的速度很大程度上影响着装置产水率。波纹板的特点是能够增强液膜内扰动、增大凝结换热系数。

受波纹板强化冷凝的启示，该装置在顶部盖板进行了波纹刻蚀（如图 4-61 所示），有效加快了水汽冷凝速度，其原理如下：

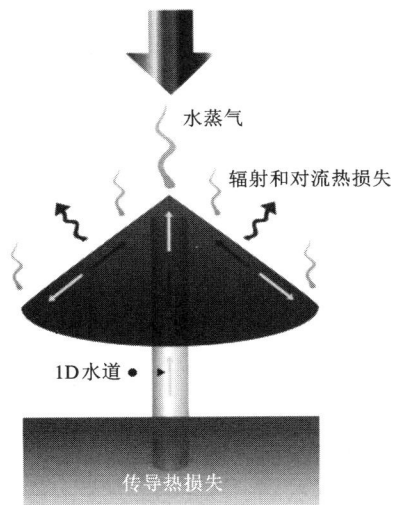

图 4-60　3D 人工转运装置示意图

图 4-61　顶部盖板波纹刻蚀

①波峰：利用水的表面张力将波峰两侧的凝结液膜拉薄，使导热热阻减小，强化传热；
②波谷：凝结液聚集加快，波谷内液膜易变成湍流从传热面脱离，加快凝结液排出；
③凝结液的加速排出，加快装置内水蒸气的凝结，从而达到高效凝结并收集的效果。
4. 性能分析
（1）蒸发效率分析
①蒸发效率对比实验。
在相同的实验室条件和全波段光源照射下，2D 接触式空白组、3D 人工转运空白组、3D 人工转运负载组的蒸发情况如图 4-62 所示，各组蒸发效率分别为 0.37 kg/(m² · h)、

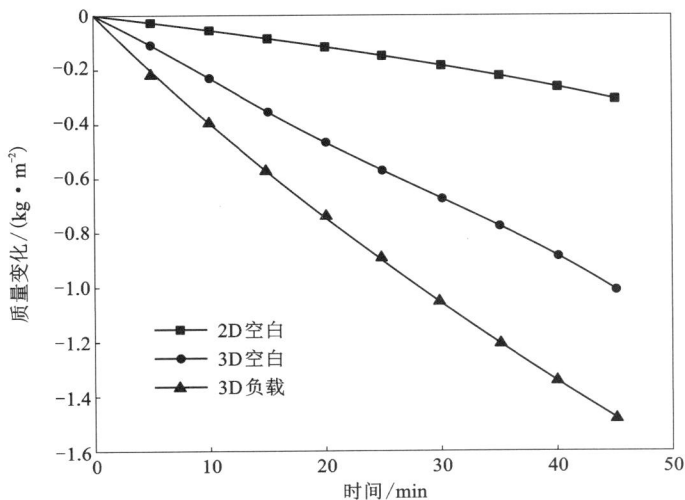

图 4-62　对照实验蒸发情况

1.35 kg/(m² · h)和2.60 kg/(m² · h)。通过实验数据可以得到,相较于 2D 接触式设计,3D 人工转运的设计将太阳能蒸发率提高了 4 倍,在此基础上进行负载后,太阳能蒸发率可以再提高 2 倍左右。表 4-11 列出了不同 3D 光热材料的蒸发率。

表 4-11　不同光热材料的蒸发率对比

3D 材料	蒸发率/(kg · m⁻² · h⁻¹)
碳泡沫	1.26
石墨烯基蜂巢	1.95
蘑菇形状低温凝胶	1.5
3DCu$_x$S	1.96
MoS$_2$/C@ PU 人工转运	2.60

与平面设备相比,该团队的 3D 人工蒸发装置的另一个特点是能够全天收集更多的阳光。与实验室中使用的固定模拟太阳光不同,太阳的全天候位置在不断变化。此外,有 10%~50%的阳光是弥漫的,从 360°范围内到达接收器(在晴天大约为 10%~20%,在多云天气可达 50%)。与二维太阳能蒸馏器相比,具有 3D 吸收结构的人工转运装置具有更好的光吸收性能,在实际应用中可以得到更高的蒸发率。

②热力学分析。

蒸发换热系数定义为:

$$h_{evap} = \frac{q}{\Delta T} = \frac{h_{fg}}{T_1-T_2} \cdot \frac{2a}{2-a} \cdot \sqrt{\frac{M_1}{2\pi R}} \cdot \left(\frac{P_{v,1}}{\sqrt{T_1}} - \frac{P_{v,g}}{\sqrt{T_g}}\right)$$

式中：h_{fg} 为蒸发潜热；a 为蒸发调节系数(可认为是 1)；M_1 和 R 分别是水的分子量(18 g/mol)和通用气体常数(8.314 J/(mol · K)),T_1 和 T_g 分别是液体和蒸汽的温度,$P_{v,1}$ 和 $P_{v,g}$ 分别是液体和气体在气液界面的饱和蒸汽。

三维结构的蒸发传热系数高,传热效率更高。

太阳热能的转化效率取决于吸收器的热损失,包括三部分：热辐射、空气热对流和热传导。COMSOL 模型的仿真结果如图 4-63 所示,2D 直接接触的辐射损耗,对流损耗和传导损耗分别约占 7%、6%和 30%；2D 间接接触蒸发装置约占 11%、9%和 2%；而 3D 人工蒸发装置约占 5%、5%和 1%。

通过仿真的结果可知,相较于二维直接和间接蒸发装置,3D 人工蒸发装置具有更低的热损失,即具有更高的能量利用率。

(2)水处理性能分析

饮用水中汞的上限仅为 2 μg/L($2×10^{-9}$),远低于大多数金属离子的安全水平,即 Na 为 $5×10^{-4}$,Ca 为 $1×10^{-4}$,Mg 为 $1×10^{-5}$,Cu 为 $1.3×10^{-6}$。在汞吸附效果分析实验中,以初始汞浓度为 $2×10^{-7}$,根据实验数据,MoS$_2$/C@ PU 可有效减少氯化汞的含量至 0,达到 100%的去除效果(去除效果如图 11 所示)。通过在不同浓度下吸附,可以估计保守吸附量为 20 mg/g(1.02 mg/cm³ 复合海绵)。达到饱和后,除汞功能可以通过还原-挥发方法而再生(基于用柠檬酸二钠将 Hg^{2+} 还原为 Hg^0,然后汞在 80℃时挥发)。此外,此太阳能蒸发装

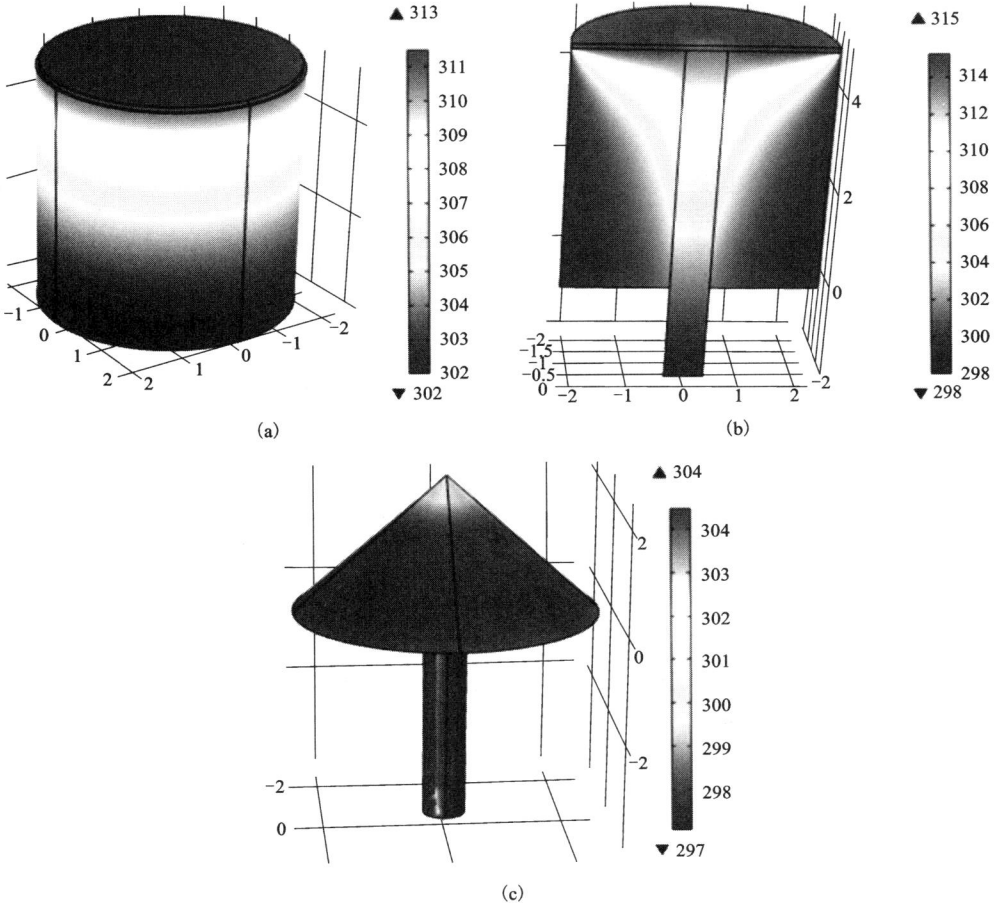

(a)

(b)

(c)

图 4-63　仿真温度分布示意图

置对镍等重金属离子也有较好的去除效果，可让镍离子溶液中的镍离子含量从 27 g/L 降低为 1 mg/L，达到约 99.6% 的去除效果（如图 4-64 所示）。

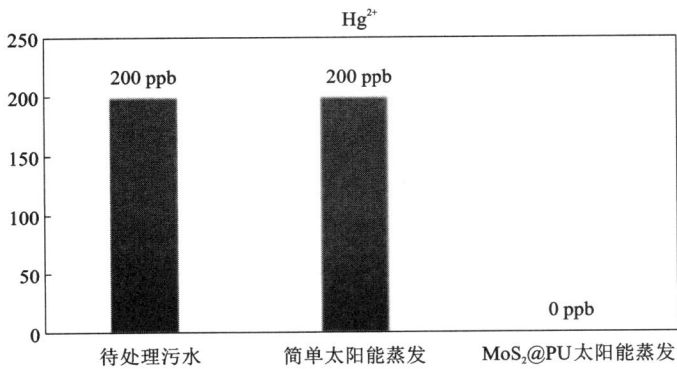

图 4-64　装置对 Hg^{2+} 的去除效果

MoS$_2$/CPU 同时可将河水碱度从 $1.8×10^{-4}$ 降至 $4×10^{-5}$，硬度从 $2×10^{-4}$ 降至 $5×10^{-5}$，细菌检测结果由阳性变为阴性，说明该团队设计的太阳能蒸发器还具有降低碱度、降低硬度和消毒杀菌的功能(水质分析结果如图 4-65 和 4-66 所示)。

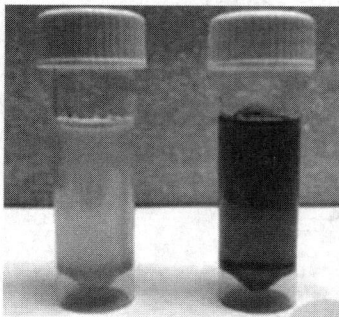

图 4-65　水质分析

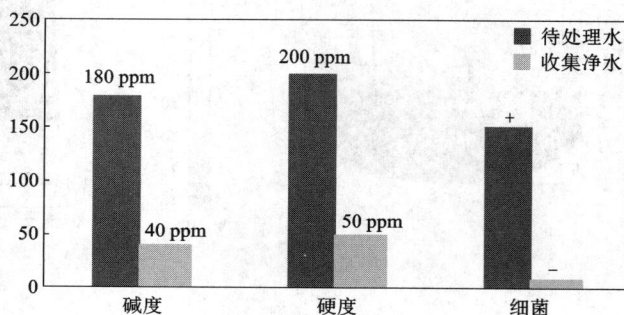

图 4-66　水质检测水平

5. 效益分析

(1)经济效益

将实际制作模型时所花费的成本数据列出，如表 4-12 所示，计算得模型制作成本约为 56.75 元，量产成本会进一步降低。该装置模型的一次性投入费用较高，在后期使用过程中仅需根据所处理废水的汞浓度对装置配件进行更换即可。装置在运行过程中以可再生能源太阳能为动力，无须外加电耗。

表 4-12　装置生产成本表

材料	单价	成本
MoS$_2$/C@ PU	0.15 元/cm^3	4.35 元
吸水海绵棒	1 元/个	4 元
亚克力玻璃	17.5 元/kg	48.4 元
总计	56.75 元	

(2)产量效益

在本系统设计使用年限内，参考我国各地区的全年日照时数，特别是针对严重缺水的西部地区，石油产业、天然气产业、煤炭产业形成的一系列化工生产较为集中，并产生含重金属离子的废水。以西部地区年平均日照小时数 3300 h 为例，MoS$_2$/C@ PU 的 3D 蒸发净水效率为 2.60 kg/(m^2·h)，即年净水量可以达到 8.58 t/(m^2·年)。假设该装置排列为 6 个水阵列且配合光热系统投 24 小时运行使用，则其一天可处理 13.57 kg 废水，一年可净化 4.95 t 水，若与净化相同水量价值为 1500 元的常规净水器相对比，且每年更换 3 次 MoS$_2$/C@ PU 复合光热材料需 150 元，则使用该装置可节省约 952.75 元。

MoS$_2$/C@ PU 复合材料体积为 29.44 cm^3，且汞的饱和吸附量为 1.02 mg/cm^3，则总的饱和吸附量为 30.03 mg，以处理含汞废水浓度为 $2×10^{-7}$ 为例，吸附饱和时可以处理 150 L 废水，并产生等量的纯水。以桶装水单价 10 元(18.9 L)计算，在每次更换材料 4.35 元的基础上可以产生 79.4 元的经济效益。

与较为常用的基于化学沉淀法的含汞废水处理方法相比,该方法能够处理的废水汞含量范围为 0.01 mg/L~30 mg/L,最终出水含汞量可降低至 0.002 mg/L 以下;若对吸附得到的汞进行提纯,还可得到纯度为 99.9% 的单质汞(市场价格约为 50 万元/t),利润非常可观。

(3)社会效益

太阳能高效利用方面:利用可再生能源太阳能,以最小的碳足迹产生洁净水,实现资源高效利用和绿色低碳发展,有助于达到"碳达峰""碳中和"目标。

饮用水安全方面:在太阳能蒸发实现水净化、杀菌消毒和脱盐的基础上,此装置附加除重金属离子、降低受污染水体碱度和硬度的作用,有效提高了饮用水洁净度,有利于保障人民饮水安全。

废水处理方面:通过蒸馏吸附作用将受污染的水体,甚至是含汞废水转化为可饮用的洁净水,为废水处理提供了高效且低成本的新途径,能够实现废水资源再利用。

6. 创新点

(1)太阳能吸收率高

MoS_2/C 微球的负载在使聚氨酯海绵的颜色变为黑色的同时,有效接收太阳光的比表面积增大;MoS_2/C 微球优异的光学性能使海绵的平均吸光率从 47%~58% 大幅度提高到 98%,太阳能吸收率的提高为装置光热转换提供了充足的动力。

(2)水分蒸发效率高

该装置创新性使用 3D 人工转运设计,具有优良的热管理和水输送特性;与传统的太阳能蒸发器相比,通过一维水道的毛细作用为蒸发过程提供水分补充,三维蒸发路径有效减少热损失,具有更高的效率。

(3)水汽冷凝效果好

波纹板具有增强液膜内扰动、增大凝结换热系数的优点,可以增大冷凝器的总传热系数。受波纹板强化冷凝效果启示,该装置在顶部盖板刻蚀波纹,增强盖板的冷凝效果,有效加快了水汽冷凝速率,提高了装置的产水率。

(4)净水功能强

在传统太阳能蒸发器杀菌消毒、降低硬度的基础上,使用 $MoS_2/C@PU$ 新型材料,利用 MoS_2 中硫原子对汞的高亲和力,有效吸附废水中含有的汞离子,能进一步提高水质,产生符合饮用水标准的纯水,为饮水健康保驾护航。

7. 前景展望

(1)成本低廉,可广泛推广

该装置在满足高效太阳能蒸发和汞吸附的同时,兼具成本低廉的特点,有利于向水体重金属污染较为严重地区普及推广,提高居民饮用水安全系数,降低因不合格饮用水造成疾病的风险,解决水资源短缺和饮用水安全问题。

(2)装置简单,易扩大规模

该装置结构简单,在未来的发展中,可实现大型化、规模化。其多装置组合,适配供回水管道,构成水处理阵列,可提高水处理能力,实现净化水产业化;规模化生产不仅可以提高资源利用率,还便于集中处理使用后的吸附剂,避免二次污染。

4.2.7　太阳能高效利用透明柔性热管

作品名称：面向太阳能高效热利用的新型透明柔性热管，设计者：刘洁茹、陈镜如、郭琬、王凯欣，该作品获得 2021 年全国大学生节能减排社会实践与科技竞赛一等奖。

为减少基于选择性吸光涂层的热管式太阳能热水器的热损失，提高太阳能热利用效率，该团队提出了一种新型透明柔性热管。该热管蒸发段采用低导热系数的透明高硼硅玻璃，冷凝段采用紫铜，两者通过氟橡胶管柔性连接，并以具有高吸光性能的石墨烯纳米流体代替原有工质，配合透明蒸发段，实现对太阳能的体积式吸收与转化，降低热损失，提高热管的光热转换效率。

1. 背景及意义

化石燃料的燃烧产生大量二氧化碳，导致温室效应越来越严重。近年来，为应对气候变化，促进碳减排已经成为全球共识，越来越多的国家提出碳中和目标。"中国将提高国家自主贡献力度，采取更加有力的政策和措施，二氧化碳排放力争于 2030 年前达到峰值，努力争取 2060 年前实现碳中和。""十四五"规划在 2035 年目标中也提出"广泛形成绿色生产生活方式，碳排放达峰后稳中有降"。"十四五"时期，我国要实现"碳达峰"和"碳中和"愿景，必须大力推动能源结构转型与升级。

太阳能是一种真正取之不尽、用之不竭的可再生能源，在每秒发出的总热量中，有大约 1.765×10^{17} kJ 的热量到达了地球，折算成标准煤为 6×10^6 t。开发利用太阳能，对于节约能源、保护自然环境、减缓气候变化，都具有极其重大的意义。国务院新闻办公室发布的《新时代的中国能源发展》白皮书指出，开发利用非化石能源是推进能源绿色低碳转型的主要途径，要推动太阳能多元化利用。目前，北京、天津、上海等 22 个省级行政区发布"十四五"新能源发展规划和 2035 远景目标的建议文件，均涉及太阳能热利用行业发展。"十四五"时期，太阳能热利用产业仍有无限可能。

太阳能的直接利用形式主要有光热、光电和光化学三种，其中，太阳能光热利用是指将太阳辐射能直接转化为热能，这是能源科学的一个重要组成部分。太阳能热水器是我国太阳能热利用中应用最广泛、产业化发展最迅速的太阳能产品之一，太阳能热水器示意图如图 4-67 所示。真空管太阳能热水器是目前市场上广泛应用的一类热水器，其中热管式真空管太阳能热水器采用热管技术，与其他类型的太阳能热水器相比，具有耐冰冻、启动快、保温好、承压高等不可替代的优点。

热管是利用汽化潜热高效传递热能的元件，它可将大量热量通过很小的横截面积进行传输而无须外加动力，其有效导热系数远高于相同几何尺寸的金属铜。张昕宇在吸热板背部和热管之间增加遮热板，并对热管式真空管型集热器进行性能优化，发现其净辐射传热热损失降低 22.7%。张云峰等人开展了磁纳米流体热管太阳能集热装置换热性能实验，发现工质为纳米流体的热管式玻璃真空管太阳能集热器的热损失比水工质热管真空集热器更低，瞬时效率及日平均效率更高，并且运行更加高效、安全、稳定。在国外研究方面，Eidan 等人对应用 Al_2O_3 和 CuO/丙酮纳米流体的热管真空管太阳能集热器进行实验，结果表明采用 Al_2O_3 流体时集热器效率更高，且纳米流体浓度越高，效率越高。

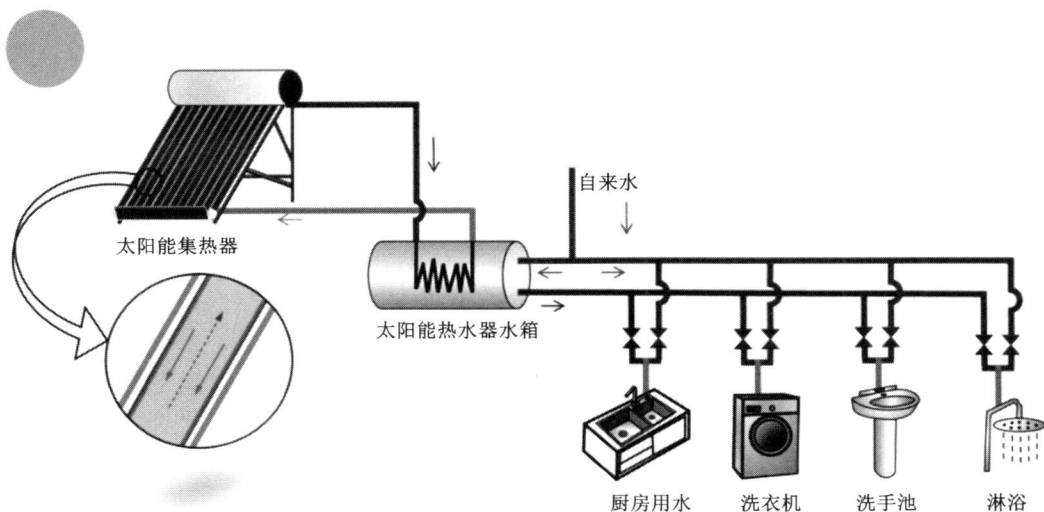

图 4-67　太阳能热水器示意图

总的来说，目前已经有许多关于提高热管式太阳能热水器效率的研究，但普通金属热管在金属壁热传导、热辐射以及金属壁与工作介质间对流传热等过程中仍存在大量热损失。因此，该团队对金属热管的结构进行改良，设计出了一种新型透明柔性复合热管，旨在降低热损失，提高热管的光热转换效率。

2. 作品原理

金属热管结构按照工作原理可以分为蒸发段、绝热段、冷凝段，其基本工作原理是在蒸发段通过金属吸热板表面的光谱选择性吸收涂层吸收太阳辐射能并将其转化为热能，然后将收集到的热能传递给热管内的工作介质，介质吸热汽化后通过绝热段进入冷凝段液化并释放出大量热量。

该团队设计的透明复合热管与金属热管工作原理大致相似，主要区别在于其通过透明蒸发段配合具有高吸光性能的工作介质实现光热转化。此外，该作品采用橡胶管作为绝热段实现蒸发段和冷凝段的连接，使得该热管相比金属热管具备一定的柔性。

透明柔性热管的工作原理如图 4-68 所示。在太阳光的照射下，光直接穿过透

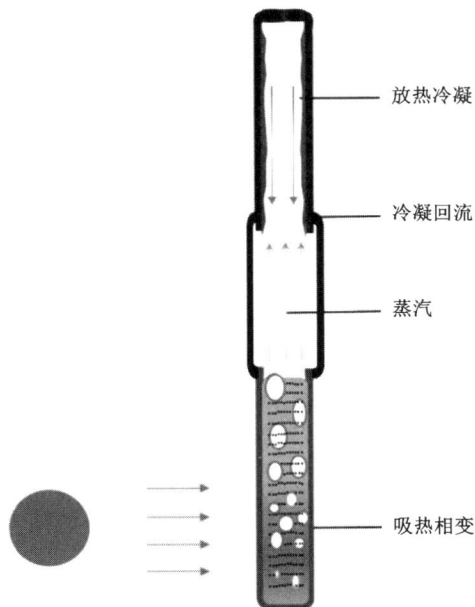

图 4-68　新型透明柔性热管工作原理示意图

明管射到蒸发段工作介质中,具有特殊吸光能力的工作介质高效吸收太阳辐射能,并转化成热能,使工作介质加热蒸发,随之蒸汽从蒸发段流入冷凝段,并在冷凝段凝结实现热量的传递。由于重力作用,冷凝后的工作介质又重新回流到蒸发段,热管工作循环完成。重复以上循环,就可以将蒸发段吸收的太阳能源源不断地转换成热能并传递给冷源,实现对太阳能的热利用。

两种热管蒸发段热阻分析如图4-69所示。从图中可知,透明材料与吸光介质的应用实现了热管表面式吸热到体积式吸热的转变,减少了金属壁面热传导和辐射过程的热阻以及热管壁面与工作介质对流传热过程的热阻,降低了热损失,提高了太阳能的热利用率。

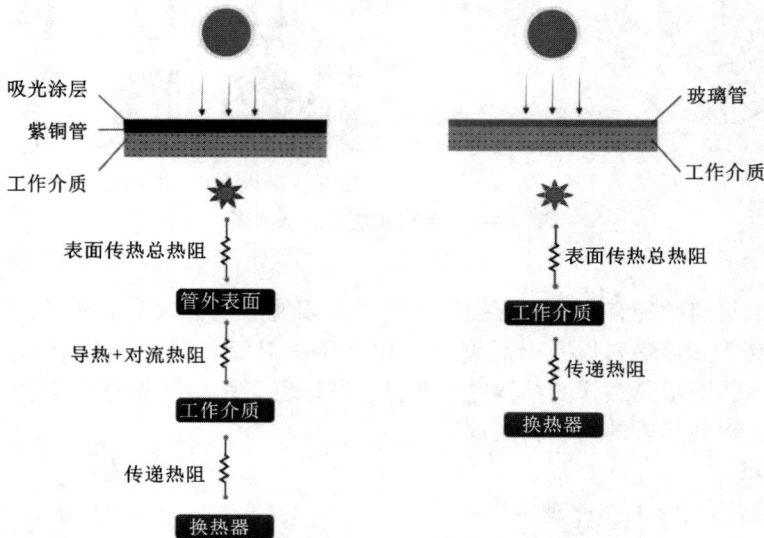

图4-69 热管蒸发段热阻分析图

3. 作品设计

(1)设计思路

透明玻璃材料替代金属材料作为热管的蒸发段是此设计的核心。该团队对金属热管进行了改进,将热管的蒸发段由紫铜替换成了高硼硅玻璃。太阳光可直接穿过透明管直接照射到工作介质中,实现表面式吸热向体积式吸热的转变。高硼硅玻璃的透光率(2 mm)为92%,导热率为1.2 W/(m·K)。较高的透光率使得绝大部分太阳光能够直接透过壁面进而被工作介质吸收,较低的导热率有助于减少蒸发段的热损失。同时,高硼硅玻璃具有非常低的热膨胀系数,仅为普通玻璃的1/3,具有较高的抗断裂性能,即使温度骤然变化,高硼硅玻璃也不易破碎。

透明蒸发段与金属冷凝段的连接是此设计的重点。两种不同材料的管段连接到一起,会面临封装问题以及工作压力不均导致管子破裂的问题。考虑到具有高热稳定性的氟橡胶与高硼硅玻璃和紫铜均具有较好的相容性,该团队使用氟橡胶管作为绝热段,将高硼硅玻璃制成的蒸发段与紫铜制成的冷凝段通过高温密封胶进行连接,解决了热管的封装及承压问题。此外，热管蒸发段与冷凝段采用橡胶管柔性连接，使得该热管相比传统热管具备一定的柔性，提升了该热管应用的灵活性，扩大了其适用范围。

吸光介质与透明蒸发段的配合是此设计的关键。纳米流体作为光热转化的功能流体，能够充分捕获太阳光并转化为热量。相比纯水，纳米颗粒的加入可以显著提升对太阳光的吸收，同时也能充分将太阳能转化为热能。研究表明，较低浓度的纳米流体负载量可以吸收超过 95% 的入射太阳光。与其他纳米颗粒相比，石墨烯具有特殊的低维层状结构，存在高密度的二维自由电子，接收光照时这些电子可以很容易地从 π 轨道激发到 π * 轨道，达到激发态，在电子弛豫回到基态的同时产生热量。同时，石墨烯具有超高的力学强度、优异的导热性能等特性。因此，该团队使用石墨烯纳米流体作为工作介质，与透明蒸发段配合，有效提高了热管的光热转换效率。该团队所设计的新型透明柔性热管与传统金属热管结构对比见图 4-70。

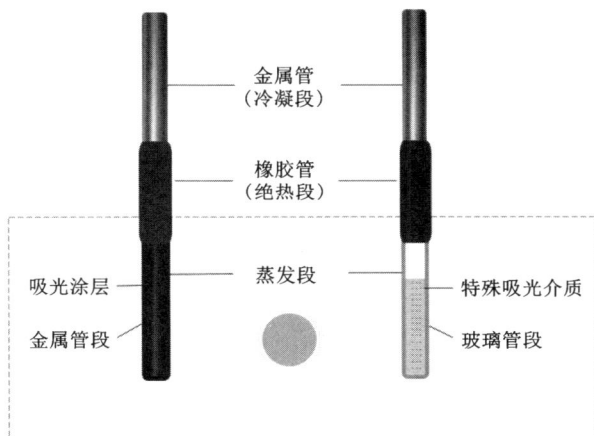

图 4-70　金属热管与新型透明柔性热管对比图

（2）设计制作中解决的关键技术问题

新型透明柔性热管的制作流程如图 4-71 所示，具体包括黏结、注液、抽真空、密封、焊接等环节。设计制作中需要解决以下关键技术问题：

① 透明柔性热管的封装。

该团队设计的新型透明柔性热管由三段不同材料的管子组合而成，其中蒸发段采用高硼硅玻璃，绝热段采用氟橡胶，冷凝段采用紫铜。考虑到不同材料的性质差异较大，为了保证新型透明热管的良好性能，该团队使用乐泰 4210 胶黏剂黏接热管各段，并用喉头箍夹紧 12 h 以达到固化的效果。通过无菌注射器将浓度为 $5×10^{-5}$ 的石墨烯纳米流体注入热管内部，并通过振荡将工作介质集中到管体已封闭的一端。之后使用真空泵使管内绝对压力达到 1 kPa 左右，并用封口钳进行冷封装，后迅速用焊枪进行焊接，完成封装。

② 特殊吸光流体的制备。

为提高热管内工作介质对太阳能的吸收率，该团队在水中加入了石墨烯纳米颗粒。石墨烯纳米流体的制备有一步法和两步法之分。一步法可以将石墨烯纳米微粒和纳米流体同

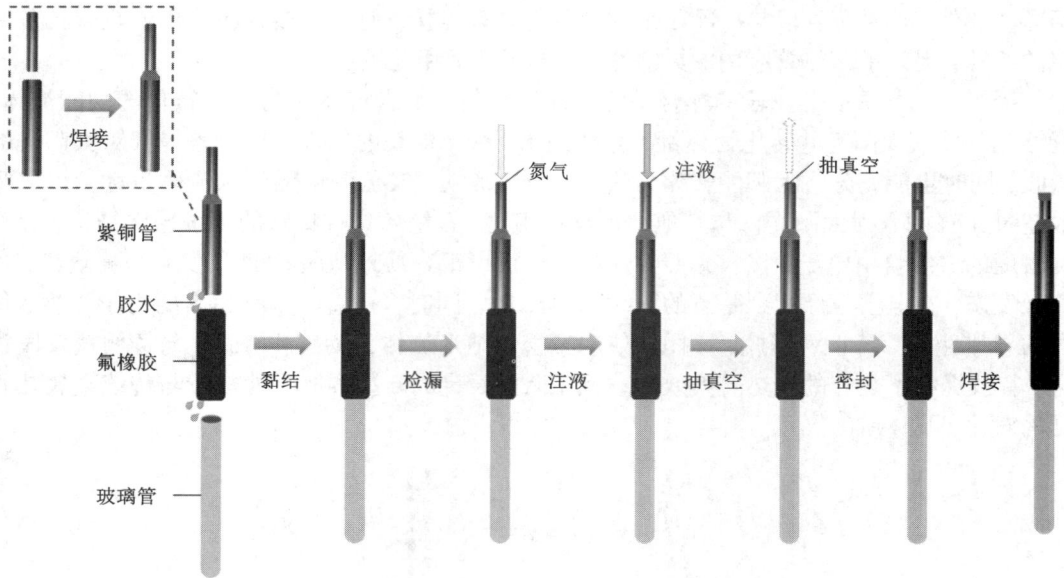

图 4-71　新型透明柔性热管制备流程图

时制成，有效避免了对纳米颗粒进行干燥、储存的问题，并且具有较高的稳定性，但其制作过程比较复杂，对设备要求高。两步法首先通过化学或物理过程制备石墨烯纳米颗粒，然后利用磁力搅拌、超声振荡等技术，使纳米颗粒分散在基础溶液中。目前，实验室内有制备石墨烯纳米流体的设备，同时该团队也掌握了制备石墨烯纳米流体的技术，采取两步法制备水基石墨烯纳米流体。首先称取一定量的粉状少层石墨烯，将其分散在去离子水中并进行 15 min 的磁力搅拌，配制成质量分数为 5×10^{-5} 的悬浮液，再经超声波分散仪超声分散 90 min 得到 5×10^{-5} 的水基石墨烯纳米流体。

4. 创新点

（1）蒸发段透明化

该作品采用高硼硅玻璃替代紫铜作为热管的蒸发段，改变热管对太阳能的吸收方式，使太阳光穿过透明管直接照射到工作介质中，大幅度减小了导热与对流热阻。

（2）吸光方式体积化

该作品选择具有高吸光性能的石墨烯纳米流体与透明蒸发段相配合，实现了太阳能的体积式吸收与转化，降低了蒸发段热量损失，提高了太阳能热利用效率。

（3）绝热段柔性化

该作品采用氟橡胶管实现蒸发段与冷凝段之间的柔性连接，使得该热管相较于传统热管具备一定的柔性，提升了该热管应用的灵活性，扩大了其实用范围。

5. 可行性分析

目前，吸光介质的制备研究已经有了明显进展，制备出的吸光介质的光热转化效率在 80% 以上。当前实验室内有制备石墨烯纳米流体的设备，同时该团队也掌握了制备石墨烯纳米流体的技术，解决了吸光介质的制备问题。使用氟橡胶连接紫铜管和高硼硅玻璃管，有效解决了紫铜管与高硼硅玻璃管间的连接问题，实现了热管的组装。橡胶管的使用，赋予了透明热管柔性特征。此外，热管制备过程中的抽真空、注液、排气、焊接等工艺属于较为成熟的技术，为制备透明热管提供了技术支撑。

该团队制备的热管实物图如图4-72(a)所示。将其与未封口的热管共同放置于70℃的恒温水浴中加热，其温度变化曲线如图4-72(c)所示，可以看出，封装好的热管温升明显大于未封口热管的温升，说明热管制备成功，并且能够在较短时间内获得一个较高的温升，性能较好。该团队将10根热管与水箱连接，集成太阳能热水器模型，模型如图4-72(b)所示。此外，该团队正针对该作品申请相关专利。

(a) 热管实物图　　　　　　　　　　　(b) 太阳能热水器实物图

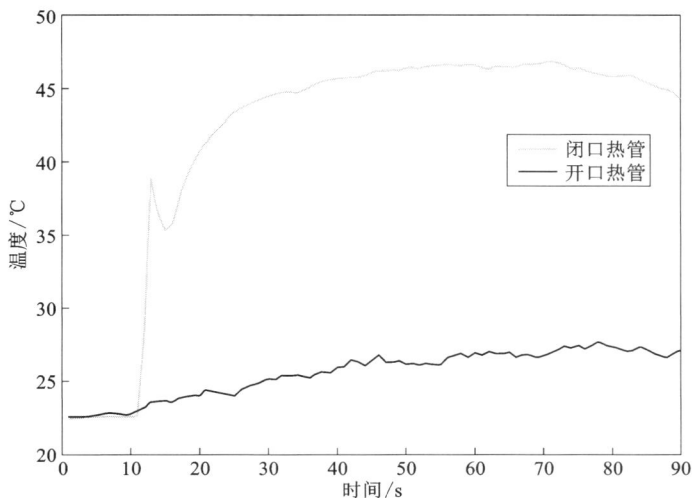

(c) 70℃水浴加热热管开口与闭口温升对比图

图 4-72

6.效益分析

(1)经济效益分析

目前,市场上紫铜的价格约为 60 元/kg,高硼硅玻璃管的价格约为 32 元/kg,氟橡胶管的价格为 105 元/kg。一根透明热管相较于金属热管来说,降低了 3.86 元的成本。一般来说,20 根集热管即可满足一个普通家庭的日常热水用量,按照这样的规格进行计算,一个太阳能热水器可以降低 77.2 元的成本。2020 年我国共销售太阳能热水器 $7.61×10^6$ 台,其中,热管式太阳能集热器占比约为 37%。按照 2020 年的销量进行计算可得,若改为透明柔性热管,大约可节省成本 2.1 亿元,具有非常可观的经济效益。

(2)节能效益分析

该团队用太阳能模拟器模拟太阳光照射透明热管,如图 4-73(a)所示,可以观察到热管的工作过程,包括热管的启动、沸腾及回流,具体过程如图 4-73(b)所示,同时可以得到透明热管的温升曲线。接着用灯光照射金属热管,同样可以得到金属热管的温升曲线。对比透明热管与金属热管的温升曲线,如图 4-73(c)所示,可以看出透明热管的温升曲线明显高于金属热管,说明透明热管的太阳能热利用率高于金属热管,具有良好的节能效益。

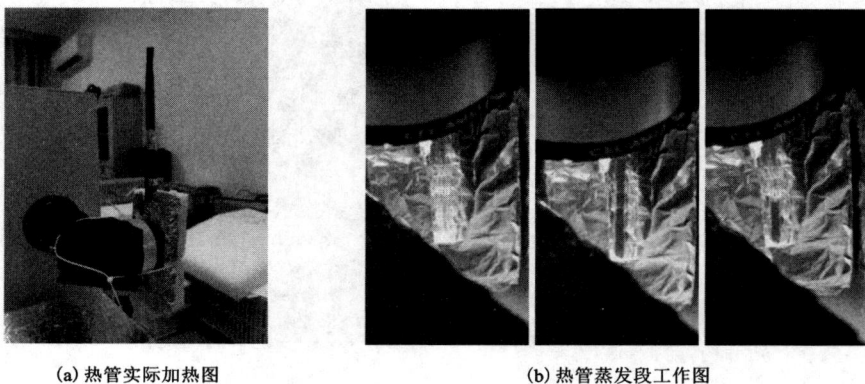

(a)热管实际加热图

(b)热管蒸发段工作图

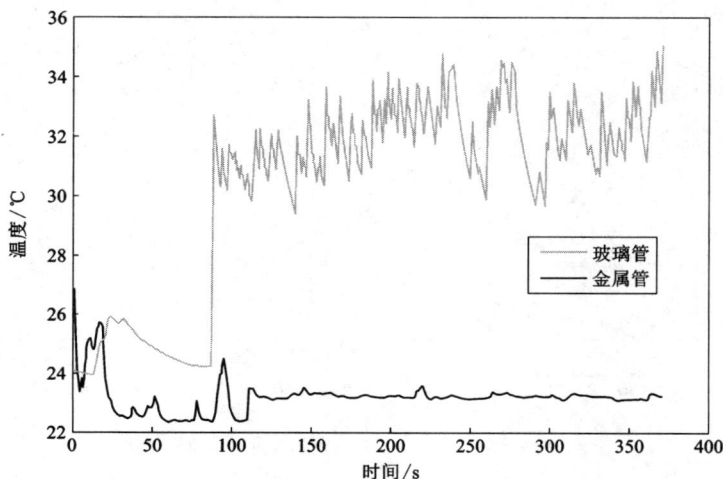

(c)玻璃管与金属管温升曲线对比图

图 4-73　热管工作与温升曲线图

此外，该团队通过实验对所制备的石墨烯纳米流体的光热转换效率进行测定。

光热转换效率公式为：

$$\eta = \frac{mc_P(T_e - T_0)}{PS\tau}$$

式中：m 为石墨烯纳米流体质量，c_P 为比热，T_e 为终止温度，T_0 为初始温度，P 为光功率，S 为辐射面积，t 为辐射时间。

对实验所得数据处理后利用 Matlab 软件绘图，得到石墨烯纳米流体的光热转换效率曲线，如图 4-74 所示。可以看到，石墨烯纳米流体的光热转换效率基本在 80% 以上，具有良好的光热转换性能。

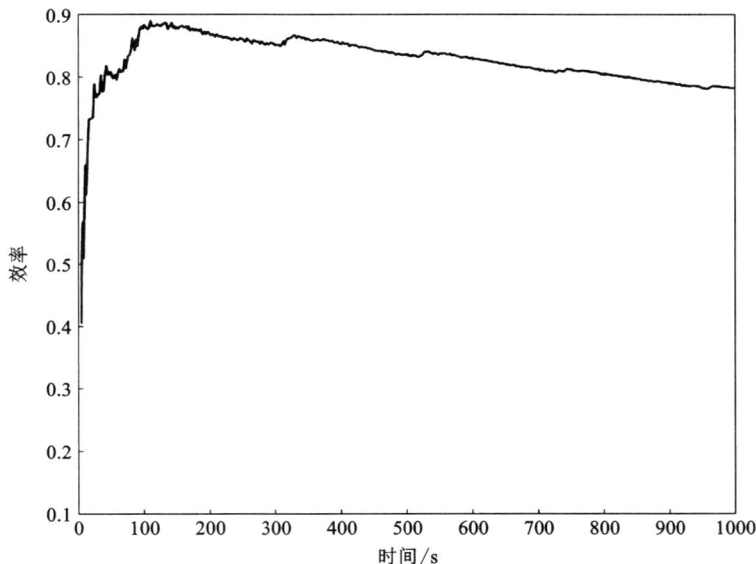

图 4-74　石墨烯纳米流体光热转换效率曲线

我国年平均太阳能辐射量为 5.88×10^3 MJ/m^2。截至 2020 年，我国太阳能热水器保有量为 2.73×10^8 m^2，其中 37% 为热管式太阳能热水器。经实验测得，石墨烯纳米流体的光热转换效率在 80% 以上。我国现有热管式热水器每年可将 1.48×10^{12} J 的太阳能转化为热能，折合成煤用量，相当于节省标准煤 5.05×10^8 t，减少了 1.27×10^8 t 二氧化碳的排放。新型透明柔性热管比传统金属热管具有更好的光热转换性能，若将其应用于热管式太阳能热水器中，可以减少更多的 CO_2 排放，有助于实现"碳达峰""碳中和"目标，具有节能减排的现实意义。

7. 应用前景

①响应国家"碳达峰"和"碳中和"目标，推进"十四五"规划建设。太阳能是一种真正的取之不尽、用之不竭的可再生能源，开发利用太阳能是推进能源绿色低碳转型的主要途径，有助于推动能源结构转型升级，实现"碳达峰"和"碳中和"美好愿景。

②节约常规能源，提高太阳能热利用率。该作品将传统热管蒸发段由紫铜改为高硼硅玻璃，配合具有高吸光性的工作介质，使得大部分太阳光直接透过玻璃被工作介质吸收，有效减少了热管蒸发段的热损，实现了对太阳能的高效利用。

③降低成本，提高太阳能热水器的经济性。该作品将热管蒸发段的紫铜改为高硼硅玻璃，一方面降低了紫铜的消耗量，另一方面可以降低成本。

4.3 中国制冷学会创新大赛案例介绍

4.3.1 冷凝水利用空调过滤网清洁装置

作品名称：一种基于冷凝水利用的全自动空调过滤网清洁装置。设计者：张赛涛、樊宝丽。该作品获得 2018 年中国制冷学会创新大赛二等奖。

该设计的基本思路即自清洁装置＝冷凝水除尘装置＋自提醒装置，实现了除尘的全自动化过程，无须人工干预，即在夏季，灰尘被清扫下来，与空调产生的冷凝水混合后通过排水管排出室外(图 4-75)。

图 4-75 作品全图

1. 灰尘清扫装置

齿轮结构(图 4-76、图 4-77)：齿轮运转，两齿轮通过轴连接，齿轮与过滤网啮合。过滤网运动轨迹由支撑结构确定。

毛刷(图 4-78)：毛质为尼龙丝。为确保清洁效果，毛刷顶部高出过滤网底部。

支撑结构(图4-79、图4-80)：根据过滤网的初始位置设计支撑结构尺寸与形状，保证过滤网运行顺畅。各图所示材料选取树脂，3D打印制作。

图4-77 齿轮结构(2)

图4-78 毛刷

图4-76 齿轮结构(1)

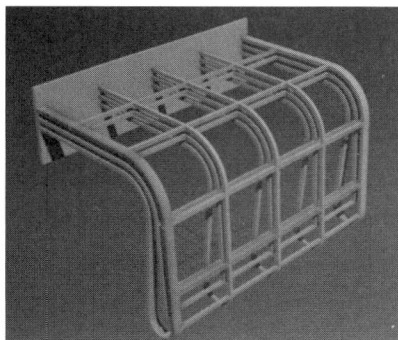

图4-79 支撑结构三维建模图

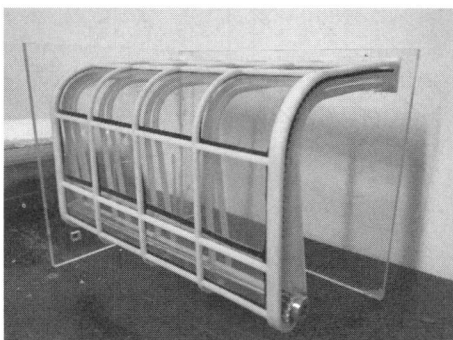

图4-80 支撑结构实物图

2. 冷凝水收集利用装置

冷凝水是空气中的水蒸气在换热器表面凝结而成，理论上较为纯净。有关部门曾测试其酸碱度，结果为6~7。经过计算，制冷量为3500 W的空调产生的冷凝水量的理论计算值为2.08 kg/h。

冷凝水水量大，且较为纯净，该团队认为冷凝水可与灰尘混合，混合后不会形成较大颗粒物，理论上不会堵塞排水管(图4-81、图4-82)。实验也对此进行了验证。

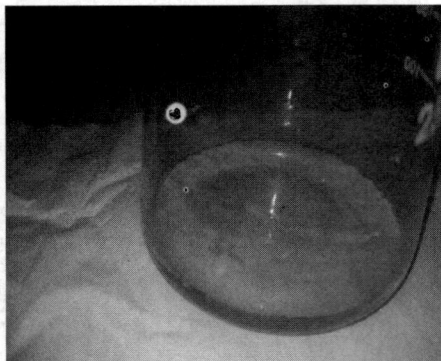

图 4-81　冷凝水排出水侧视图

图 4-82　冷凝水排出水俯视图

3. 集尘盒装置

该设计的集尘盒设置于换热器下方较短一段距离处，与现有空调本身具有的传统型集水盘相比，增添了收集灰尘的功能，具体结构图及实物图如图 4-83、图 4-84 所示。

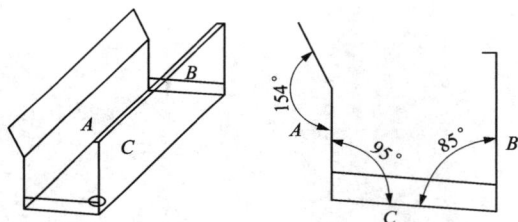

图 4-83　集尘盒装置图

图 4-84　集尘盒实物图

从图 4-83、图 4-84 可以看出，集尘盒结构部分有如下改进：

①"扬尘"现象的解决。在集尘盒上边沿，除设接水斜面外，另又设置了内扣边沿，可有效阻拦清扫下来的灰尘，使之不发生"扬尘"现象。而其余部分则是靠本身设计装置的各个部件之间接触而达到"密封"灰尘的作用。

②存水问题的解决。该设计中，A、B 面为竖直面；集尘盒底部平面 C 为一特殊斜面，与 A 夹角 95°，与 B 夹角 85°。排水孔为整个集尘盒中重力势能最低点，解决了水平底面可能存在的存水问题。集尘盒是一整体结构，连接处进行了防水处理。

4. 控制电路

该设计中自提醒装置采用了一种可编程时间继电器，以实现如图 4-85 所示电路控制功能。初始状态下，2、3 回路上均无电流通过，计时 480 h 后，控制 2 回路有电流、3 回路无电流，电机正转；运行 85 s 后，控制 3 回路有电流、2 回路无电流，电机反转；又经过 85 s，2、3 回路恢复无电流状态，过滤网回到初始位置，至此完成一个清洁计时循环，令本继电器具有永久循环的功能。

　　该设计的单个清洁过程仅需 170 s，而空调系统是间歇性工作，达到制冷指标后即暂时停止工作，故该清洁过程对室内舒适度的影响极小，不影响用户正常的制冷需求。时间继电器装置全图如图 4-86 所示。

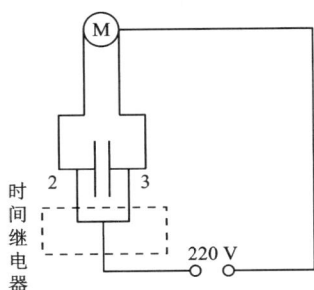

图 4-85　时间继电器电路原理　　　　图 4-86　时间继电器装置全图

5. 装置运行

　　装置具体工作流程：夏季空调运行 480 h（每天 12 h，共计 40 d）后，触发空调时间继电器开关，继电器切断空调运行电源，接通齿轮电机电源；自清洁装置启动，齿轮带动过滤网在预设的轨道中运行 85 s，到达第二位置面；而后，在继电器的控制下电机反向运行，经过相同时间，过滤网重新运转至第一位置面（初始面），完成一个计时和清洁过程。

　　这样，实现了除尘的全自动化过程，无须人工干预，即在夏季，灰尘被清扫下来，与空调产生的冷凝水混合后通过排水管排出室外。

4.3.2　液冷和风冷服务器机柜散热系统

　　作品名称：浸没式液冷和自循环风冷结合的服务器机柜智能散热系统。设计者：郑思洋、李铖灏、鲍司腾、吴燕杰。该作品获得 2018 年中国制冷学会创新大赛三等奖。

　　随着"互联网+"技术的迅猛发展，数据中心的建设以及高性能服务器机柜的应用日益广泛，然而，高热流密度机柜的散热问题已成为制约其发展的关键问题。城市建设用地的限制迫使数据中心提高空间利用率，同时，各类小型化、高性能化 IT 元件的应用推动服务器结构更加紧凑，这些都显著提高了服务器机柜的热流密度。资料显示，近 10 年，数据中心 IT 设备功率密度从 300 W/m² 增加到超过 2000 W/m²，单个机柜容纳的设备功率从不到 1 kW 增长至 10 kW 以上。

　　考虑到目前技术成熟度和安全性，大部分数据中心仍采用传统制冷空调系统进行散热。这种制冷方式与高热流密度机柜的匹配性较低，不仅难以满足高热流密度数据中心的冷却要求，而且冷量损失严重。据统计，我国数据中心能耗巨大，全年总能耗高达 828 亿

kW·h，其中，制冷系统能耗高达43%。

因此，改进制冷方式，研发高效、智能的适用于数据中心高热流密度服务器机柜的制冷系统已迫在眉睫。

通过实地调研和查阅资料，该设计从可行性和创新性两个维度对问题进行分析，并提出了解决思路。

一是浸没式液冷和风冷联合供冷。

存在的问题：通过分析服务器热负荷分布特点，可知CPU为服务器中的主要发热元件，为了满足其散热需求，传统空调冷却的方式需增大送风量，导致其他次要发热元件处于过冷状态，从而造成严重能源浪费。

解决思路：对高发热元件采用浸没式液冷，即对CPU等元件进行单独封装，选择电子氟化液对其进行浸没式冷却，循环泵驱动氟化液在管路系统内完成机柜内部循环，强化CPU局部热交换；对其他低发热量元件采用空气散热，相比CPU等主要发热元件，次要发热元件热负荷密度大大降低，基于可行性和经济性的考虑，仍采用空气对其进行冷却。

二是制冷装置与服务器机柜一体化集成设计。

存在的问题：传统数据中心空调送风口与服务器机柜距离较远，冷气流穿过地板下的管路和布线到达机柜进行冷却，冷量损失和流动阻力大；机柜内冷热气流掺混和送风量沿高度方向的不平衡，易诱发机柜内局部热点，严重影响服务器正常运行。

解决思路：在机柜底部设置两级换热器，将冷冻水作为冷源，分别与空气和电子氟化液进行热交换；机柜内设置静压箱和导流部件，构造闭式冷气流通道，借助风机实现空气柜内循环，大大减少冷量在输运过程中的损失；对静压箱进行结构优化，提高送风均匀性，消除局部热点。

三是机柜级温度智能控制模块。

存在的问题：机房级空调温度控制属于粗放性控制，无法兼顾同一区域不同热功率密度机柜的散热需求，且控制系统响应慢、滞后性过大。

解决思路：机柜内设置智能化控制系统，对单个机柜冷冻水流量和循环风量进行调控；在控制端实现机柜与机房环境的解耦，兼顾不同热功率机柜的散热需求，实现温度控制系统的快速响应。

1. 作品概况

该作品由机柜柜体、服务器单元、换热器单元和静压箱组成（作品示意图如图4-87、图4-88所示）。服务器单元由液冷服务器和风挡构成，液冷服务器在现有服务器架构上对CPU进行单独封装，构成液冷密封盒，装置上设有防漏液的管口；风挡上设有多个活动的百叶窗。换热器单元包括一级液液换热器、二级气液换热器、风机、循环泵和管路系统。静压箱置于机柜后部，箱体一侧设有用于排出冷气流的孔板。

2. 工作过程

如图4-89所示，服务器插入机架，使对应槽位的百叶窗开启，二级换热器的出口与静压箱进口相连接。静压箱与风挡构成封闭的冷气流通道，冷空气在风机的驱动下，从静压箱上的孔板（图4-90）经由百叶窗进入服务器阵列。冷空气与服务器换热后温度升高，热空气回到机柜底部，由二级换热器将其冷却后送入静压箱，完成循环。

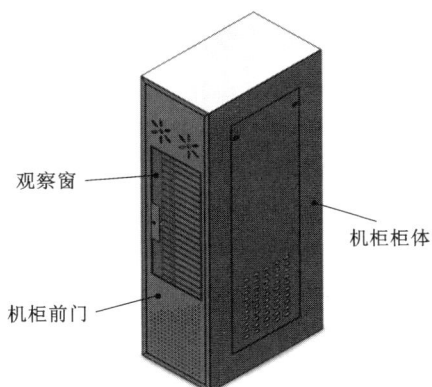

图 4-87　作品 3D 概貌图

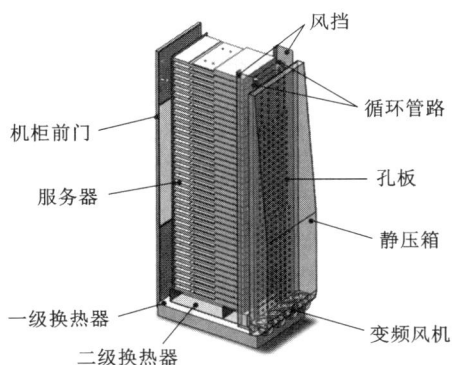

图 4-88　作品 3D 细节图

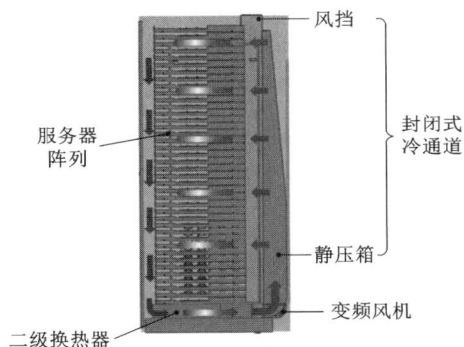

图 4-89　气体循环原理图

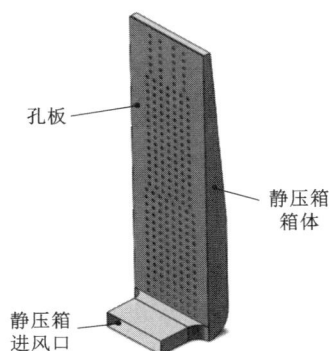

图 4-90　静压箱 3D 结构

如图 4-91 所示，液体循环管路由供液管和回液管构成。供液管由机柜底部向顶部供液，低温电子氟化液被泵入密封盒，经过 CPU 散热器后从出口流出。回液管经弯折后回到一级液液换热器，使管路构成同程式系统。密封盒进出管口分别通过软管与管路系统相连接。

两级换热器串联连接，机柜冷冻水先进入一级换热器，再进入二级换热器。机柜内设置有多个温度传感器，循环泵和变频风机与智能控制系统连接，对服务器内部温度进行实时监控和温度控制。

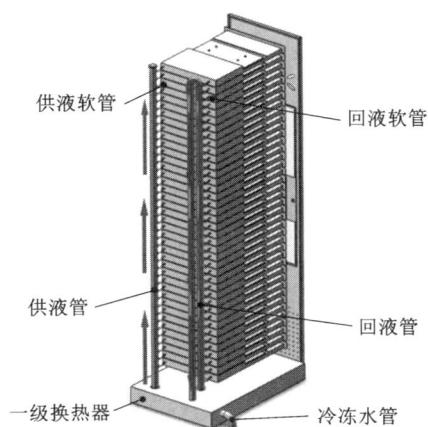

图 4-91　液体循环原理图

163

3.作品设计

该作品设计部分包括换热器、液冷密封盒、机柜结构和智能控制系统等。

（1）换热器设计

机柜内设置一级、二级两个换热器，均置于机柜底部，二级换热器置于一级换热器上方。一级换热器（图4-92）壳程内为电子氟化液，与氟化液管路系统相连；管程内为冷冻水，由蛇形盘管构成。二级换热器（图4-93）壳体两侧开口，构成空气流道；翅片式蛇形盘管与热空气进行换热。

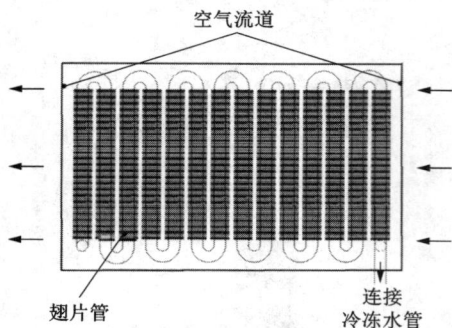

图4-92　一级换热器平面图

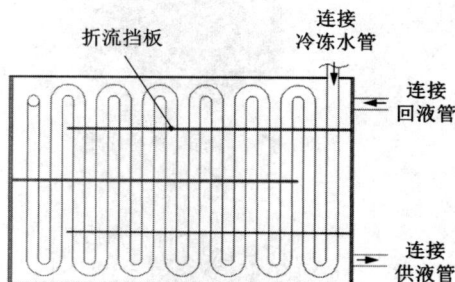

图4-93　二级换热器平面图

（2）液冷密封盒设计

该团队对密封盒内流道和CPU散热器翅片化结构进行了设计与优化，利用热仿真软件Icepak对比不同结构尺寸下CPU表面的最高温度，获得最优设计。

密封盒流道设计：经过模拟对比，密封盒内"U"形氟化液流道为最优设计（图4-94）。为避免出现流体短路和死流问题，在密封盒内设置导流板。

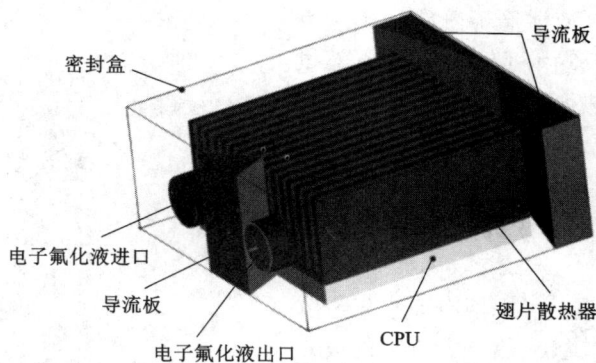

图4-94　密封盒3D模型图

散热器翅片结构设计：翅片数量、翅片高度和厚度以及基板厚度对CPU的散热效果具有显著影响，模拟后得出最优结构形式与几何参数（如图4-95）。

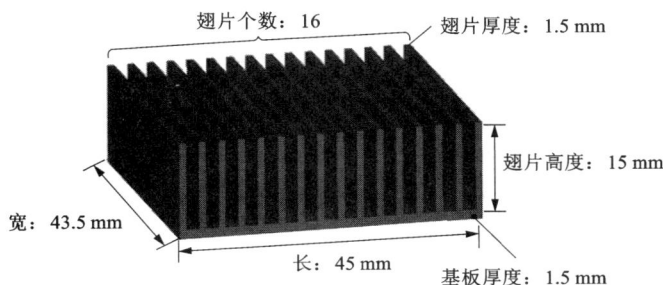

图 4-95　翅片式散热器几何尺寸

（3）机柜及导流部件结构设计

该作品机柜包括服务器机架、风挡和静压箱。服务器机架采用标准化设计；风挡上的活动百叶窗尺寸与服务器匹配；静压箱箱体进口与二级换热器出风口相连接，构成封闭的冷气流通道。对静压箱结构进行以下优化：孔板孔隙率随机柜高度增加而逐渐增大，并在箱体底部增设导流板，降低机柜高度方向上出风量的差异；静压箱随高度增加而截面积减小，以保证机柜顶部拥有一定的送风速度。

在相同热功率下，对传统机柜和该作品散热性能进行仿真对比。图 4-96 为柜内服务器元件温度分布云图。结果显示，在相同冷量输入条件下，该作品的元件最高温度比传统机柜降低了 10.5℃，同时机柜高度方向的温度分布更加均匀。

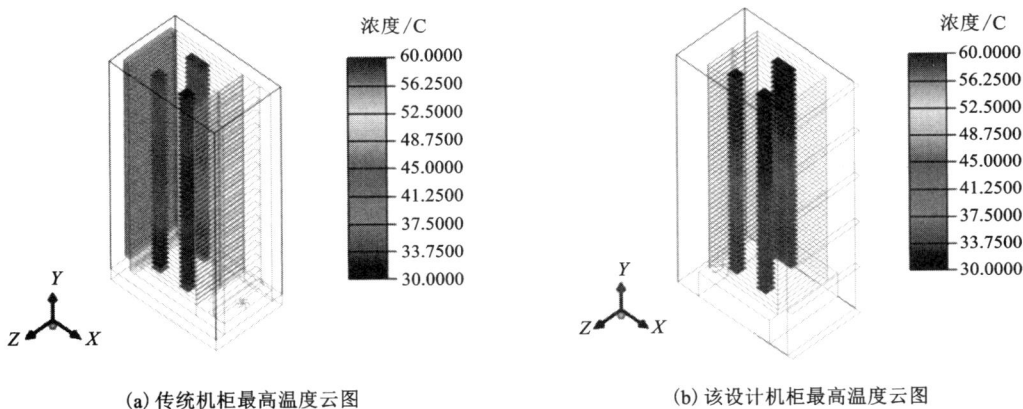

（a）传统机柜最高温度云图　　　　　　（b）该设计机柜最高温度云图

图 4-96　框内服务器元件温度分布云图

（4）智能控制系统设计

该作品设计机柜级温度控制系统（如图 4-97）。Nagios 软件采集服务器 CPU 温度信号，机柜内传感器收集温度信号，利用前馈反馈控制器对循环泵和变频风扇的流量进行调控，实现对服务器功率波动的预测控制。

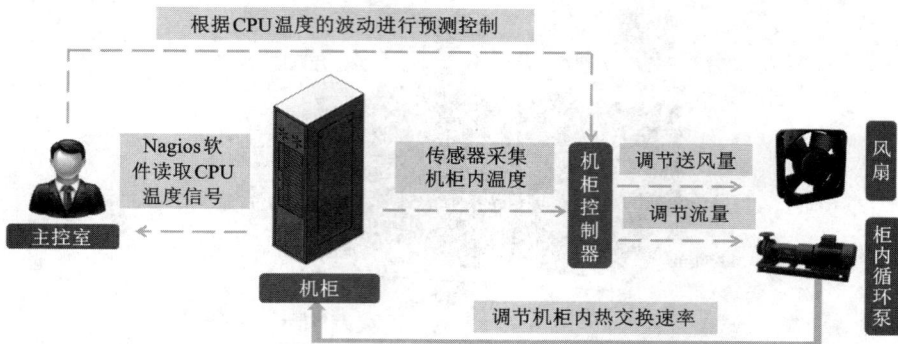

图 4-97　控制系统流程图

4. 创新点

该作品针对高热流密度数据中心制冷系统能耗大、机柜易发局部热点等问题，提出了浸没式液冷和风冷结合、机柜与散热系统集成设计的新思路，以适应未来数据中心高负荷、高效率、高密度的时代要求。其创新点主要体现在以下几个方面：

①服务器采用气液分级冷却消除局部热点；利用电子绝缘液对主要发热元件 CPU 进行浸没式液冷，而对次要发热元件进行空气冷却；通过对高热流密度服务器的分级冷却，解决空气换热能力不足的问题，消除机柜内局部热点。

②制冷装置与机柜一体化设计减少冷量损失：机柜内置风机驱动空气在机柜内部进行循环，降低输运过程中的冷量损失和阻力损失；变截面静压箱和孔板的设计保证冷气流沿机柜高度方向均匀分配。

③冷冻水的梯级利用提高制冷系统能效：根据机柜热负荷分布和冷量需求特点，设置液体、空气两级换热器串联，实现冷冻水的梯级利用，提高冷量利用率，消除制冷装置内结露隐患。

④机柜级控制实现散热系统与机房控制端解耦：通过机柜内置的调速泵和变频风扇，结合温度预测技术，对单个机柜进行温度智能化控制，降低了服务器冷却控制的滞后性，提高了控制系统响应速度。

5. 作品总结

该作品采用液冷与风冷分级冷却技术，将主要发热元件 CPU 与次要发热元件分别冷却，大大提高了机柜服务器的散热效果；采用制冷装置与服务器机柜一体化集成设计，利用柜后静压箱合理分配流量，消除了服务器内局部热点，减少了冷量传输损失；采用机柜级智能控制系统，将机柜温度与机房温度解耦，实现了精准控制和预测控制，降低了温控系统滞后性。

该作品具有较高的节能效益和经济效益。

①有效提高数据中心制冷能效，节能效果显著。根据 ASHRAE 研究报告，空调制冷占数据中心总电量的31%。以机房面积约 700 m^2 的上海某数据中心为例，按5%的节能效果计算，该系统每年能节约电量 16 万 kW·h。

②提高单位机房面积的使用效率，有效降低初投资和运维成本。当前，单个机柜的热流密度在 3 kW 左右，而该作品可将机柜热流密度提高到 12 kW 以上，能大大减小机房建

设面积,降低数据中心机房初投资成本。

③浸没式液冷技术改善高发热元件散热效果。该作品将其与风冷结合,提高了整体散热系统与高热流密度机柜热负荷的匹配度。CPU 工作温度降低,服务器故障率随之下降,大量节约了日常运维费用,同时避免了服务器局部过热造成的经济损失。

6.前景展望

该作品理念新颖、实践性强,具有广阔的应用前景。

①响应国家节能减排与"互联网+"的号召。该作品制冷端和发热端相整合,极大地减少了冷量输运过程中的损失,实现"就地冷却",能精准控制单个机柜负荷变化,将机柜温度与机房温度解耦,同时将冷冻水进行梯级利用,有效避免能源浪费。

②满足高热流密度服务器机柜的散热需求。密封盒内流道处采用"U"形设计;以液冷代替部分空冷,增强了介质换热能力,能满足当前数据中心对服务器高密度和高速运行的要求;同时,将 CPU 作为切入点,准确进行散热,配合空气冷却,能大大缩短延迟时间及降低宕机概率。

③实现机柜服务器散热系统的智能化控制。智能控制可精确监测发热元件温度,准确调节循环泵和变频风机的流量,实现超前预测,完成实时散热,降低温度控制系统滞后性。

4.4 中国制冷空调行业大学生科技竞赛案例介绍

4.4.1 相变蓄冷可回收智能冷链配送箱

作品名称:基于相变蓄冷技术的可回收智能冷链配送箱。设计者:邵昭、郑子鏖、史超越。该作品获得 2019 年中国制冷空调行业大学生科技竞赛华中赛区一等奖。

1.研究背景

快递是指从事快递业务的公司一般利用铁路、公路和空运等方式,对客户委托运输的货物进行快速投递。20 世纪 80 年代,快递产业正式进入中国市场,并开始迅速发展。作为一个新兴的产业,快递随着经济的发展而迅猛崛起,展现出蓬勃的生机和朝气。

然而,随着快递行业的迅猛发展,随之而来的环境污染、资源浪费等问题也愈发严重。在冷链运输方面,我国目前农产品流通损腐率较高,尤其在果蔬、肉类运输领域,而常规的大规模冷链运输并不能满足全部群体用户的需求,因此,发展零散冷链运输十分必要。针对这方面的问题,该作品基于相变储能技术,对传统快递箱进行多种优化,解决冷链运输中大量使用泡沫箱而造成的污染与浪费等问题。以长沙市为例,2018 年长沙快递业务量达到 3.31 亿件,消耗胶带约 2.56 亿米,对于整个社会来讲,若以该设计快递箱代替常规纸质快递箱,可以节省使用 57263 吨纸,且不消耗胶带。无论是在环境保护方面,还是在经济效益上,该作品都有着重大的意义。

(1)冷链运输中的包装箱使用现状

冷链运输是快递行业的重要组成部分。随着我国经济发展和消费水平的不断提高,冷链行业实现了较快发展。我国每年消费的易腐食品将近 10 亿吨,需要冷链物流的超过60%,冷链物流总额达 2400 亿元。目前,冷链运输主要存在以下几个问题:

第一，冷链配送成本居高不下，能耗成本居高不下。受制于高额冷链成本，以冷链为核心竞争力的生鲜电商难以盈利，2014年全国4000多家生鲜电商99%都为亏损状态。相关学者估算，其中的能耗成本就占到了11.9%。

第二，"最后一公里"控温不精确。在冷链产品配送过程中，绝大多数都没有严格科学的控温包装。最为普遍的"冰袋+泡沫箱"包装方式难以精确保证箱内温度严格地限制在所需温度范围内，也难以精确保证保温时间，这就导致了额外的损腐问题。据有关资料，目前中国的物流运输中，每年仅果品腐烂就将近1200万吨，蔬菜腐烂1.3亿吨。

第三，泡沫箱污染严重。在冷链运输的配送环节，泡沫保温箱常常作为运输的载体，产生了大量的泡沫塑料需求。而泡沫塑料是"白色污染"的重要组成部分，常用于做泡沫箱的发泡型聚苯乙烯质量小、残余价值低，不容易循环再生，无法用常规手段进行回收，且回收成本较高。被丢弃的聚苯乙烯无法经由生物分解及光分解进入生物地质化学循环，同时由于发泡聚苯乙烯比重较低，以致其易于漂浮于水面或随风飘移，对自然景观和野生动物的危害不容小觑。

（2）现存问题

我国快递产业发展迅速，但随即而来的各种环境污染、资源浪费等问题不容小觑。冷链运输近年来在我国迅猛发展，而由于其自身性质，冷链运输中的包装污染、浪费问题更加严峻。目前国内许多企业已经对环保快递箱作出了探索，但相关研究仍有以下不足：

第一，快递行业包装箱滥用造成的资源浪费、环境污染问题依然存在，且形势严峻。第二，粗放式的保温手段仍在冷链配送环节存在，从泡沫箱到"漂流箱"，对箱体温度设计并没有一个精确的标准，配送过程中的损腐问题仍然存在，造成了严重的经济损失。第三，生鲜行业快递包装不统一、无标准。近年来，虽然生鲜冷链运输发展迅速，但至今仍未有一个统一的行业标准，使之标准化、规范化，进而实现全行业的规模化。第四，签收单隐私泄露问题仍未得到有效解决，签收不便、程序烦琐制约着快递业的发展。第五，部分新型可回收快递箱存在着再造污染、回收成本较高的问题。

针对以上问题，该作品提出一种基于相变材料与NFC芯片的可折叠可回收标准化快递箱的设计，以期在冷链运输环节解决以上问题，达到节约资源能源、减少环境污染的节能减排目的。

2. 设计方案

（1）箱体设计

该团队在网络上现有的可折叠周转箱（正基 ZJXS6040368C）的基础上进行进一步优化与设计。

友商设计的箱体结构新颖、操作方便（图4-98）。该团队参考了友商的部分折叠原理，但该团队作品在设计上与其存在很大差异，差异之处正是体现该团队创新性的部分，在折叠原理上对现有折叠周转箱进行改造，使折叠更加便利（图4-99）。

该快递箱采取了现在物流行业的标准尺寸 360 mm×300 mm×250 mm，符合现代物流的运输要求。箱体上下表面内部设计有可供填充相变材料的夹层，夹层厚7 mm，同时在上下表面对称设计了可供更换相变材料的注入口。该团队在设计注入口时考虑到了相变材料在液态时容易泄露的问题，因此注入口为一个带有密封圈的旋钮，以使相变材料不会泄露，具体如图4-100、4-101所示。

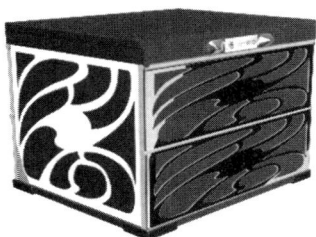

图 4-98　友商可折叠周转箱直观图

图 4-99　作品快递箱直观图

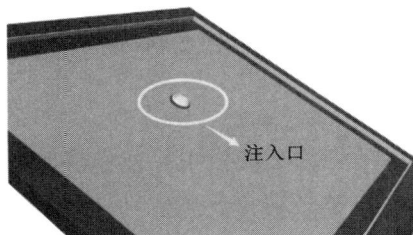

图 4-100　相变材料注入口示意图

图 4-101　相变材料注入口细节

　　充填口与夹层的设计使快递箱得以搭载与更换相变材料，物流企业可根据物体的性质自由选择相变材料的种类与数量。箱体内侧的 6 个表面均贴有保温铝膜，以减少辐射传热所导致的热损失。在箱体内部铝膜与物体之间设有可充气气囊（图 4-102），充气之后气囊可紧密贴合箱内货物，起到为货物减震的作用。

　　在箱体开盖处设计了可以拆卸的蓝牙锁。蓝牙锁通过卡扣与箱体连接，当蓝牙锁或者箱体损坏时只更换损坏部分，完好部分可继续使用。

　　箱体采取了可折叠设计，折叠后的总厚度为 56 mm，折叠后的总体积只相当于展开状态的 24%（图 4-103），大大节省了回收时所需占用的空间。为确保箱体侧壁不会因为上下表面加载过重而在运输过程中向内折叠，该团队在箱体内部的两个侧面都设计了用来阻挡箱体侧面在使用过程中意外向内折叠的锁扣。需要进行折叠时，可按下锁扣按钮解除对箱体向内折叠的阻挡。

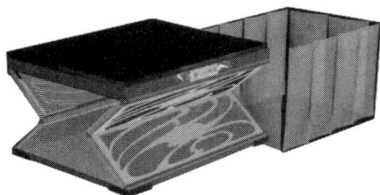

图 4-102　可调节气囊整体示意图

图 4-103　快递箱折叠后直观图

（2）箱体标准化

该项目所设计的快递箱具有标准化与模块化的特点。

标准化首先体现在箱体尺寸上。该团队设计的快递箱尺寸为 360 mm×300 mm× 250 mm。该尺寸大小相对适中，常被用来运输生鲜产品，符合作品最终使用方向。

蓝牙锁的标准化设计使得模块化更加可行。在设计上，蓝牙锁模块采用了统一规格卡扣设计，便于拆卸与安装。当箱体或蓝牙锁发生损坏时，不必更换整个快递箱，只需更换或维修损坏部分，完好部分仍可以继续使用。这一设计可大大减少物流企业因可回收快递箱损耗而产生的成本。而蓝牙锁的卡扣开启按钮设在箱体内侧，不存在运输过程中误操作或者是被恶意开启盗取货物的风险。

标准化与模块化还体现在相变材料的可更换性上。在箱体的上下表面装填相变材料的位置设有相变材料的进出口，当相变材料失效时，企业可对材料进行更换，同时企业可以根据货物实际需要更换相变材料的类型。

（3）箱体制冷原理

将相变材料与绝热性能好的快递盒结合起来，能够在一定时间内很好地将快递箱的箱内温度控制在一定范围内，以满足用户需求。例如，保存新鲜果蔬的最适宜温度为 2~8℃，利用相变温度为 5.5℃ 的有机相变材料 ANDOR-PCM-OC 系列的 OC+5，当材料处于相变过程时，箱内温度能够使果蔬处于最佳保鲜状态。考虑到经济效益，采用此结合相变材料的保温快递箱运输零散的冷链运输产品，成本远低于传统冷链运输。

已知：由于快递箱处于车厢内，所以近似认为箱体表面的对流换热为大空间自然对流换热；由于箱体四周附加有铝箔材料，有效地阻隔了热辐射带来的热量传递，故忽略辐射传热；由于箱体厚度小，所以忽略箱体棱角对导热的影响；箱体尺寸为 360 mm×300 mm× 250 mm，四周壁厚 $\delta_1 = 5$ mm，上下各层壁厚 $\delta_3 = 3$ mm，箱体材料导热系数 $\lambda_1 = 0.9$ W/(m·K)；储存相变材料的夹层容积为 360 mm×300 mm×7 mm，上下面各 1 个，相变材料相变温度为 5.5℃，相变潜热 $h' = 227$ kJ/L，比热容 $c = 1.79$ kJ/(kg·K)；假设箱体内部温度与相变材料温度保持一致，内部气囊充气后厚度 $\delta_2 = 3$ cm，在相变材料相变温度为 5.5℃ 时，气囊内空气导热系数 $\lambda_2 = 2.44 \times 10^{-2}$ W/(m·K)，忽略气囊薄膜热阻。

相关温度下的干空气热物理性质：

温度为 23℃ 时，$\lambda_3 = 2.61 \times 10^{-2}$ W/(m·K)，$\nu_1 = 15.34 \times 10^{-6}$ m²/s，$Pr_1 = 0.702$；

温度为 15℃ 时，$\lambda_4 = 2.55 \times 10^{-2}$ W/(m·K)，$\nu_2 = 14.61 \times 10^{-6}$ m²/s，$Pr_2 = 0.704$。

假设箱体四周外表面温度 $t_w = 21℃$，则有：

定性温度：

$$t_{m1} = \frac{t_w + t_\infty}{2} = 23℃$$

格拉晓夫数：

$$Gr_1 = \frac{g\alpha_v \Delta t l^3}{\nu_1^2} = \frac{9.8 \times \frac{1}{296} \times (25-21) \times 0.25^3}{(15.34 \times 10^{-6})^2} = 8.79 \times 10^{-6}$$

努赛尔数：

$$Nu_1 = 0.59 \left(Gr_1 Pr_1 \right)^{\frac{1}{4}} = 29.41$$

对流换热系数：

$$h_1 = Nu_1 \frac{\lambda_3}{l} = 29.41 \times \frac{0.00261}{0.25} = 3.07 \text{W/}(\text{m}^2 \cdot \text{K})$$

则有：

$$\Phi_1 = h_1 A_{四周} \Delta t = 3.07 \times 2 \times 0.25 \times (0.3 + 0.36) \times (25 - 21) = 4.05 \text{ W}$$

检验：当 $t_w = 21℃$ 时，箱壁与气囊的传热量为：

$$\Phi_1' = \frac{A \Delta t}{\dfrac{\delta_1}{\lambda_1} + \dfrac{\delta_2}{\lambda_2}} = \frac{2 \times 0.25 \times (0.3 + 0.36) \times (21 - 5.5)}{\dfrac{0.005}{0.9} + \dfrac{0.03}{0.0251}} = 4.26 \text{ W}$$

则 $\Phi_1 \approx \Phi_1'$，因此可认为假设箱体四周外表面温度 $t_w = 21℃$ 成立。

由于上表面箱壁温度热阻极小，所以可近似认为只进行对流换热。

定性温度：

$$t_{m2} = \frac{t_0 + t_\infty}{2} = 15.25 ℃$$

特征长度：

$$L = \frac{A_p}{p} = \frac{0.3 \times 0.36}{2 \times (0.3 + 0.36)} = 0.08 \text{ m}$$

格拉晓夫数：

$$Gr_2 = \frac{g \alpha_v \Delta t l^3}{v_2^2} = \frac{9.8 \times \dfrac{1}{288} \times (25 - 5.5) \times 0.08^3}{(14.61 \times 10^{-6})^2} = 1.59 \times 10^6$$

格拉晓夫数位于 $10^5 \sim 10^{10}$ 区间内，则有努赛尔数：

$$Nu_2 = 0.27 \left(Gr_2 Pr_2 \right)^{\frac{1}{4}} = 8.78$$

对流换热系数：

$$h_2 = Nu_2 \frac{\lambda_3}{L} = 8.78 \times \frac{0.0255}{0.08} = 2.80 \text{ W/}(\text{m}^2 \cdot \text{K})$$

则有：

$$\Phi_2 = h_2 A_{上} \Delta t = 2.80 \times 0.3 \times 0.36 \times (25 - 5.5) = 5.90 \text{ W}$$

$$\Phi_{总} = \Phi_1 + \Phi_2 = 10.16 \text{ W}$$

相变材料潜热量为：

$$H = h' \times V = 227 \times 2 \times 3.6 \times 3 \times 0.07 = 343.2 \text{ kJ}$$

保温时间为：

$$\tau = \frac{H}{\dot{\Phi}_{总}} = \frac{343.2 \times 10^3}{10.16} = 33780 \text{ s} = 9.38 \text{ h}$$

该快递箱保温时间可达近 10 h，完全能够满足绝大多数同城零散冷链运输的需求，能够很好地解决"最后一公里"问题，避免了运输过程中的资源浪费。该例适用于果蔬运输，具体的相变材料选取可根据实际运输需求进行调整。

（4）物联网模块

物联网模块的核心部分为 NodeMCU 模块，NodeMCU 是一个开源的物联网平台，它使用 Lua 脚本语言编程。该平台基于 Eula 开源项目，底层使用 ESP8266 sky 0.9.5 版本。该平台使用了很多开源项目，包含了可以运行在 esp8266 Wi-Fi SoC 芯片之上的固件，以及基于 ESP-12 模组的硬件。该模块同时具有价格低廉、编程简单等特点，市场价格为每个 17 元。

GPS 采用云辉 NEO-6M 型号 GPS 模块，该模块具有定位精度高、工作电流小（仅为 45 mA）、尺寸小等特点，特别适合作为物联网的定位模块使用，价格在 40~60 元。

NFC 模块使用非常简单，具体结构主要由芯片和外围的线圈组成，来源十分广泛，成本极其低廉，单件市场价为每个 0.75 元。温度传感器主要用于实时监测箱内温度，反馈给系统，采用 TELESKY 的 DS18B20 型号的测温模块，工作温度范围为 25~125℃。

此物联网模块以 NodeMCU 模块为核心，使用温度传感器实时获取当前快递箱内的温度，使用 GPS 模块定时地采集当前的 GPS 数据，由接入互联网的 NodeMCU 模块通过 MQTT 网络协议上传至 IOT 平台，IOT 平台和后端的系统构成云计算平台，实现对数据的整合以及对客户端数据和请求进行及时的处理和反馈。

NFC 近场通信技术由非接触式射频识别（RFID）及互联互通技术整合演变而来，在单一芯片上结合感应式读卡器、感应式卡片和点对点的功能，能在短距离内与兼容设备进行识别和数据交换。与传统二维码不同的是，射频标签技术携带的是状态、时间、地点等动态过程信息。物流进化为工作流，更加强调过程控制。

物联网模块的使用是依托于互联网的，该模块采用单独的物联卡接入互联网，利用阿里云强大的计算功能实现系统数据的采集上传以及后期的数据分发和处理工作。商家在平台发布商品和服务数据，用户进行选购后，商家将商品放入快递箱中，同时快递箱与该用户进行关联。用户能够获得该快递箱的实时位置、实时温度等所有数据信息，做到实时监控。与传统物流模式不同的是，此快递箱的状态是可以全天候实时监控的，具有极高的安全性和可靠性。

随着移动互联网的不断发展，用户端的作用愈发重要，所以该团队也对用户端进行了初步设计和思考。用户端使用微信小程序配合网页端，作为入口接入整个系统，用户通过小程序或者手机网页实时向后端系统请求获得自己快递箱的数据，后端系统通过整合处理返回用户所需数据，真正做到全天候实时监控，让用户放心。

微信小程序具有即开即用的特点，配合上它的跨平台特性，能覆盖安卓和 IOS 用户，也能高效地处理数据的统一问题，极大地提升了用户的使用体验。

3. 创新点

该作品将相变材料、铝箔材料与快递箱有机结合，使箱体内部维持恒温状态，且相变材料可随时更新替换。在箱体内部设置有以气囊为基础材料的隔热层，保温效果十分优良，并且，气囊在起到保温作用的同时，也能起到很好的减震效果。箱体采用工程塑料制成，综合性能优、机械强度高，适合多次使用；并采用了可折叠设计，方便快递企业回收再次使用。

该作品采用标准化尺寸，适合快递物流运输；箱体边缘设置有可拆卸、方便重复利用的蓝牙锁，方便用户打开快递，并增强了快递的安全性。快递箱内部设有 GPS 芯片，可对快递进行实时物流监控，时刻掌握快递物流动态信息。箱体内部嵌入有价格低廉、携带快递单号等特征信息的 NFC 芯片，相较于传统快递的扫码检录，此设计可达到快速检录快递的效果。

4.4.2　数据中心海水淡化冷热联供系统

作品名称：基于数据中心的海水淡化冷热联供系统。设计者：左露洁、张幔、高深。该作品获得 2021 年中国制冷空调行业大学生科技竞赛华南赛区一等奖。

针对数据中心高能耗及淡水短缺等问题，该作品利用热泵结合数据中心冷却系统、海水淡化系统与吸收式制冷机组，通过切换三种工作模式——直供冷却模式、并联冷却模式、串联冷却模式，实现数据中心恒温冷却及"冷-热-淡水"三联供；基于能量、质量守恒定律，构建热泵循环模型，在一定工况下，计算系统制冷量、制热量及淡水产出量；根据理论计算结果，搭建直供冷却模式实验台，测试得到在 5 kW 的设计制冷量下，系统实际制冷量为 5.89 kW，制热量为 7.98 kW，海水比重由 1.022 降低至 1.000，淡水产率为 3 g/min。该作品将数据中心余热用于海水淡化，实现余热高效利用。当数据中心余热量为 5233 kW时，从数据中心制冷、办公建筑供暖和海水淡化三个方面与传统模式进行对比，发现该系统每日可降低用电成本 2593.5 元。随着后期研究的深入，系统性能将持续提高。

1. 背景及意义

2020 年 3 月，中共中央政治局会议提出"加快 5G 网络、数据中心等新型基础设施建设进度"，明确了数据中心作为新基建七大领域之一的重要地位。随着 5G 技术的兴起和数据量的爆炸式增长，数据中心的数量和规模不断增加和扩大，平均功耗也急剧增加。目前，全球数据中心能耗已占世界能源使用量的 3% 以上，其中应用于冷却的耗能占总能耗的40%，具有很大的节能潜力。此外，2020 年 12 月，中国 IDC 产业年度大典发布《中国液冷数据中心发展白皮书》，指出余热回收是降低 PUE，建设绿色数据中心的关键所在。

2021 年 1 月，国家能源局发布《关于因地制宜做好可再生能源供暖工作的通知》，鼓励倡导可再生能源在供暖方面的应用。目前，利用数据中心余热供暖的典型案例为天津腾讯数据中心的余热回收项目，该项目提取一栋数据中心大楼 1/10 的热量即可满足园区的采暖需求。

2016 年 12 月，国家发展改革委、国家海洋局发布《全国海水利用"十三五"规划》，明确提出要推动海水淡化规模化应用，以在一定程度上缓解水资源短缺问题。目前，我国人均淡水资源量仅为世界平均水平的 28%。在经济活跃、人口稠密的南方沿海地区，清洁淡水资源严重短缺。海水淡化作为化解水资源短缺问题的重要途径一直备受关注。

针对数据中心的高能耗及淡水短缺等问题，该系统旨在利用热泵机组为数据中心提供冷量，同时提升数据中心废热品位以驱动海水淡化，并利用淡水的冷凝热为附近的办公建筑或居民楼供冷或供热，助力实现"30/60"碳排放目标。

2. 系统原理

如图 4-117 所示，数据中心冷却液在热泵机组的蒸发器内温度降低，而海水淡化则基于"热法"原理，海水在负压环境中吸收冷凝器的热量低温汽化，从而产生水蒸气。在夏季，水蒸气冷凝所产生的热量可驱动吸收式制冷机组为办公建筑或居民楼制冷，而在冬季冷凝热又可直接通过换热器为办公建筑或居民楼房供热。

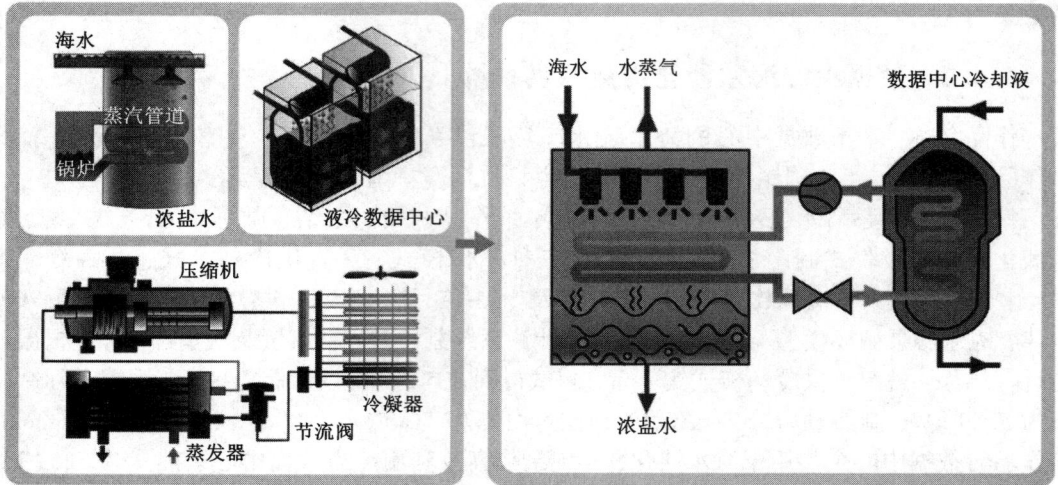

图 4-117　系统原理图

3. 设计方案

（1）系统设计

如图 4-118 所示，该系统包括数据中心冷却系统、热泵系统、海水淡化系统、吸收式制冷系统。综合考虑不同季节及地区的实际情况与综合需求，该系统可实现数据中心恒温冷却以及"冷-热-淡水"三联供。

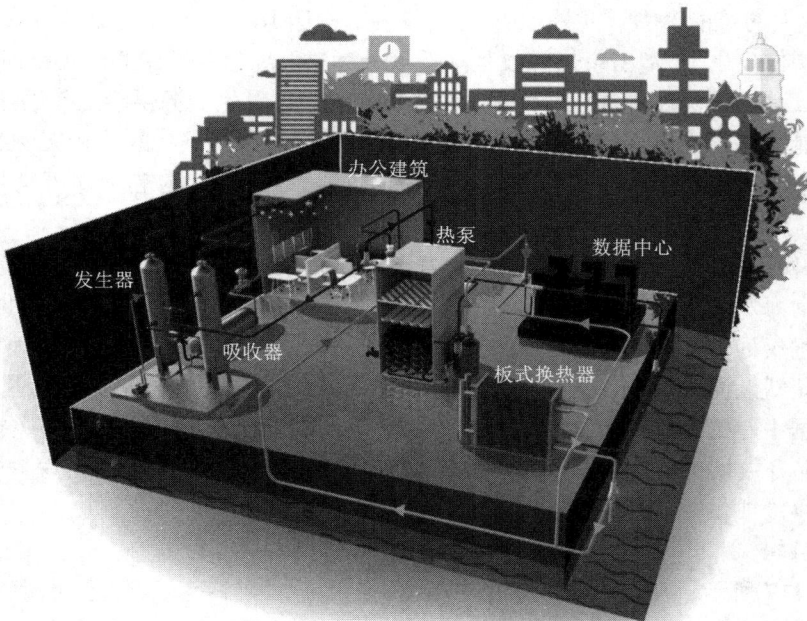

图 4-118　基于数据中心的海水淡化冷热联供系统概貌

（2）实施案例

直供冷却模式：为热泵的标准设计工况，热泵蒸发器独立为数据中心供冷，正常情况下优先运行。当海水温度高于数据中心冷却水回水温度时，数据中心回水将直接进入热泵蒸发器进行冷却，温度降低至设定的供水温度后流回数据中心。对于热泵冷凝器侧，海水经过滤后进入海水淡化蒸发器，在负压工况下吸收热泵的冷凝热，从而生成水蒸气和浓盐水。浓盐水直接由淡化器底部排出，后续进行综合治理。在夏季需要供冷时，作为热源驱动吸收式制冷机组工作并冷凝成淡水；在冬季需要供暖时，利用淡水冷凝热直接为办公建筑供暖。

当数据中心扩容或海水温度较低时，切换为包含串、并联冷却的海水辅助冷却模式。

并联冷却模式：当海水温度低于数据中心冷却水设定的回水温度且温差较大时，数据中心回水分流，一部分流入板式换热器与低温海水直接进行热量交换，另一部分流入热泵蒸发器进行冷却。通过调节阀调节流经板式换热器的海水流量，可使数据中心回水温度降低至设定的供水温度，以流入数据中心对相关设备进行冷却。

串联冷却模式：当海水温度低于数据中心冷却水设定的回水温度且温差较小时，数据中心回水首先流入板式换热器与低温海水直接进行热量交换，然后流入热泵蒸发器继续进行冷却，直至回水温度降低至设定的供水温度后流回数据中心，对数据中心的设备进行冷却。系统流程图及三种冷却模式相对应的阀门开闭情况如图 4-119、表 4-13 所示。

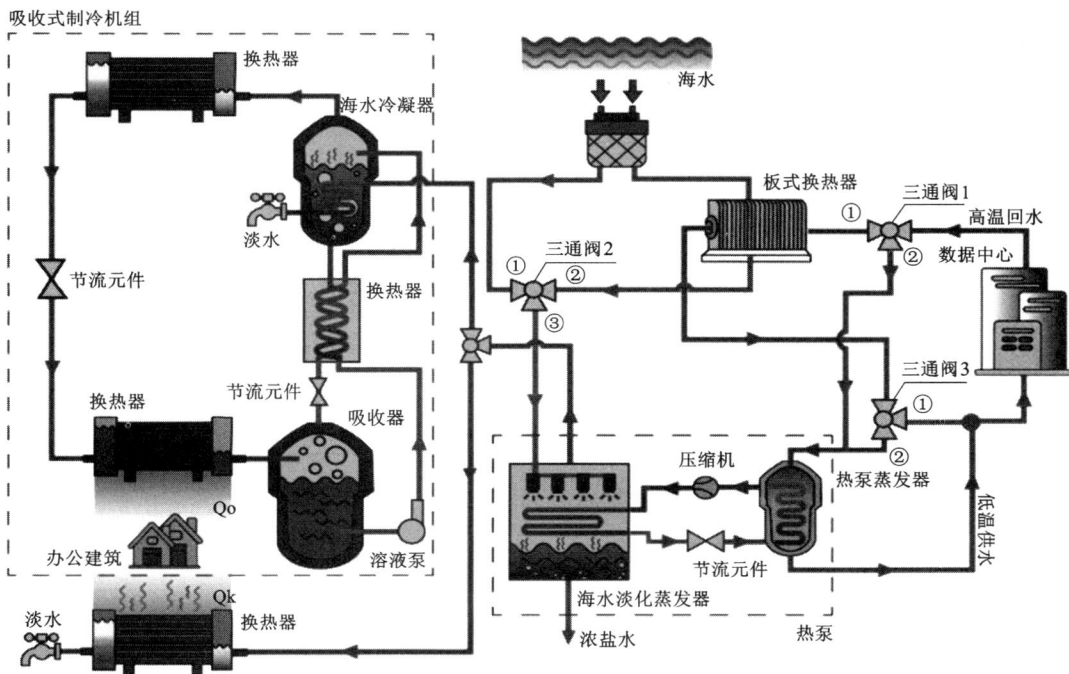

图 4-119　系统流程图

表4-13 三种冷却模式及其对应的阀门开闭情况

冷却模式	三通阀1	三通阀2	三通阀3
直供冷却模式	①闭②开	①开②闭③开	①闭②闭
并联冷却模式	①开②开	①闭②开③开	①开②开
串联冷却模式	①开②闭	①开②开③开	①闭②开

4. 理论计算及实验分析

(1) 理论计算

系统中，热泵循环的制冷量应与数据中心冷却系统的产热量相匹配，设数据中心冷却系统中高温回水温度与低温供水温度分别为 t_r 和 t_s，则有：

$$Q_0 = q_{sm} c_P (t_r - t_s) \tag{4-36}$$

式中：Q_0 为热泵循环的制冷量，kW；q_{sm} 为数据中心冷却液的质量流量，kg/s；c_P 为海水的定压比热容，kJ/(kg·℃)。

设热泵循环系统中制冷剂的蒸发温度、海水的温度以及蒸发过程中的沸点升（在蒸发过程中，海水被加热到克服沸点升后处在蒸发平衡状态，蒸发出来的蒸汽的过热度即为沸点升）分别为 T_0、t_H 及 Δt_{BPE}，热泵循环的产热量应与海水淡化系统中用于加热海水的热量相匹配，因此：

$$Q_k = q_{dm} \gamma + q_{hm} c_P (T_0 - t_H + \Delta t_{BPE}) \tag{4-37}$$

式中：Q_k 为热泵循环的制冷量，kW；q_{dm}、q_{hm} 分别为淡水质量流量和系统所用海水原料的质量流量，kg/s；γ 为海水蒸发过程的潜热，kJ/kg。

数据中心参数参考天津腾讯数据中心项目：冷却水回水温度为 20℃，供水温度为15℃。海水温度取其邻近海域的实际平均值：夏季海水温度为 26.7℃，冬季海水温度为4.4℃，过渡季海水温度为 11.5℃。通过 Matlab 和 Refprop 构建直供冷却模式的热泵循环模型，对比混合工质（R410A）、卤代烃（R22）、烷烃（R600A）及氢氟烯烃（R1234yf）在蒸发温度为 0℃、冷凝温度为 70℃、压缩机进口温度为 15℃、冷凝器出口温度为 50℃、设计制冷量为 5 kW 时的热泵循环参数。上述工质的热泵循环主要参数如表 4-14 所示。

表4-14 热泵循环主要参数

工质	p_0 /MPa	p_k /MPa	$T_{压缩机出口}$ /℃	m_R /(g·s^{-1})	q_{dm} /(g·s^{-1})	Q_k /kW	$W_{压缩机}$ /kW
R410A	0.80	4.76	115.58	35.99	2.47	7.66	2.09
R22	0.498	2.997	116.26	35.13	2.33	7.22	1.84
R600A	0.157	1.088	76.95	21.53	2.36	7.30	1.77
R1234yf	0.316	2.045	80.45	53.27	2.50	7.73	1.99

由表 4-14 可知，R1234yf、R600A 的压缩机出口温度低于 90℃，冷凝器海水淡化效率

较低；R22 及 R410A 相较而言压缩机出口温度高于 110℃，冷凝器海水淡化效率较高。综合考虑各种参数，最终选取 R410A 作为热泵系统的制冷工质，以 R410A 为工质计算所得直供冷却模式下的海水淡化参数，具体如表 4-15 所示。

表 4-15　海水淡化参数

季节	流量/(g·s⁻¹)			温度/℃		
	q_{dm}	q_{hm}	q_{sm}	蒸发温度	海水温度	沸点升 Δt_{BPE}
夏季	2.8	9.2			26.7	
过渡季	2.6	8.5	232.6	55	11.5	1
冬季	2.5	8.2			4.4	

表 4-15 中，q_{sm} 的含义及单位同式（4-36），q_{dm}、q_{hm} 的含义及单位同式（4-37）；沸点升 Δt_{BPE} 取 1℃。

（2）模型设计及选型

模型制冷量设为 5 kW，根据理论计算的结果，按照图 4-120 所示的流程进行了系统的模型设计。热泵冷凝器外形为 460 mm×460 mm×48.5 mm 的不锈钢体，末端自动控制柜将流量计、温控开关等线路引出后集成即可，无具体固定型号。其他主要产品选型与设计参数如表 4-16 所示。

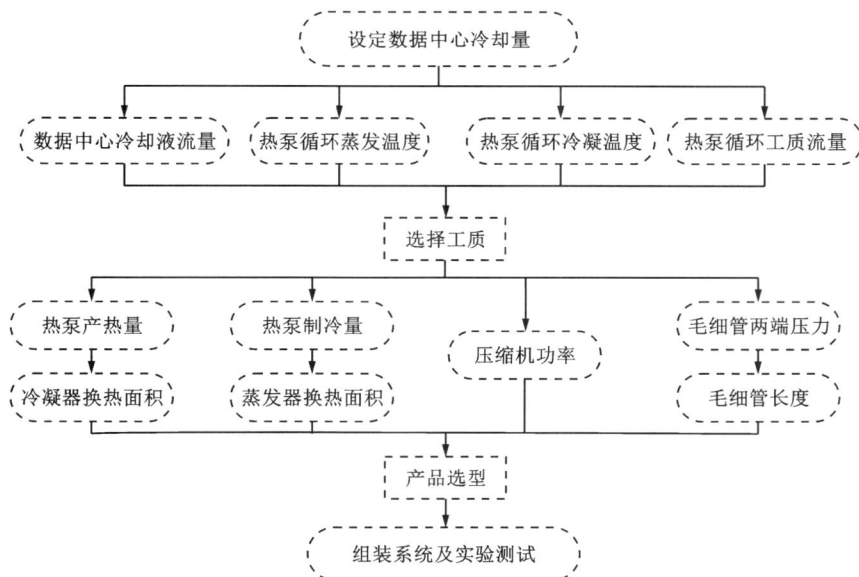

图 4-120　模型设计流程图

表 4-16　模型的产品选型与设计参数

材料	产品型号/设计参数
压缩机	PH310M2CS-4KTH/2 匹
电磁阀	220 Vϕ10
热泵冷凝器	22 m ϕ10×0.8 紫铜管
淡水冷凝器	24 大卡
离心式耐腐蚀泵	WBS25-4-12/0.375 kW
负压风机	DPT-100P/30 W
海水流量计	BLD-DN25
热泵工质流量计	SLD-KLAL-Y2003
钎焊板式换热器	EATB25-16
供暖/制冷侧水泵	IWZBD-35

（3）性能实验

如图 4-121 所示，整个实验系统为封闭循环，主要由板式蒸发器、压缩机、热泵冷凝器、膨胀阀、储液罐、冷水机组、恒温水浴锅及水泵等组成。实验测量仪器包括科里奥利质量流量计、电磁流量计、T 型温度热电偶等。以上测量仪器的输出值由 Agilent 34980A 每隔 2 s 进行采集。盐度计及压力表的示值可直接读取。实验中所用到的标准海水（比重为 1.022）由淡水溶解一定比例的海水晶调制。

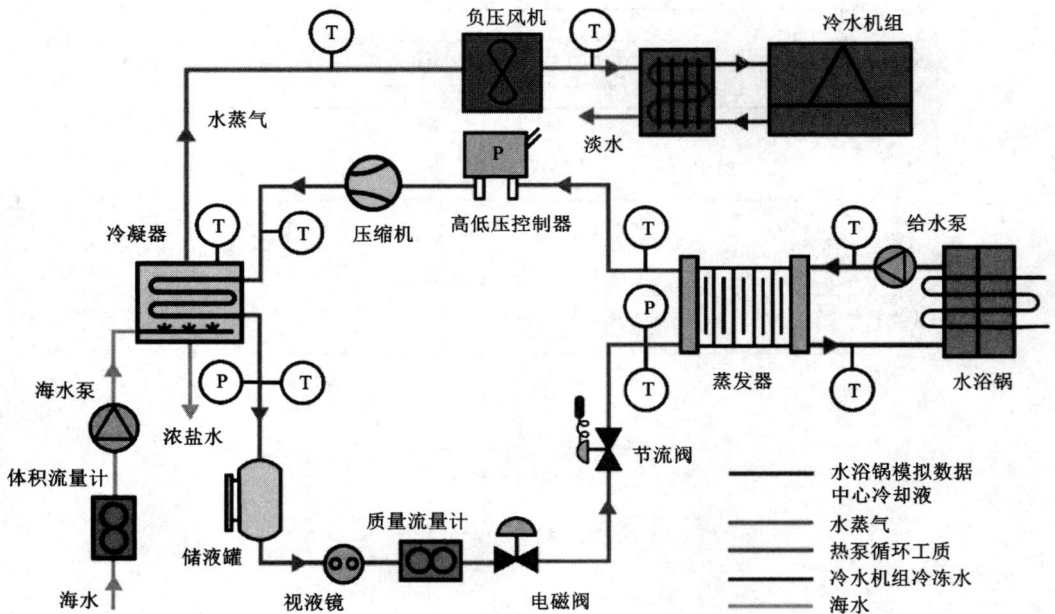

图 4-121　实验流程图

利用 SolidWorks 建立实验台模型，如图 4-122 所示。

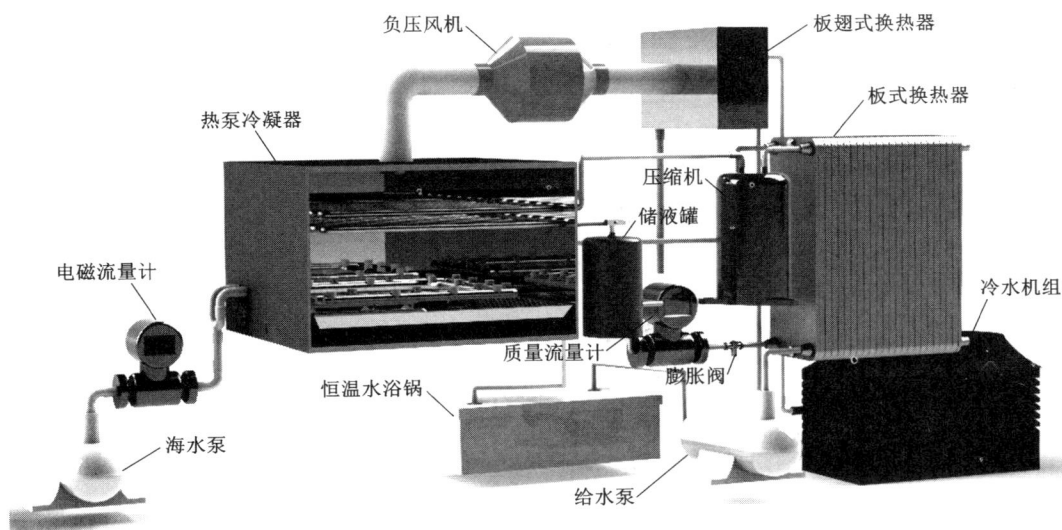

图 4-122　SolidWorks 实验台模型图

由于 R22 的理论计算对比性能最好，目前还在工业中广泛使用，部件成熟，且 R410A 为混合工质，冷凝压力较高，压缩机排气压力相应较高，预实验中常导致高压保护故障，不利于系统稳定运行，因此正式实验中暂用 R22 为制冷剂，后期将更换其他制冷剂深入研究。

通过恒温水浴锅或冷水机组(视实验室水龙头出水实际温度而定)产出 20℃ 恒温水模拟数据中心冷却液，利用海水晶调制盐度为标准海水，对比海水处理前后盐度的变化。模型平稳运行时，测得工质流量为 38.9 g/s，生产淡水比重为 1.000，速率为 3 g/min，后期更换其他多种制冷剂进行实验并对比效果，并研究多种热泵冷凝器形式，提升产水速率。热泵循环 $T-s$ 图及温度变化分别如图 4-123、图 4-124、图 4-125 所示。由图 4-123、图 4-124 可得，模型运行平稳后，蒸发温度将维持在 1.3℃ 左右，蒸发器出口温度约 15℃。水浴锅模拟的数据中心在经过热泵蒸发器后，水的温度降低约 2℃。

由图 4-123、图 4-125 可得，实验中蒸汽温度随冷凝器入口温度不断上升，最终趋于平稳。实验时间段内冷凝温度的平均值为 61.43℃，最后蒸汽温度可稳定在 47℃ 左右。

5. 效益分析

(1)节能减排效益

考虑到 R22 对臭氧层的破坏，根据理论计算对比分析，拟选用与 R22 性能最相近的环保型制冷剂 R410A 作为实际工业生产中使用的工质。参考天津腾讯数据中心余热回收项目的实际参数：数据中心余热量为 5233 kW，冷却水回水温度为 20℃，供水温度为 15℃。冬季海水温度 4.4℃。借助 Matlab 和 Refprop 软件对数据中心冬季直供冷却模式的运行参数进行模拟，得系统压缩机消耗功率为 2186.1 kW，淡水产量为 2.59 kg/s。

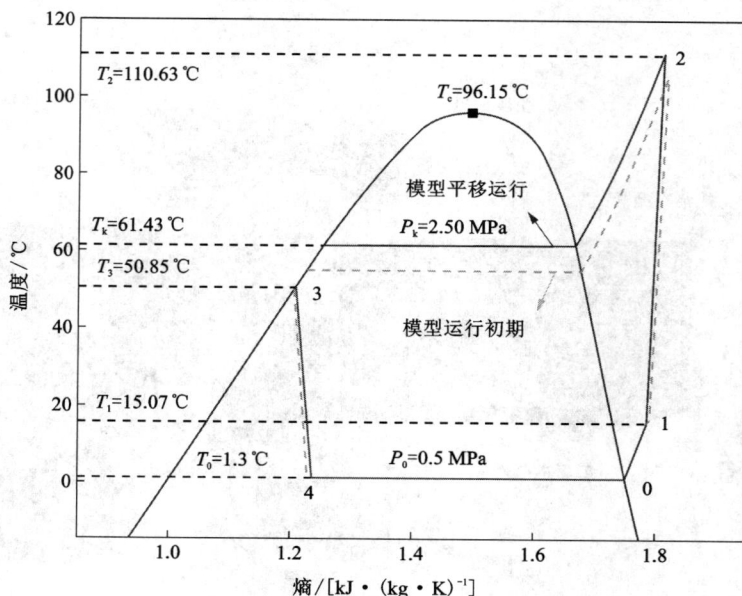

图 4-123　实验热泵循环 $T-s$ 图

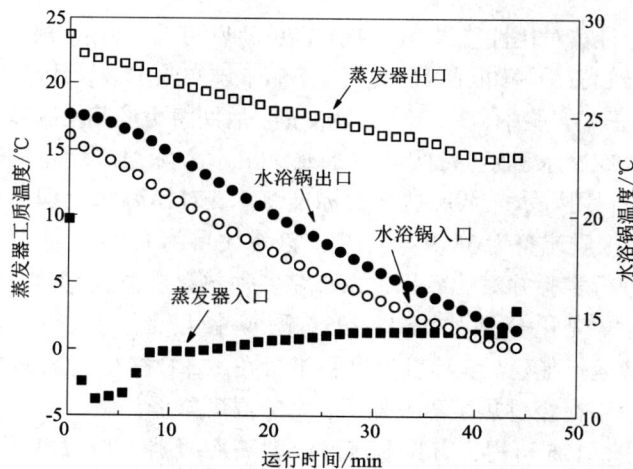

图 4-124　蒸发端温度变化

　　该系统的标准设计工况是直供冷却模式，主要用电设备为热泵系统压缩机。根据理论计算结果，对比该系统直供冷却模式与传统模式在冬季所消耗的电功率以及两种模式运行一天的用电成本，结果如表 4-17 所示。

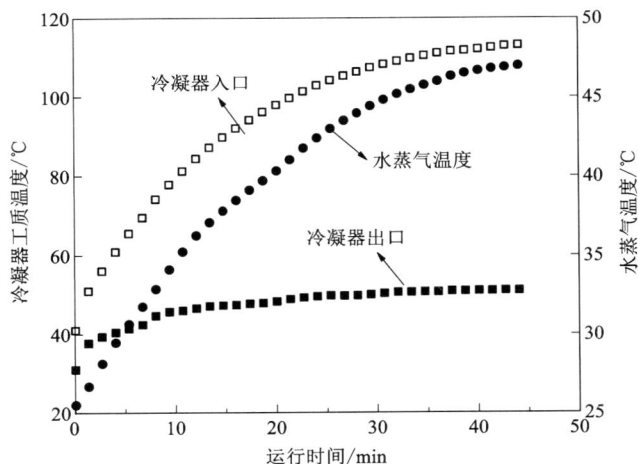

图 4-125　冷凝端温度变化

表 4-17　用电成本分析

模式类型	数据中心制冷功率/kW	办公建筑供热功率/kW	海水淡化成本/(元·天⁻¹)	总成本/(元·天⁻¹)
传统模式	1716.8	540	1388.74	39844.6
直供冷却模式	2186.1	0	0	37251.1

由表 4-17 可知，直供冷却模式比传统模式每日电费节省 2593.5 元。以天津开发区 4 个月供暖季计算，冬季可节省成本约 31.122 万元，减少能耗标煤量 53.87 t[以 0.1229 kgce/(kW·h)的折标煤系数计算]，相当于减少 141.14 t 二氧化碳排放量。

（2）经济效益

制冷量为 5.89 kW 的实验台制作成本如表 4-18 所示，总成本为 10314 元。对于制冷量 5000 kW 的大型数据中心，根据其规模及商业报价，制作成本约为 206 万元。

表 4-18　模型制作成本计算表

材料	数量	总费用/元	材料	数量	总费用/元
压缩机	1 台	1805	风机	1 个	398
淡水冷凝器	1 台	744	流量计	2 个	705
热泵冷凝器	1 台	1545	热力膨胀阀	1 个	105
末端自动控制柜	1 台	498	板式换热器	1 台	1488
制冷剂	1.6 kg	305	加工组装费	1 次	1000
电磁阀	1 个	60	制冷管路及附件	1 套	505
电机	1 个	188	其他附件	1 套	500
水泵	2 个	468	合计		10314 元/套

现对传统模式单一装置的价格进行估算。其中,4组数据中心制冷装置共计80万元,不考虑制作成本,低温多效海水淡化工程设备制作成本约为176万元,则传统模式单一装置总成本为256万元。经对比,该装置可节省50万元/台。

综上,在设计使用年限(10年)内,该系统能在冬季为天津节省361.22万元。

6. 创新点

①数据中心余热全年回收利用。现有数据中心余热回收系统多用于冬季供暖,非供暖时期系统处于闲置状态,投资成本回收周期长;而该系统可全年运行,提高资源利用率。

②数据中心低能耗恒温冷却。该系统运用直供冷却、串联冷却及并联冷却三种模式保证数据中心恒温冷却,并通过海水辅助冷却应对数据中心扩容等情况。

③冷、热、淡水三联供。该系统利用热泵机组提取数据中心余热,直接用于蒸发海水以提供清洁淡水,能够间接营造冬暖夏凉的办公环境。

7. 前景展望

①推动绿色发展,助力2060"碳中和"。该系统运用多种模式冷却数据中心,降低其冷却能耗,有着较好的环保效应和经济效应,符合绿色低碳循环发展理念,有利于促进我国数据中心绿色发展。

②保障水资源可持续开发利用。该系统可广泛应用于沿海地区,缓解其淡水资源短缺的问题。发展海水淡化产业有利于保障我国水资源可持续开发利用,响应国家鼓励海水利用的规划和号召。

③因地制宜合理利用清洁能源供暖供冷。该系统间接利用数据中心余热,将海水水蒸气冷凝产生的热量提供给办公建筑,合理利用清洁能源供暖,能降低办公建筑采暖和制冷成本,促进节能减排,推进能源可持续发展。

参考文献

[1] 袁惊柱. "十四五"时期,我国能源发展趋势与挑战研究[J]. 中国能源,2021,43(7):34-40.

[2] 李巧林,张辉. 本科应用型创新人才培养模式及其实现途径探析[J]. 科技创业月刊,2011,24(16):86-88.

[3] 留岚兰,刘有恃,杨旸. 新形势下本科创新人才培养的探索与实践[J]. 教育教学论坛,2018,5(22):136-137.

[4] 郭小峰. 构建中国低碳人才政策支撑体系[J]. 技术经济与管理研究,2018,42(11):42-48.

[5] 刘岩. 关于进一步加强我国能源人才队伍建设的思考[J]. 中国人才,2012,36(8):191-192.

[6] 张恒旭,于学良,刘玉田. 全球能源互联网对电气人才培养新需求[J]. 电气电子教学学报,2017,39(2):10-13.

[7] 崔霞,王健,王红梅. 新能源汽车发展概况及人才需求分析报告[J]. 职业,2019,19(27):126-127.

[8] 胡雪芳,曹爱霞,谢建新. 新能源汽车人才需求及培养方式研究[J]. 汽车实用技术,2019,46(21):36-37,76.

[9] 朱群志,任建兴,郑莆燕,等. 需求驱动的节能与能源管理人才培养探索[J]. 中国电力教育(上),2013,28(4):21-22.

[10] 张厚美. 适应"双碳"需要培养专业人才[J]. 资源与人居环境,2022,37(5):64-67.

[11] 高洁. "碳中和"战略下能源经济专业发展现状及机遇[J]. 新能源科技,2022,19(3):9-11.

[12] 张怡,焦石,尚桐羽,等. 双碳人才培养的国际经验及启示[J]. 银行家,2022,38(3):69-71.

[13] 陈斌,方艺萍. "双碳"战略背景下环境类新工科"双创"人才培养与实践探究[J]. 高教学刊,2021,7(S1):29-33.

[14] 徐奇伟. 开启创新之门——高校创新人才培养的实践与探索[M]. 长春:吉林人民出版社,2017.

[15] 傅文才. 创新型人才素质教育[M]. 石家庄:河北教育出版社,2010.

[16] 李代丽. 高等教育创新型人才培养模式研究[M]. 北京:中国原子能出版社,2017.

[17] 孙惠敏. 应用型人才培养的新探索[M]. 杭州:浙江大学出版社,2016.

[18] 汪军民. 创新思维与创业逻辑[M]. 北京:高等教育出版社,2016.

[19] 叶明全,陈付龙. "互联网+"大学生创新创业基础与实践[M]. 北京:科学出版社,2018.

[20] 黄明睿. 创新创业基础与实践[M]. 北京:科学出版社,2021.

[21] 李伟,王雪,范思振,等. 创新创业教程[M]. 2版. 北京:清华大学出版社,2019.

[22] 高文兵. 创业基础教程[M]. 北京:高等教育出版社,2015.

[23] 关晓丽,郑莹,方胜虎. 创业基础[M]. 北京:人民出版社,2014.

[24] 薛永基. 创业基础:理念、方法与应用[M]. 北京:北京理工大学出版社,2016.

[25] 张广,董青春. 创业基础[M]. 北京:北京师范大学出版社,2014.

[26] 李肖鸣,朱建新. 大学生创业基础[M]. 2版. 北京:清华大学出版社,2013.

［27］陈文华，谭菊华．创新创业基础［M］．成都：四川大学出版社，2016．

［28］屈振辉，夏新斌．大学生创业基础［M］．成都：电子科技大学出版社，2015．

［29］杨国松．电磁集能式调谐质量阻尼器的研究与仿真分析［D］．湘潭：湖南科技大学，2016．

［30］Shearwood C, Yates R B. Development of an electromagnetic micro-generator［J］. Electronics Letters, 1997, 33(22): 1883-1884.

［31］Anton S R, Sodano H A. A review of power harvesting using piezoelectric materials (2003 – 2006)［J］. Smart materials and Structures, 2007, 16(3): R1.

［32］牛进才，刘文慧．基于压电技术的振动能量收集器的研究分析［J］．赤峰学院学报（自然科学版），2019, 35(2): 22-25．

［33］许卓，杨杰，燕乐，等．微型振动式能量采集器研究进展［J］．传感器与微系统，2015, 34(2): 9-12．

［34］刘雪花，温志渝，温中泉，等．超级电容器在 MEMS 振动发电机中的应用［J］．中国机械工程，2005, 26(z1): 145-148．

［35］王洪涛，施卫星，韩建平，等．钢连桥人致振动及 TMD 减振效应实测与分析［J］．振动．测试与诊断，2016, 36(3): 505-511．

［36］荣训．环境中微弱能量收集电路研究［D］．深圳：深圳大学，2016．

［37］阙平．绿色建筑智能外遮阳与自然采光集成系统设计与性能研究［J］．建筑科学，2021, 37(2): 77-87．

［38］郑炳松，高飞，郭兴翠．我国照明用电量的调查分析［J］．中国照明电器，2016, 45(10): 18-22．

［39］夏武祥．从"区域供热"到"多能巧供"——介绍欧洲第四代"区域供能系统"［J］．建筑节能，2018, 46(3): 142-143．

［40］孔大力．新型农村家用清洁能源利用系统的设计［C］//Proceedings of 2017 7th International Conference on Education and Sports Education (ESE 2017) V76. , 2017: 533-537.

［41］中华人民共和国住房和城乡建设部．建筑给水排水设计规范：GB50015—2003［S］．北京：中国标准出版社，2009: 2-3．

［42］高波，袁洪林．河北省农村家庭电能消费特征调查［J］．佳木斯职业学院学报，2016, 33(11): 423-424．

［43］孙宏斌，郭庆来，潘昭光．能源互联网：理念，架构与前沿展望［J］．电力系统自动化，2015, 39(19): 1-8．

［44］徐元光，徐菁，陶杰，等．农村饮水安全现状调查及对策分析［J］．科学技术创新，2017, 21 (22): 84-85．

［45］Pichel N, Vivar M, Fuentes M. The problem of drinking water access: A review of disinfection technologies with an emphasis on solar treatment methods［J］. Chemosphere, 2019, 218(3): 1014-1030.

［46］蒋莉蓉．家用净水器技术与其展望［J］．中山大学研究生学刊（自然科学医学版），2016, 37(1): 25-34．

［47］徐京帅．反渗透水处理设备在工业污水处理中的应用［J］．山东工业技术，2019, 41(6): 58, 37．

［48］徐任学，王德录．各种类型复合抛物面聚光器的比较［J］．太阳能学报，1982, 3(4): 408-415．

［49］蒋乐伦，汤勇，周伟，等．小型圆热管烧结吸液芯的设计与制造（英文）［J］. Transactions of Nonferrous Metals Society of China, 2014, 24(1): 292-301.

［50］陈志远，王崇琦，张建国．真空管集热器配复合抛物面的研究［J］．华中工学院学报，1983, 10(3): 9-14．

［51］刘洪绪．太阳能热水器水垢的危害及解决办法［J］．太阳能，2010, 31(8): 61-64．

［52］Gunduz O, Simsek C, Hasozbek A. Arsenic pollution in the groundwater of Simav Plain, Turkey: its impact on water quality and human health［J］. Water, air, and soil pollution, 2010, 205(1): 43-62.

［53］田野，叶晓明. 车用甲醇重整制氢反应器设计及催化换热性能的研究［J］. 中国设备工程，2018，34
　　（17）：92-93.

［54］冯艳冰. 表面多孔微通道制氢反应器的设计与制造基础研究［D］. 杭州：浙江大学，2019.

［55］潘立卫. 板翅式甲醇水蒸气重整制氢反应器的研究［D］. 大连：中国科学院大连化学物理研究
　　所，2005.

［56］Sun Z，Sun Z Q. Hydrogen generation from methanol reforming for fuel cell applications-A review［J］.
　　Journal of Central South University，2020，27(4)：1074-1103.

［57］Sun Z，Zhang X，Li H，et al. Chemical looping oxidative steam reforming of methanol：A new pathway for
　　auto-thermal conversion［J］. Applied Catalysis B：Environmental，2020，269：118758.

［58］Ribeirinha P，Abdollahzadeh M，Pereira A，et al. High temperature PEM fuel cell integrated with a cellular
　　membrane methanol steam reformer：Experimental and modelling［J］. Applied Energy，2018，215：
　　659-669.

［59］Wang Q H，Yang S，Zhou W，et al. Optimizing the porosity configuration of porous copper fiber sintered
　　felt for methanol steam reforming micro-reactor based on flow distribution［J］. Applied Energy，2018，216：
　　243-261.

［60］2019年交通运输行业发展统计公报［J］. 交通财会，2020，37(6)：86-91.

［61］王秋实. 中小跨径桥梁结构安全监测系统开发［C］. 中国公路学会养护与管理分会第十届学术年会
　　论文集，2020.

［62］李祥辉. 中、小跨径混凝土梁桥健康监测研究［J］. 北方交通，2012，35(12)：71-73.

［63］代元军，陆亦工，孙玉新，等. 小型水平轴风力机限速控制机构设计方法的选择［J］. 机械制造，
　　2011，49(12)：33-35.

［64］孙亚飞，杨延鹏. 悬臂梁微型压电自发电系统研制［J］. 电子技术与软件工程，2020，27(2)：
　　210-212.

［65］Liu F R，Zou H X，Zhang W M，et al. Y-type three-blade bluff body for wind energy harvesting［J］.
　　Applied Physics Letters，2018，112(23)：233903.

［66］Francesco P，Konstantinos G. Piezoelectric energy harvesting from vortex shedding and galloping induced
　　vibrations inside HVAC ducts［J］. Energy and Bulidings，2018，158(PT. 1)：371-383.

［67］Orrego S，Shoele K，Ruas A，et al. Harvesting ambient wind energy with an inverted piezoelectric flag［J］.
　　Applied energy，2017，194：212-222.

［68］2019年一季度风电并网运行情况［J］. 中国能源，2019，41(5)：4.

［69］龙军，李茂军. 基于压电片的风力发电装置及其自动迎风研究［J］. 压电与光，2017，39(3)：
　　467-471.

［70］周密，陈志民，尹慧玲，等. 电动汽车充电技术研究［J］. 建筑电气，2020，39(11)：23-28.

［71］陈友鹏，徐春. 纯电动汽车应用现状及发展前景分析［J］. 南方农机，2018，49(9)：9-11.

［72］臧鹏，董文琦，马步云，等. 电动汽车动力电池梯次利用研究综述［C］//. 第三届智能电网会议论文
　　集——智能用电.［出版者不详］，2019：484-486. DOI：10.26914/c. cnkihy. 2019.055254.

［73］李燕玲. 浅析汽车动力电池的回收和利用［J］. 汽车维护与修理，2021，34(2)：70-71.

［74］文光彩，梁晓钟，蔡国良，等. 太阳能光热应用概述［J］. 中国新技术新产品，2015，23(23)：2-3.

［75］刘道兵，李留根，李世春，等. 含混合储能系统的独立直流微网协调控制策略［J］. 可再生能源，
　　2020，38(4)：524-531.

［76］黄勇. 超级电容器蓄电池混合储能在独立光伏发电系统中应用研究［D］. 重庆：重庆电力大学工程
　　学院，2011.

[77] 牛浩明. 光伏—混合储能直流微电网能量管理策略研究［D］. 太原：太原理工大学，2017.

[78] Wu C. Performance optimization method for distributed storage system based on hybrid storage device［C］//Journal of Physics：Conference Series. IOP Publishing，2021，1856(1)：012001.

[79] 伍阳阳，刘友宽，李黎，等. 基于混合储能系统在稳定直流母线电压上的应用［J］. 电子测试，2020，27(23)：115-116.

[80] 李建威，何书丞，何洪文，等. 一种梯次电池混合储能系统的功率分配方法：CN112510798B［P］. 2021-05-11.

[81] 付文秀，曹建萍，张学瑾. 基于双向 DC/DC 变换器的直流电网稳定性分析［J］. 机电设备，2020，37(6)：25-29.

[82] 杨悦强，祝龙记. 微电网超级电容器混合储能系统控制策略［J］. 广西师范大学学报(自然科学版)，2021，39(2)：71-80.

[83] 黄祖朋，覃俊桦，姚慧，等. 退役动力电池在储能中的应用前景［J］. 中国高新科技，2020，27(10)：45-46.

[84] 张宇涵，杜贵平，雷雁雄，等. 直流微网混合储能系统控制策略现状及展望［J］. 电力系统保护与控制，2021，49(3)：177-187.

[85] 黄鸣荣，高国玉，何晓弟. 含汞废水处理方法的研究［J］. 化工设计，2010，20(2)：33-35.

[86] Dang N T，Ta Q，Truong T T，et al. Review on the recent development and applications of three dimensional (3D) photothermal materials for solar evaporators［J］. Journal of Cleaner Production，2021，293(13)：126122.

[87] Liu B Y H，Jordan R C. The interrelationship and characteristic distribution of direct，diffuse and total solar radiation［J］. Solar energy，1960，4(3)：1-19.

[88] Li X，Lin R，Ni G，et al. Three-dimensional artificial transpiration for efficient solar waste-water treatment ［J］. National Science Review，2018，5(1)：70-77.

[89] 中华人民共和国卫生部. 生活饮用水卫生标准：GB/T 5749—2006［S］. 北京：中国标准出版社，2006.

[90] 黄秀琴，陈亚平. 强化凝结与液膜传热过程的板壳式换热器波纹方案［J］. 能源研究与利用，2002，14(1)：18-20.

[91] 中共中央关于制定国民经济和社会发展第十四个五年规划和二〇三五年远景目标的建议［J］. 教学考试，2021，10(7)：73.

[92] 查冬兰. "碳达峰、碳中和"愿景下尤应重视引导行为节能［N］. 中国能源报，2021-04-12(28).

[93] Zhang T，Zheng W，Wang L，et al. Experimental study and numerical validation on the effect of inclination angle to the thermal performance of solar heat pipe photovoltaic/thermal system［J］. Energy，2021，223(8)：120-126.

[94] 张昕宇. 真空管型太阳能热水器与中温集热器热性能研究［D］. 天津：天津大学，2015.

[95] 张云峰，夏寻，罗嵩容，等. 磁纳米流体热管太阳能集热装置换热性能试验［J］. 热能动力工程，2018，33(2)：117-123.

[96] Eidan A A，Assaad A S，Qasim A A，et al. Improving the performance of heat pipe-evacuated tube solar collector experimentally by using Al_2O_3 and CuO/acetone nanofluids［J］. Solar Energy，2018，173(10)：780-788.

[97] Dias D，Rebouta L，Costa P，et al. Optical and structural analysis of solar selective absorbing coatings based on $AlSiO_x$：W cermets［J］. Solar Energy，2017，150(7)：335-344.